국가직무능력표준시리즈 1

기계요소설계
2D 도면작성

고용노동부 · 한국산업인력공단

차 례

2D 도면작성 교재의 개요 ·· 3

단원명 1. 작업환경 준비하기 ·· 7
  1-1. 기본도형 제도와 도면 출력 ··· 7
  1-2. 선의 종류와 용도 ··· 13
  1-3. 도면양식 제도 ·· 16
  교수방법 및 학습활동 ·· 20
  평가 ·· 21

단원명 2. 도면 작성하기 ·· 25
  2-1. 투상도 제도하기 ·· 25
  2-2. 단면도 제도하기 ·· 44
  교수방법 및 학습활동 ·· 63
  평가 ·· 64

단원명 3. 치수 지시하기 ·· 83
  3-1. 치수지시의 요소 ·· 83
  3-2. 치수 지시하기 ·· 114
  교수방법 및 학습활동 ·· 133
  평가 ·· 134

단원명 4. 공차, 거칠기, 재료 지시하기 ·· 147
  4-1. 치수공차, 끼워 맞춤 ·· 147
  4-2. 기하공차, 표면 거칠기, 재료지시 ··· 164
  교수방법 및 학습활동 ·· 199
  평가 ·· 200

단원명 5. 기계요소 제도하기 ··· 207
  5-1. 볼트, 너트, 나사 제도하기 ·· 207
  5-2. 동력전달 요소 제도하기 ··· 221
  교수방법 및 학습활동 ·· 233
  평가 ·· 234
  종합평가 ·· 240

참고자료 및 사이트 ·· 244

(2D 도면작성) 교재 개요

2D도면 작성 교재의 개요

📖 능력단위 학습목표

- CAD 시작 대화상자를 열어 명령을 실행하고 보조 명령어로 캐드 프로그램을 사용자 환경에 맞게 설정하여 도면 작도에 필요한 부가명령을 설정하고 도면 영역을 지정하여 출력하고 데이터를 관리할 수 있다.
- 도면작성에 필요한 선의 기본 모양, 형태는 물론 문자, 숫자, 기호 등을 이해하여 색상 및 크기와 굵기를 지정할 수 있다.
- 정 투상방법과 제3각방법의 투상원리를 이해하여 입체형상을 2차원(2D)으로 CAD 프로그램을 이용하여 제도할 수 있다.
- 부품의 보이지 않는 형상을 나타내기 위한 단면도의 종류와 단면도 방법을 이해하여 2차원(2D)으로 CAD 프로그램을 이용하여 제도할 수 있다.
- 부품의 형상과 가공방법에 따른 크기, 자세, 위치치수의 지시 개념과 기본원칙을 이해하고 치수 보조기호를 사용하여 치수 배열방법에 따라 치수지시를 할 수 있다.
- 부품의 기능과 작동을 파악하여 가공 정밀도를 적용한 치수 허용차, 끼워 맞춤 공차, 기하공차, 표면 거칠기, 재료기호를 부품도에 지시할 수 있다.
- 결합용 기계요소와 동력전달 기계요소의 종류와 기능을 이해하고 KS표준에서 규정한 자료를 찾아 부품도를 제도할 수 있다.

📖 선수학습

(1) 선수학습

2D 도면작성은 기계, 자동화, 치공구 부품을 제작하기 위해 CAD 프로그램을 이용한 2D 도면을 제도하는 과정으로써 각 교육기관에서 보유하고 있는 2D 작성용 CAD 프로그램 운용에 대한 선수학습이 필요하다.

(2) 관련 지식, 기술, 태도
〈관련 지식〉
- CAD 프로그램 운용에 관한 지식
- 제도 기본에 관한 지식
- 정 투상방법과 단면도에 관한 지식
- 치수지시와 배열방법 및 치수 보조기호에 관한 지식
- 일반 공차, 끼워 맞춤 공차, 기하공차, 표면 거칠기, 재료 선정에 관한 지식
- 체결용 기계요소에 관한 지식
- 축용 기계요소에 관한 지식

2D 도면작성

- 동력전달 요소에 관한 지식
- 동력전달 요소의 기능과 작동에 관한 지식
- 동력전달 요소의 기구적 특성에 관한 지식
- 기계공작에 관한 지식
- 기계재료에 관한 지식
- KS 표준에 관한 지식

〈기술〉
- 기본적인 설계 자료(KS 표준 데이터 등)의 수집 및 분류능력
- CAD 프로그램 운용 능력

〈태도〉
- 요구하는 데이터 형식으로 변환할 수 있는 분석적 태도
- 도면 형식에 관한 자료요청 및 수집을 위한 분석적 태도
- 단순화, 균일화, 규격화에 관한 책임감

(3) 관련 자료
- 기계제도 교재
- KS 표준 데이터 북
- 기계공작법 교재
- 치공구 관련 교재
- 과거 제도 데이터 및 자료 등

(4) 사용장비 및 공구
- CAD 시스템 및 2D 고나련 프로그램

교육훈련내용 및 훈련시간

단원명	세부 단원명	교육훈련시간
1. 작업환경 준비하기	1-1. 기본도형제도와 도면 출력 1-2. 선의 종류와 용도 1-3. 도면양식 제도	10
2. 투상도와 단면도 제도하기	2-1. 투상도 제도 2-2. 단면도 제도	20
3. 치수 지시하기	3-1. 치수지시의 요소 3-2. 치수 지시방법	20
4. 공차, 거칠기, 재료 지시하기	4-1. 치수공차, 끼워 맞춤 공차 제도 4-2. 기하공차, 표면 거칠기, 재료선택 제도	20
5. 기계요소 제도하기	5-1. 볼트, 너트, 나사 제도 5-2. 동력전달 요소 제도	30

색인 목록

윤곽선	16
표제란	16
중심마크	17
재단마크	18
정 투상방법	25
단면도	44
방향표시 화살표	45
해칭	45
스머징	46
온(전) 단면도	52
한쪽(반) 단면도	52
부분 단면도	52
회전 단면도	52
인출선	90
치수 보조기호	92
직렬치수	114
병렬치수	114
누진치수	115
좌표치수	115
EQS	117
TR	119
테이퍼 치수	127
기울기 치수	128
IT 기본공차	148
끼워 맞춤 공차	149
기하공차	164
데이텀	168
나사	207
볼트	210
너트	211
축 이음	222
클러치	222
기어	223
스퍼기어	223
벨트 풀리	225
스프로킷 휠	226

2D 도면작성

능력단위의 위치

NCS 수준	능력단위 명						
8수준							
7수준							
6수준	요소설계 검증	동력전달 장치설계					
5수준	치공구 요소설계	요소부품 제작성 검토					
	공유압 요소설계						
	동력전달 요소설계						
	체결요소 설계						
4수준	요소부품 공차검토	치공구 설계		치공구 관리			기계부품 조립
	요소부품 재질선정						
3수준	도면해독		공구 선정	엔드밀 가공	기본작업	정밀측정 수행	
	3D형상 모델링						
2수준	2D 도면작성		기본작업	기본작업		일반측정 수행	조립부품 준비
-	직업기초능력						
수준 / 세분류	기계요소 설계	기계 시스템 설계	선반가공	밀링가공	연삭가공	측정	기계 수동 조립

단원명 1 작업환경 준비하기

단원명 1 　작업환경 준비하기 1501020101_14v2.1

1-1 　기본도형 제도와 도면 출력

| 교육훈련 목표 | • CAD 시작 대화상자를 열고 명령을 실행할 수 있다.
• 보조 명령어를 이용하여 캐드 프로그램을 사용자 환경에 맞게 설정할 수 있다.
• CAD 도면 작도에 필요한 부가 명령을 설정할 수 있다.
• 도면 영역을 지정하여 출력하고 데이터를 관리할 수 있다. |

| 필요 지식 | 2D캐드 프로그램 환경설정 능력, 2D 드로잉에 관한 기초지식 |

1. 캐드 시작하기

　프로그램의 종료와 파일 불러오기, 저장하는 방법 및 손상된 파일의 검사, 복구 등 기초적인 내용을 이해할 수 있다.

(1) 시작 대화상자
　프로그램을 시작하면 초기 화면에 시작하기 대화상자가 표시되며 도면 열기, 새 도면 만들기 명령 등으로 도면 작도에 필요한 환경을 설정한다.

(2) 캐드 환경설정
　도면의 작도가 편리하도록 작업 요소별, 형태별로 도구 막대를 변경하여 작업환경을 설정한다.

(3) 명령 실행 방법
　사용자의 습관을 고려하여 입력방법을 선택하며 명령 행에서 명령어 입력, 도구막대 아이콘 선택, 메뉴막대에서 순차적 명령 선택 등으로 도면 영역에서 객체를 선택하여 실행하는 방법과 도면영역에서 객체를 선택하고 명령어를 실행하는 방법이 있다.

(4) 새 도면의 생성
　현재 사용 중인 도면에서 새로운 도면을 생성하거나 저장된 도면 파일을 연다.

(5) 프로그램 닫기
　캐드작업을 종료하고 프로그램을 종료할 때는 현재 작업 중인 도면을 파일형식에 따라 저

2D 도면작성

장하거나 다른 이름으로 저장한다.

(6) 작업도면의 진단 및 복구

작업 중인 도면에 문제가 있는지 진단하고 발견된 오류 수정이나 손상된 파일을 복구한다.

2. 환경 설정하기

도면을 쉽고 빠르게 제도하기 위해 화면 상태의 설정과 명령어 입력 및 실행상태를 보조 명령어를 이용하여 사용자 환경에 맞게 설정한다.

(1) 옵션 설정

파일의 열기, 저장 경로, 화면의 표시상태, 시스템 설정 등을 지정한다.

(2) 상태 표시줄의 설정

도면 작성에 필요한 부가 명령들을 설정한다.

(3) 모드 설정

도면요소를 확장, 이동, 복사, 회전, 확대, 축소, 대칭 복사 등을 한다.

(4) 도면영역 설정

도면의 영역 설정을 하고 제도 범위를 제한한다.

(5) 화면 조정

도면요소의 크기를 변경하지 않고 화면에 도면요소를 확대하거나 축소 및 이동한다.

(6) 도구 모음의 표시

도구막대를 수정, 편집하거나 새로운 막대도구를 만들고 아이콘 단추를 변경한다.

3. 좌표계 익히기

직선, 원, 원호 등을 명령어를 이용하여 제도하기 위해 좌표계를 이해하고 익힌다.

(1) 좌표계의 종류

기준점을 중심으로 절대좌표와 상대좌표로 표현하고 표현 방식으로는 극좌표가 있다.

(2) 직선제도(LINE 명령)

시작점과 끝점을 잇는 직선을 그린다.

(3) 원 제도(CIRCLE 명령)
중심점에서 일정한 거리에 있는 점들로 원을 그린다.

4. 도면 출력

(1) 페이지 설정
이름은 저장한 목록을 선택하여 현재 설정한 값으로 저장하고 새로운 플롯 이름은 새로운 이름을 입력한다.

(2) 프린터와 플로터
이름은 도면을 출력할 프린터 또는 플로터를 선택하고 출력한다.

(3) 플롯 영역
플롯으로 출력할 도면 영역을 설정하고 도면의 한계 영역(디스 플레이에 표시된 부분)으로 설정한 부분만 출력한다.

(4) 플롯 축척
도면이 용지에 출력할 비율과 용지 단위를 지정한 후 용지에 꼭 맞게 설정하여 출력한다.

2D 도면작성

실기 과제

다음에 제시된 다각형을 A4용지에 치수대로 제도하여 출력하시오.

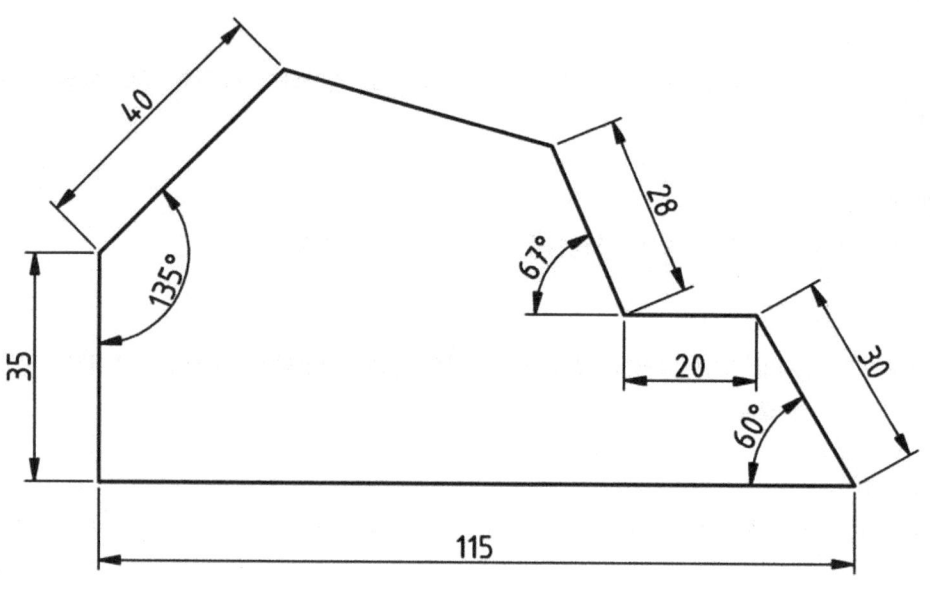

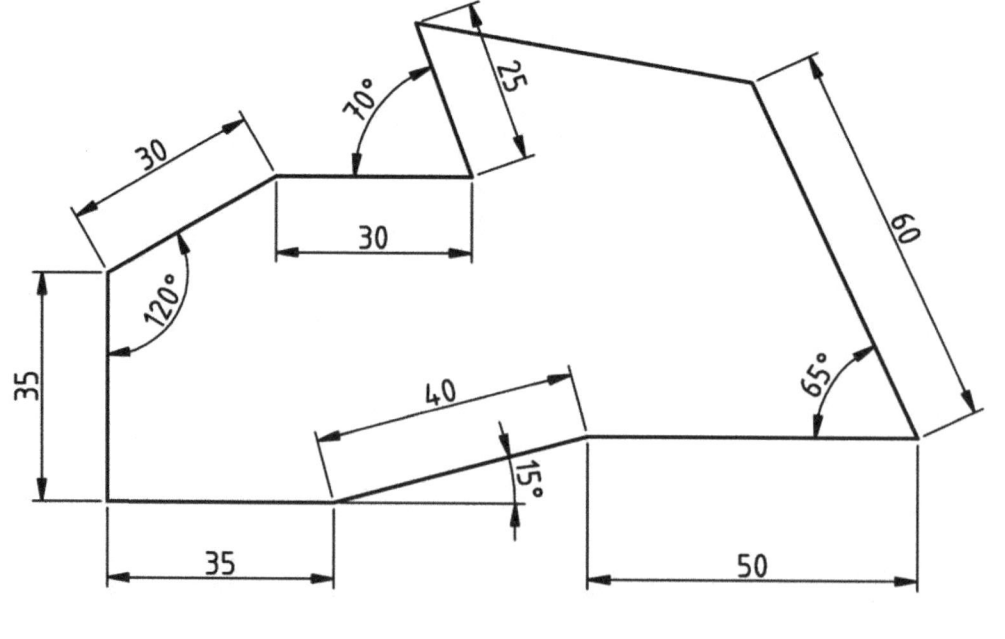

단원명 1 작업환경 준비하기

다음의 여러 도형을 A4용지에 제도하여 출력하시오.

2D 도면작성

다음의 도형을 A4용지에 제도하여 출력하시오.

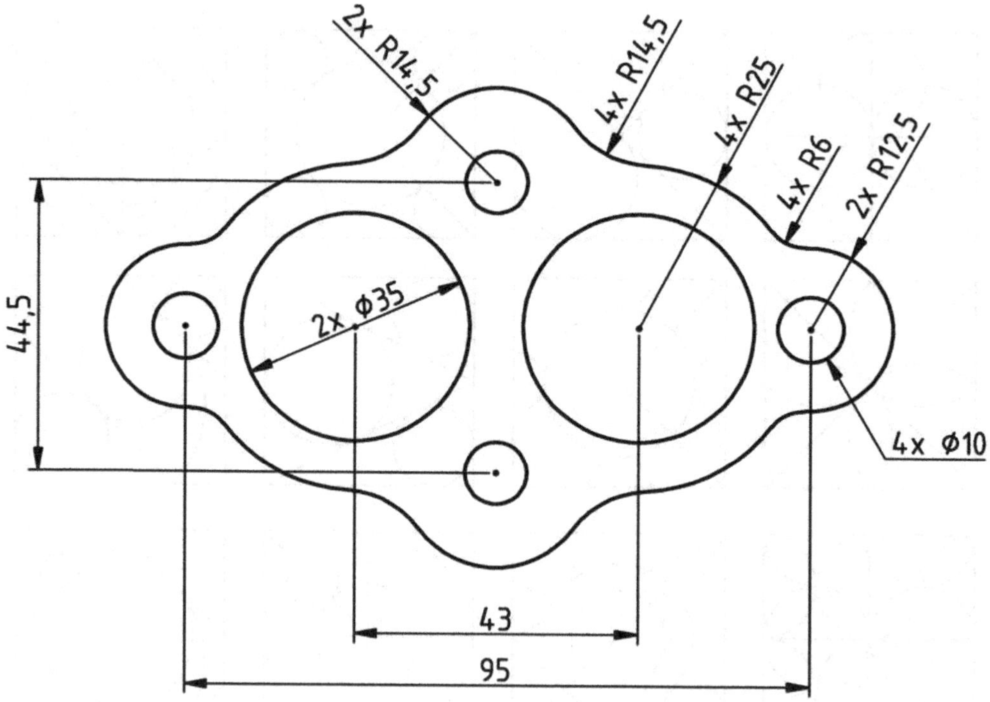

단원명 1 작업환경 준비하기

1-2 선의 종류와 용도

교육훈련 목표	• 선의 기본 모양과 형태를 이해하고 설정할 수 있다. • 선 굵기의 종류를 이해하고 용도에 따라 색상을 지정할 수 있다. • 문자, 숫자, 기호 등을 용도에 따라 크기와 선 굵기를 지정할 수 있다.

필요 지식	2D캐드 프로그램 환경설정 능력, 2D 드로잉에 관한 기초지식, ISO 및 KS 표준지식

1. 선의 기본 모양과 형태

KS A ISO 128-24(기계제도에 사용하는 선)에서는 선의 기본 모양과 형태에 따른 고유번호와 명칭을 부여하고 이것을 기초로 하여 선의 종류가 세분화 되어 있다.

2. 선의 굵기와 색상지정

제도에 사용하는 선 굵기, 색상 코드는 먹줄펜의 선 굵기와 색상 코드가 기준이 되었으며 CAD시스템을 이용한 제도에서 관례적으로 사용하고 있다.

<표 1-1 선 굵기와 색상지정>

색상 코드	선 굵기		펜과 색상	
Violet	0.13mm			
Red	0.18mm			
White	0.25mm			
Yellow	0.35mm			
Brown	0.5mm			
Blue	0.7mm			
Orange	1.0mm			
Green	1.4mm			
Grey	2.0mm			

3. 올바른 숨은선 긋기

숨은선은 정확하게 그리지 않으면 도면을 잘못 읽게 하는 원인을 제공하며 도면의 품질이 떨어지게 되므로 그림 1-1과 같이 그린다.

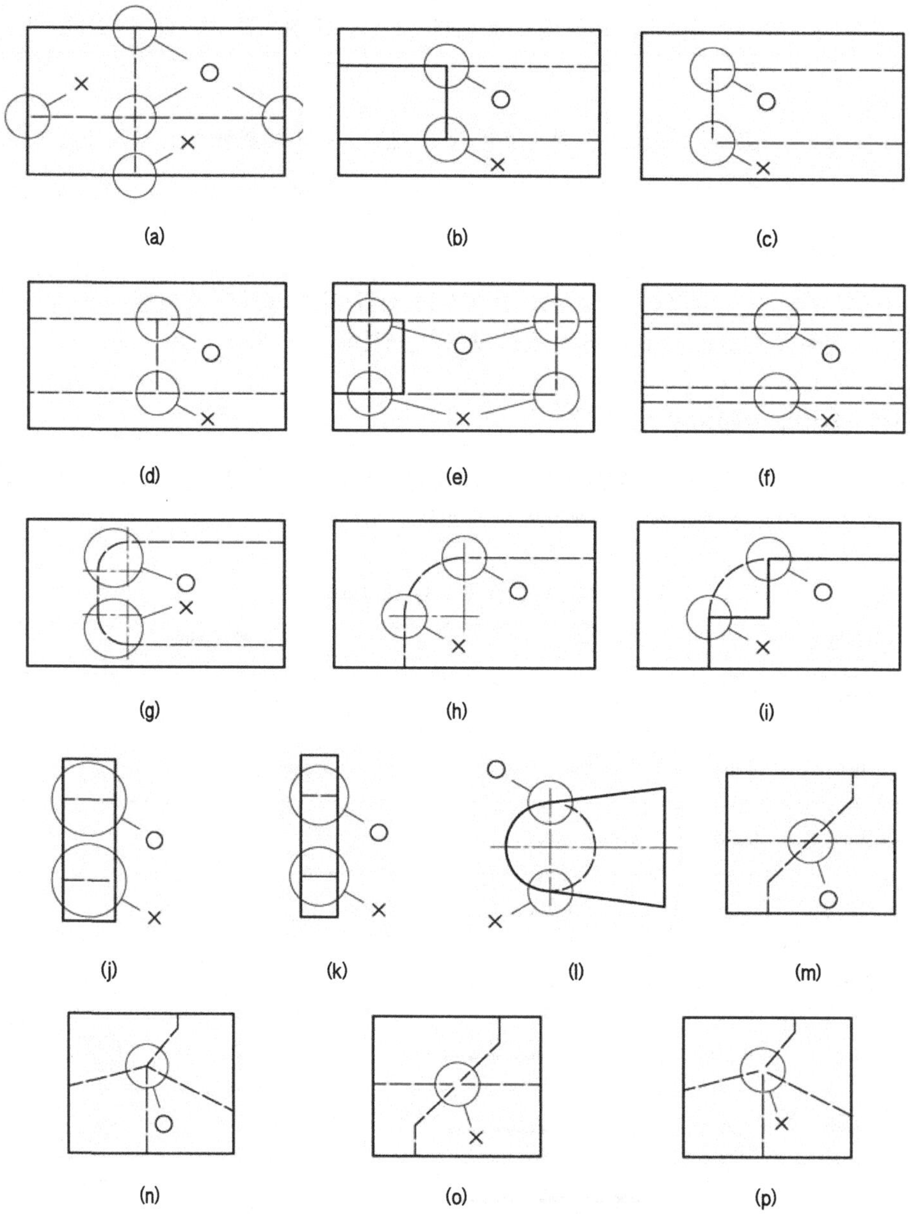

[그림 1-1] 올바른 숨은선 그리기

단원명 1 작업환경 준비하기

실기 과제

다음의 선긋기 도형들을 A4용지에 제도하고 출력하시오.

2D 도면작성

1-3 도면양식 제도

교육훈련 목표	• CAD 시작 대화상자를 열고 명령을 실행할 수 있다. • 보조 명령어를 이용하여 캐드 프로그램을 사용자 환경에 맞게 설정할 수 있다. • CAD 도면 작도에 필요한 부가 명령을 설정할 수 있다.

필요 지식	2D캐드 프로그램 환경설정 능력, 2D 드로잉에 관한 기초지식, SO 및 KS 표준지식

1. 도면에 반드시 마련하는 양식

도면은 도면의 윤곽선, 표제란, 중심마크를 반드시 마련해야 한다.

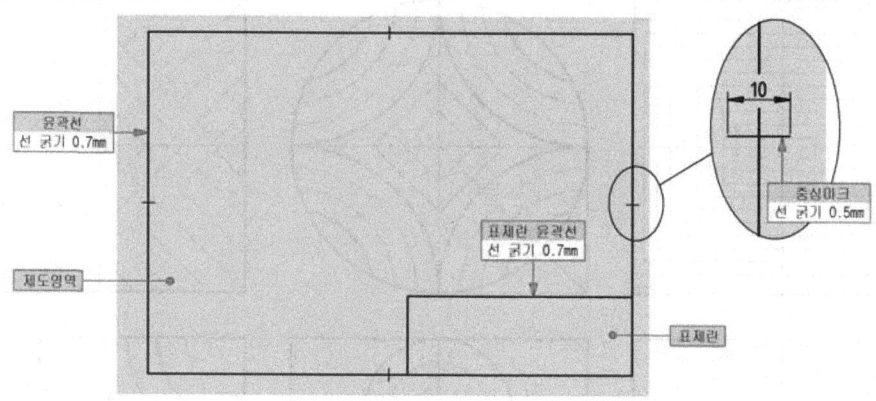

[그림1-2] 반드시 마련해야 할 양식

(1) 윤곽선

윤곽선 긋기는 용지의 안쪽에 그려진 내용이 확실히 구분되도록 그으며 가장자리가 찢어져서 내용을 해치지 않아야 한다. 도면의 윤곽선 마련은 그림 1-2와 같이 0.7mm의 실선으로 긋는다.

(2) 표제란

표제란은 누가(설계자 또는 제도자 명), 언제(년, 월, 일), 어디서(회사명 또는 학교명), 왜(신개발, 또는 설계 변경 등), 어떤 제품[제품(부품)명 또는 학습 도면 명)]을 몇 번 째(도면 번호)로 제도하여 누구에게 승인(책임자 이름이나 서명)을 받았는지, 어떤 원칙(척도, 각법, 단위 등)으로 제도하였는지를 표시하기 위하여 마련한다.

(3) 중심 마크
중심마크는 완성된 도면은 영구적으로 보관하기 위하여 마이크로필름 제작을 위한 촬영을 하거나 제품생산에 사용할 수 있도록 출력한다. 또한 도면을 정리하고 철하기에 편리하도록 그림 1-3과 같이 윤곽의 중심 안쪽과 바깥쪽으로 5mm씩 0.5mm 굵기의 실선으로 긋는다.

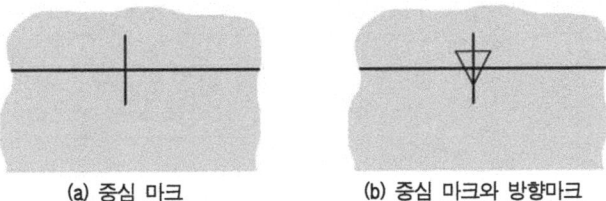

(a) 중심 마크   (b) 중심 마크와 방향마크

[그림 1-3] 중심 마크와 방향 마크를 표시한 예

(4) 표제란의 양식 종류와 등록정보 내용
KS A ISO 7200은 3종류의 표제란을 규정하며 그림 1-4와 같이 등록정보를 표시한다.
ⓐ : 알파벳 문자기호와 아라비아 숫자로 표시된 도면번호
ⓑ : 반드시 도면번호 위 칸에 표시된 도면제목(도면 명칭)
ⓒ : 회사(소속) 명(도면의 법적 소유자 명)을 그림이나 문자, 기호(상징 로고, 등록상표 등)

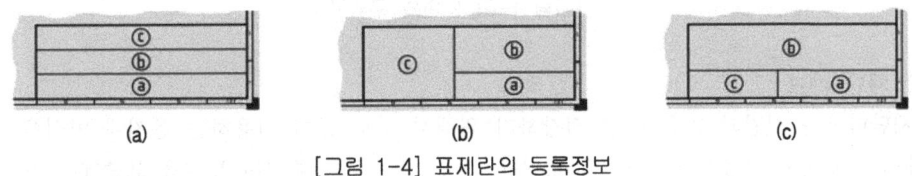

[그림 1-4] 표제란의 등록정보

2. 도면에 마련하는 것이 바람직한 양식
도면에 마련하는 것이 바람직한 양식은 도면은 읽거나 관리에 편리하도록 구역표시 기호, 재단 마크도 그림 1-5와 같이 표시한다.

(1) 구역표시
구역표시는 도면을 읽을 때 윤곽 안에 있는 특정한 부분의 부품도를 읽거나 지시해야 할때는 그림 1-6과 같이 구역을 표시해 주면 편리하다. 중심 마크를 기준으로 하여 좌우 또는 상하로 한 칸 당 50mm 간격으로 0.35mm 굵기의 실선을 윤곽선으로부터 바깥쪽으로 5mm폭을 긋고 가로방향은 아라비아 숫자, 세로방향은 영문자의 대문자로 구역표시 기호를 표시한다.

2D 도면작성

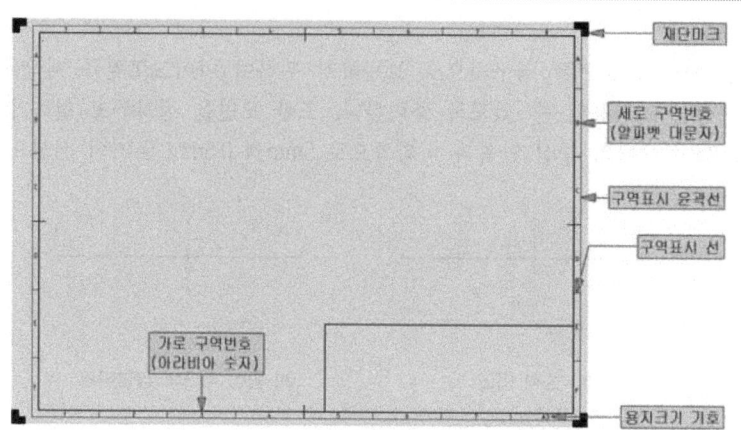

[그림 1-5] 도면에 마련하는 것이 바람직한 양식

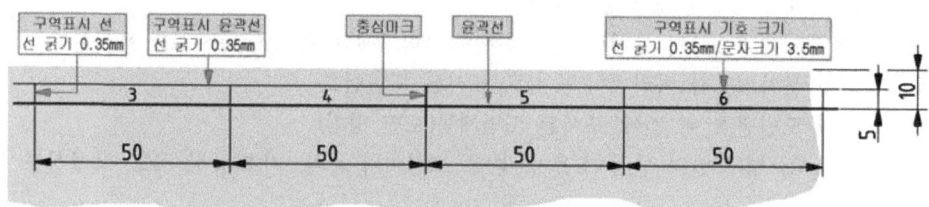

[그림 1-6] 도면의 구역표시

(2) 재단 마크

재단마크는 시간과 비용 등을 절감하기 위해서 주로 많이 사용하는 용지에 양식을 인쇄소에서 인쇄하여 사용한다. 또한 인쇄, 복사 또는 플로터로 출력된 도면을 표준에서 규정한 크기로 자르기에 편리하도록 그림 1-7과 같이 재단 마크를 마련한다.

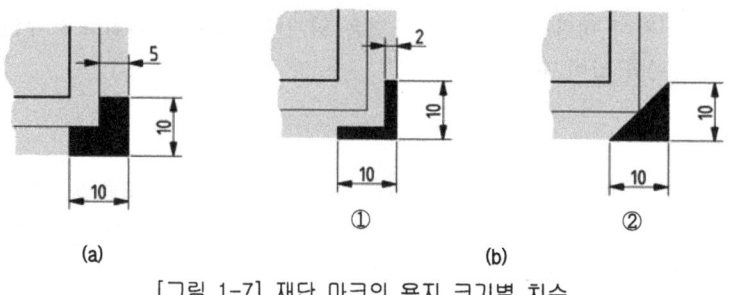

[그림 1-7] 재단 마크의 용지 크기별 치수

단원명 1 작업환경 준비하기

실기 과제

다음의 도면양식을 A3용지에 제도하고 출력하시오.

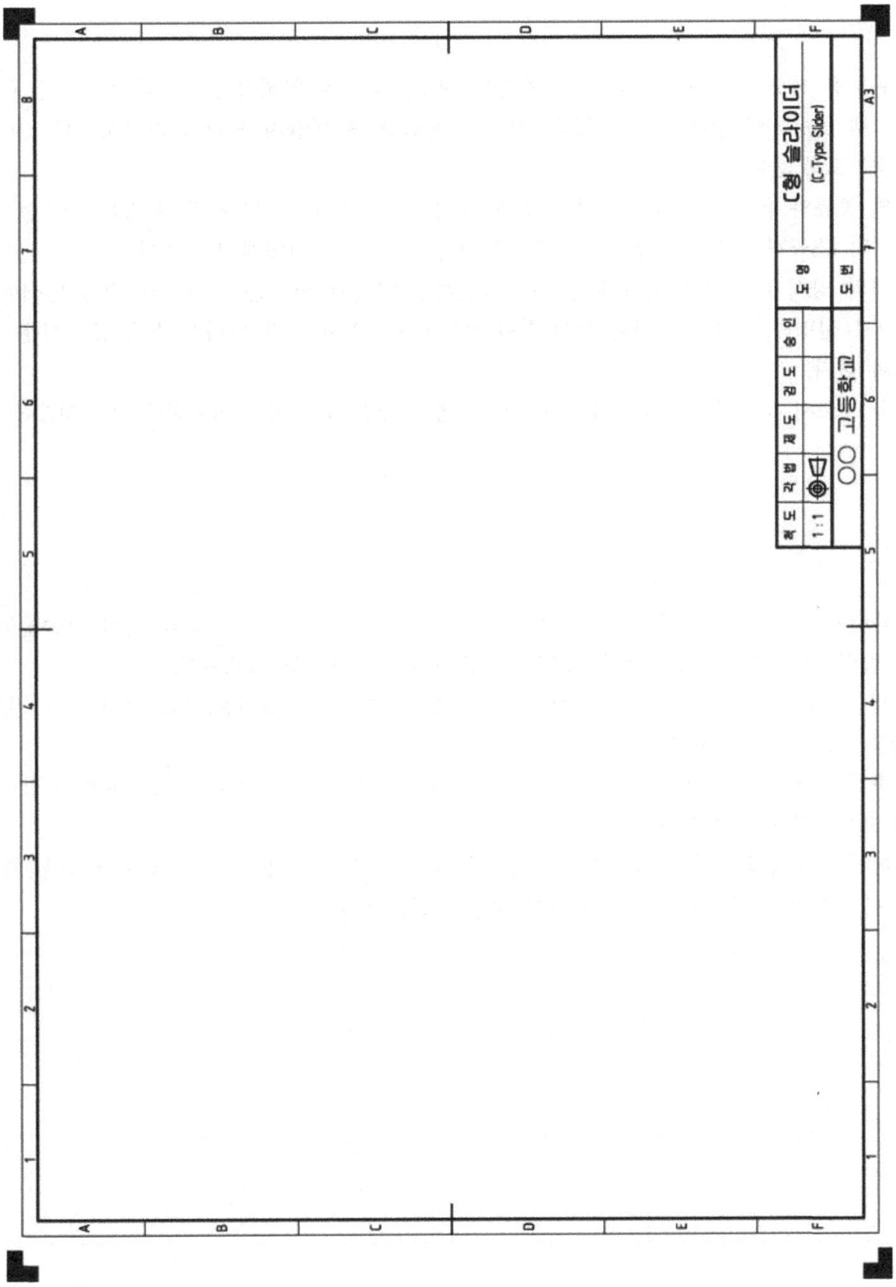

2D 도면작성

단원명 1 | 교수방법 및 학습활동

교수 방법

- 기본도형 제도에서 캐드 시작하기, 환경설정하기, 좌표계 익히기는 컴퓨터에 설치된 CAD 프로그램 사용 매뉴얼에 대해 PPT로 설명 및 시연한 후 학습자가 각각 따라서 실습 보고서를 작성하도록 한다.
- 선의 종류와 용도에서 선의 기본 모양과 형태, 선의 굵기와 색상지정, 올바른 숨은선 긋기는 ISO 및 KS규격을 PPT로 설명하고 각각의 예를 들어 학습자에게 시연한다.
- 도면의 양식 마련에서 도면에 반드시 마련하는 양식과 만드는 것이 바람직한 양식에 대해 PPT로 설명하고 각각의 예를 들어 학습자에게 시연하여 각각 따라서 실습 보고서를 작성하도록 한다.
- 실습 보고서 작성 학습활동이 끝나면 오류사항에 대한 수정 보고서(도면)를 작성하도록 한다.

학습 활동

- 컴퓨터에 설치된 CAD 프로그램 특성을 파악한 후 설명 및 시연에 따라 각자 학습활동을 한 후 출력 결과물(실습 보고서)을 조별로 검토하여 오류부분을 발표한다.
- 선의 굵기에 따른 색상지정이 올바르게 되었는지를 출력 결과물(실습 보고서)을 검토하여 학습자 스스로 발표한다.
- 올바른 숨은선 긋기가 되었는지 출력 결과물(실습 보고서)을 조별로 검토하여 조별로 검토된 오류부분 내용을 발표한다.
- 주어진 요구사항에 의해 도면의 양식을 마련하고 특정한 부분의 양식 내용에 대한 출력 결과물(실습 보고서)을 조별로 검토하여 내용을 발표한다.

단원명 1 평가

평가 시점

- 캐드 시작하기, 환경설정하기, 좌표계 익히기의 이해도는 교육 중 확인한다.
- 도형 제도하기, 선긋기, 도면양식 마련하기는 실습 후 각각 평가한다.

평가 준거

평가자는 피평가자가 수행준거 및 평가내용에 제시되어 있는 내용을 성공적으로 수행할 수 있는지를 평가해야 한다. 평가자는 다음 사항을 평가해야 한다.

평가영역	평가항목	성취수준				
		매우 미흡	미흡	보통	잘함	매우 잘함
기본도형제도	도면 열기, 새 도면 만들기 명령 등으로 도면 작도에 필요한 CAD 환경을 설정할 수 있다.					
	CAD 작업 요소별, 형태별로 도구 막대를 변경하여 작업환경을 설정할 수 있다.					
	작업 중인 도면에 문제가 있는지 진단하고 발견된 오류 수정이나 손상된 파일을 복구할 수 있다.					
	작업 중인 도면을 파일형식에 따라 저장하거나 다른 이름으로 저장할 수 있다.					
선의 종류와 용도	선의 기본 모양과 형태를 이해하여 용도별로 사용할 수 있다.					
	선의 굵기에 다른 색상을 이해하여 용도별로 색상을 지정할 수 있다.					
	올바른 숨은선 긋기를 이해하여 도형제도에 사용할 수 있다.					
	선의 굵기를 이해하여 용도별로 사용할 수 있다.					

2D 도면작성

도면의 양식마련	도면에 반드시 마련해야 하는 양식의 종류를 이해하여 도면양식을 마련할 수 있다.				
	마련하는 것이 바람직한 양식의 종류를 이해하여 도면양식을 마련할 수 있다.				
	표제란에 마련해야할 양식을 이해하여 표제란을 마련할 수 있다.				
	내가 소속되어 있는 학교명이 표시된 5종류의 양식이 마련된 도면양식을 제도할 수 있다.				

평가 방법

평가영역	평가항목	평가방법
기본도형제도	도면 열기, 새 도면 만들기 명령 등으로 도면 작도에 필요한 CAD 환경을 설정할 수 있다.	실습실 평가
	CAD 작업 요소별, 형태별로 도구 막대를 변경하여 작업 환경을 설정할 수 있다.	
	작업 중인 도면에 문제가 있는지 진단하고 발견된 오류 수정이나 손상된 파일을 복구할 수 있다.	
	작업 중인 도면을 파일형식에 따라 저장하거나 다른 이름으로 저장할 수 있다.	
선의 종류와 용도	선의 기본 모양과 형태를 이해하여 용도별로 사용할 수 있다.	실습실 평가
	선의 굵기에 다른 색상을 이해하여 용도별로 색상을 지정할 수 있다.	
	올바른 숨은선 긋기를 이해하여 도형제도에 사용할 수 있다.	
	선의 굵기를 이해하여 용도별로 사용할 수 있다.	
도면의 양식마련	도면에 반드시 마련해야 하는 양식의 종류를 이해하여 도면양식을 마련할 수 있다.	실습실 평가
	마련하는 것이 바람직한 양식의 종류를 이해하여 도면양식을 마련할 수 있다.	
	표제란에 마련해야할 양식을 이해하여 표제란을 마련할 수 있다.	
	내가 소속되어 있는 학교명이 표시된 5종류의 양식이 마련된 도면양식을 제도할 수 있다.	

단원 평가

다음의 도형을 A4용지에 제도하여 출력하시오.

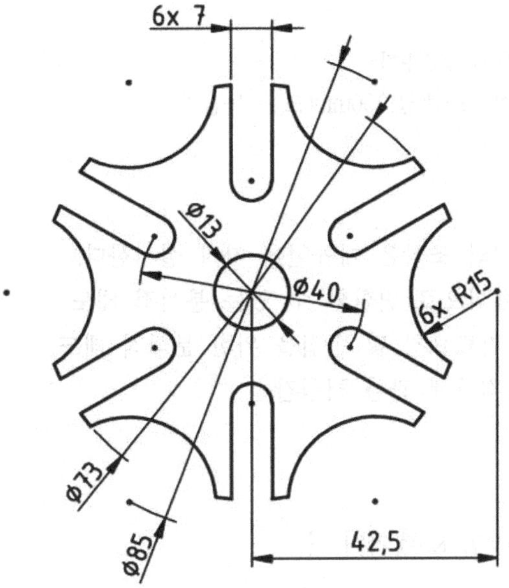

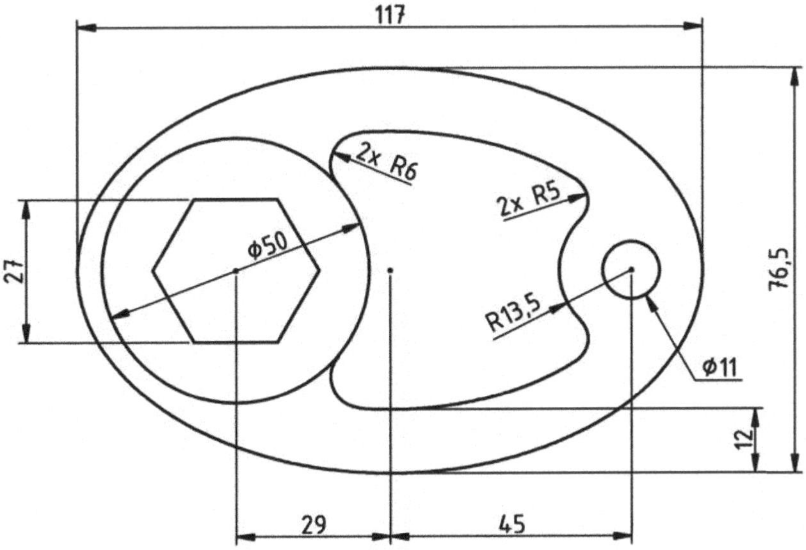

2D 도면작성

장비 및 도구, 소요재료

1. 장비 및 공구

    컴퓨터, CAD 프로그램, 복사기, 프린터 또는 플로터

2. 소요재료
    - 소요 재료명 : A4용지, A3용지
    - 준비물 : 원형판, 삼각스케일 150mm(또는 눈금자)

안전유의사항

- 컴퓨터 및 주변기기의 조작은 매뉴얼에 따라 실시한다.
- 요구하는 데이터 형식으로 변환할 수 있는 분석적 태도
- 도면 형식에 관한 자료요청 및 수집을 위한 분석적 태도
- 단순화, 균일화, 규격화에 관한 책임감

관련 자료

- CAD 프로그램 매뉴얼, KS데이터 북

단원명 2 도면 작성하기

| 단원명 2 | 도면 작성하기 1501020101_14v2.2 |

| 2-1 | 투상도 제도하기 |

| 교육훈련 목표 | • 정 투상방법의 원리를 이해하고 제3각법으로 투상도를 제도할 수 있다.
• 제품의 모양에 다른 적합한 제도방법을 선택하여 제도할 수 있다.
• CAD 도면 작도에 필요한 부가 명령을 설정할 수 있다. |

| 필요 지식 | 2D캐드 프로그램 운용능력, 2D 드로잉에 관한 기초지식, 정 투상방법의 지식 |

1. 제품의 모양을 표현하는 정 투상방법

정 투상 방법은 물체를 향해 무한대의 평행한 시선(빛)을 보내면 물체의 윤곽이 화면에 직각으로 나타나는 것의 윤곽을 그리는 방법을 말한다.

(1) 정 투상방법의 원리

물체의 각 면과 그것을 바라보는 위치에서 시선을 평행하게 연결하면 물체와 보는 사람 사이에 설치해 놓은 투상 면에서 실제의 면과 같은 크기의 투상도를 얻게 되는 원리이다.

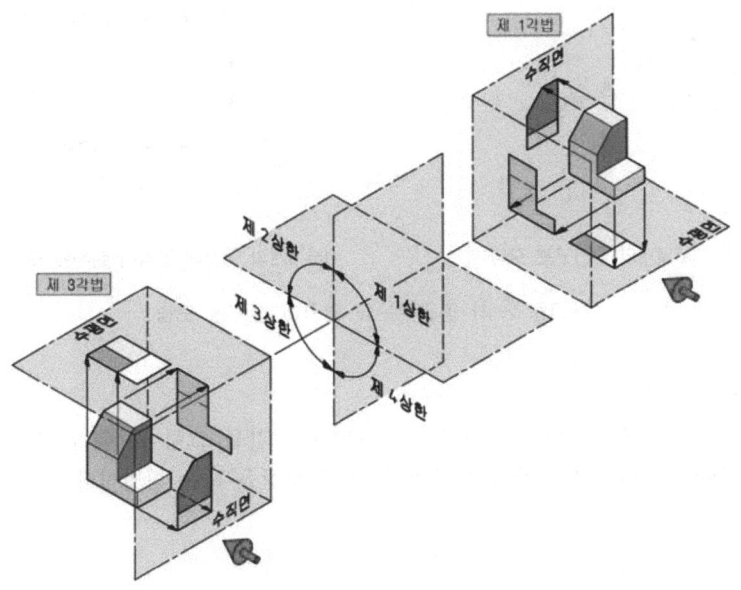

[그림 2-1] 정 투상도를 얻기 위한 화면 설치

(2) 투상 면의 설치

투상 면에서 얻은 물체의 투상도를 배열하기 위해서는 정면에 설치한 투상 면을 기준으로 전개하는 원리를 이용한다.

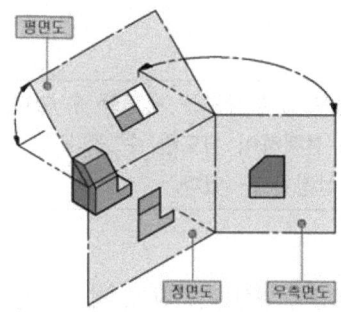
[그림 2-2] 투상 면 펼치기-제3각법

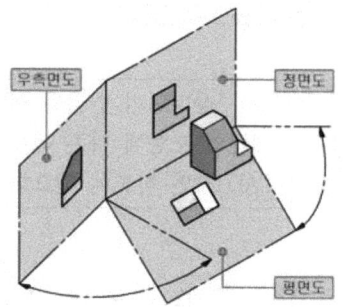
[그림 2-3] 투상 면 펼치기-제1각법

2. 제3각법과 제1각법

그림 2-4의 (a)와 같이 2개 평면이 직각으로 교차할 때 제1상한, 제2상한, 제3상한, 제4상한으로 4개의 공간을 구분할 수 있으며, (b)는 4개로 구분된 공간에 면각을 설치하여 각각 6면을 모두 평면으로 덮으면 독립된 4개의 직육면체 공간을 얻는다.

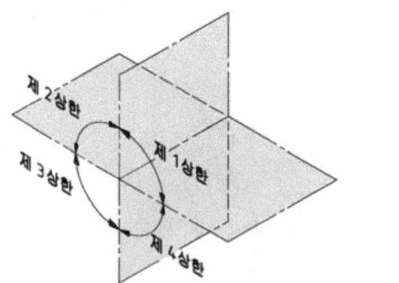
(a) 4개의 공간구분 모양

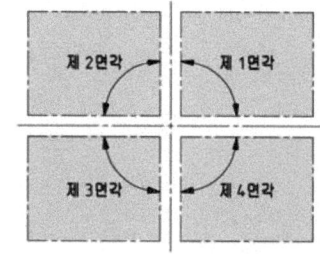
(b) 4개의 공간에 면각이 설치된 모습

[그림 2-4] 공간구분과 면각이 설치된 모습

(1) 제1각법

제1각법은 그림2-4에서 얻은 제1면각의 직육면체 공간을 그림 2-5의 (a)와 같이 분리하여 (b)와 같이 분리된 제1면각 공간 안에 물체를 놓고 투상을 하는 방법이다.

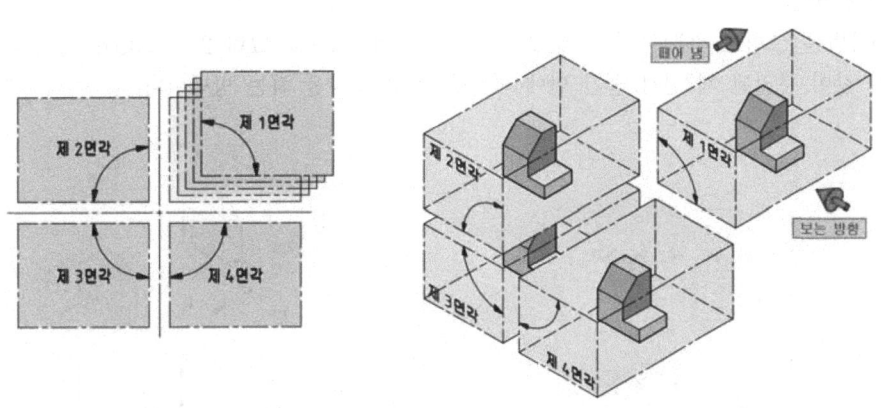

(a) 제1면각의 분리되는 모습 (b) 제1면각 안의 제품과 투상

[그림 2-5] 제1면각의 분리와 제1각법 투상

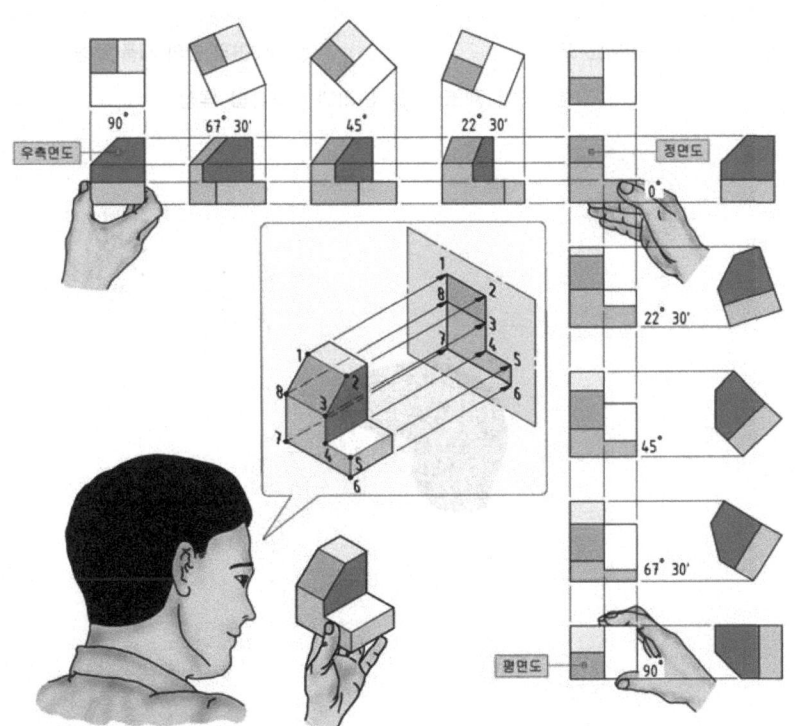

제1각법 투상원리 : 눈 → 제품 → 투상 면

[그림 2-6] 제1각법으로 제품의 모양을 그리는 투상원리

2D 도면작성

(2) 제3각법

제3각법은 그림 2-4에서 얻은 제3면각의 직육면체 공간을 그림 2-7의 (a)와 같이 분리하여 (b)와 같이 분리된 제3면각 공간 안에 제품을 놓고 투상을 하는 방법이다.

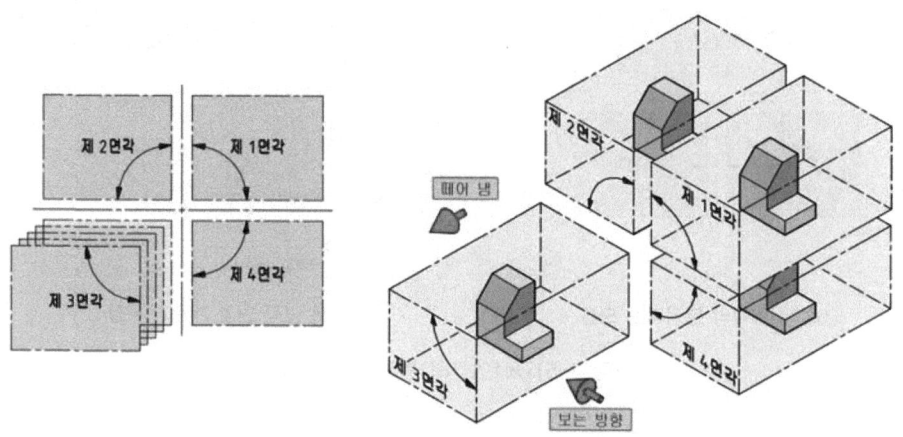

(a) 제3면각의 분리되는 모습   (b) 제3면각 안의 제품 투상

[그림 2-7] 제3면각의 분리와 제3각법 투상

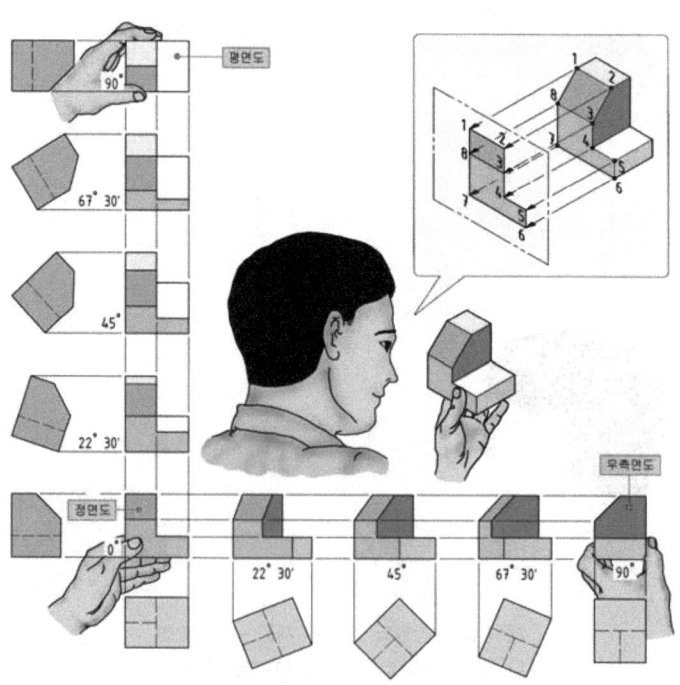

제3각법 투상원리 : 눈 → 투상 면 → 제품

[그림 2-8] 제3각법으로 제품의 모양을 그리는 투상원리

(3) 제1각법과 제3각법의 그림기호

제1각법 또는 제3각법의 그림기호는 ISO 및 KS 표준에서 도면작성에 사용한 각법을 표제란의 각법란이나 표제란의 근처에 표시한다.

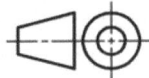   

(a) 제1각법 그림기호   (b) 제3각법 그림기호

[그림 2-9] 각법의 그림기호

(4) 제1각법과 제3각법의 투상도 배열

제1각법과 제3각법으로 투상을 할 경우 각 방향에서 본 투상도의 배열은 정면도를 기준으로 각각 반대위치에 배열하며 배면도의 위치는 가장 오른쪽에 배열시킨다.

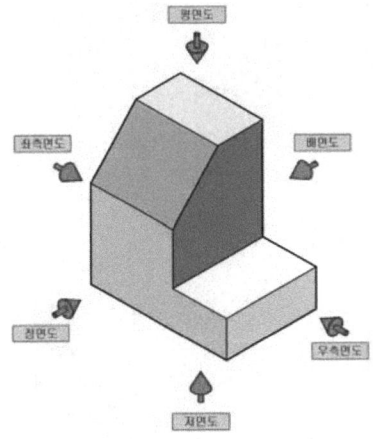

(a) 제품의 모양을 투상하기 위하여 바라보는 방향

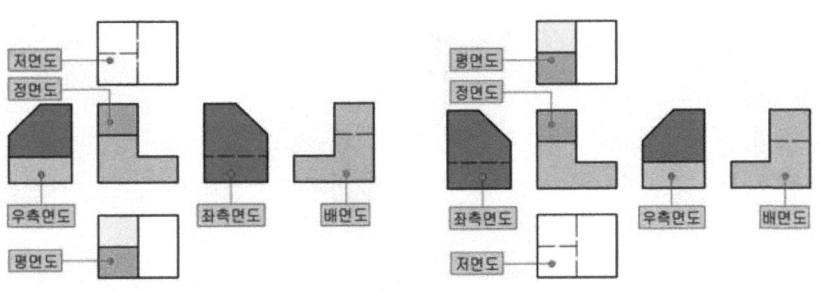

(b) 제1각법   (c) 제3각법

[그림 2-10] 제1각법과 제3각법의 배열(KS, ISO)

2D 도면작성

실기 과제

다음의 1눈금이 5mm인 등각 투상도를 보고 제3각법에 의해 화살표 방향을 정면도하여 우측면도, 좌측면도, 평면도, 저면도, 배면도를 A3용지에 제도하시오.

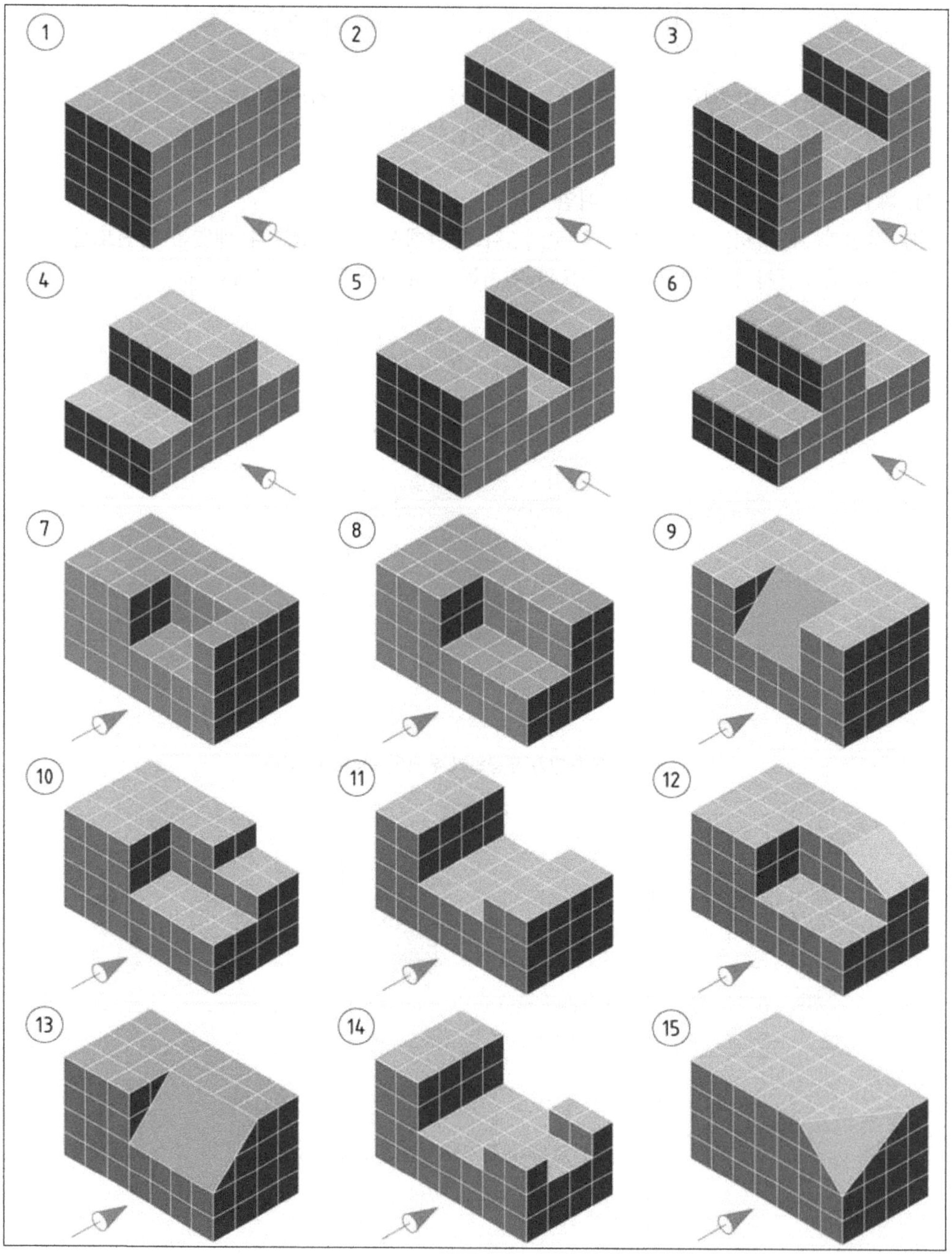

단원명 2 도면 작성하기

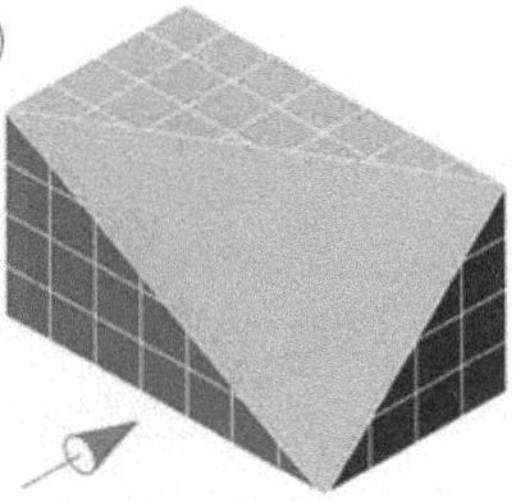

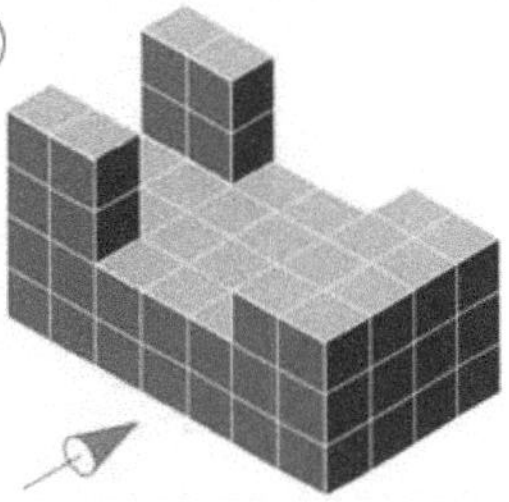

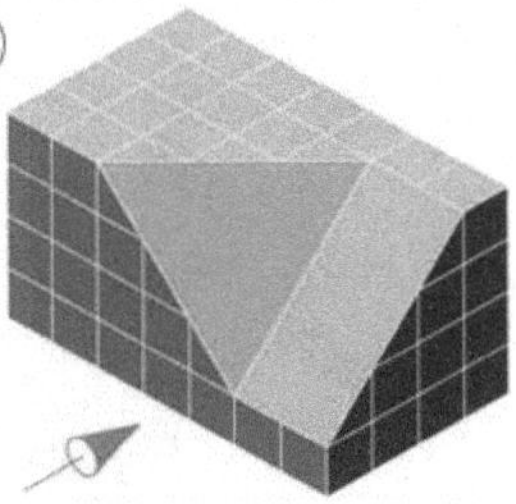

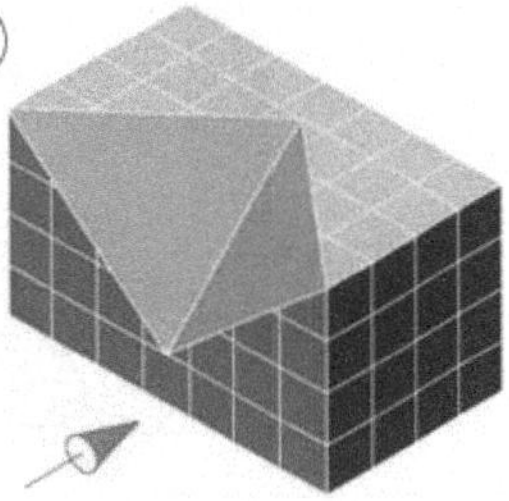

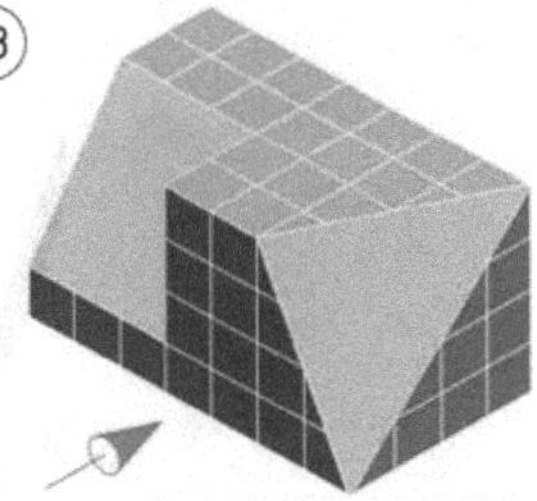

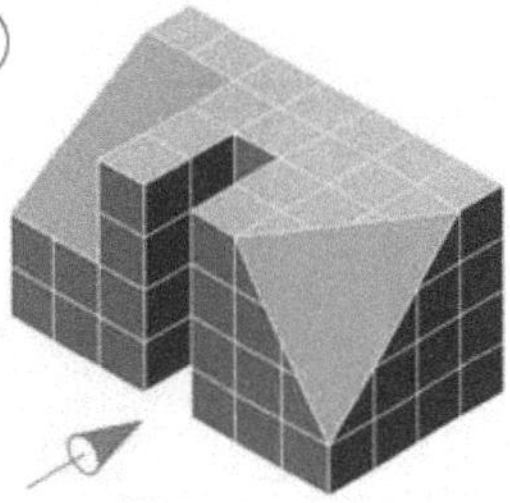

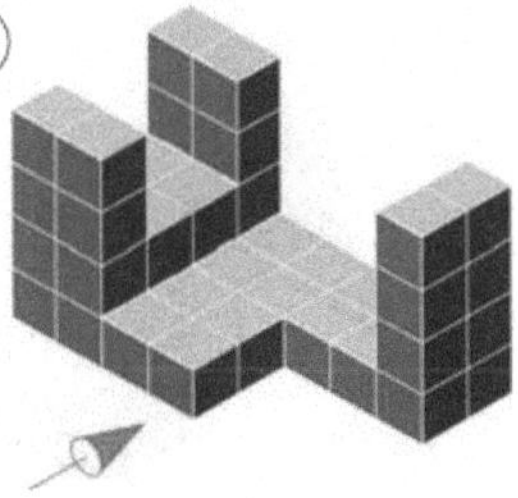

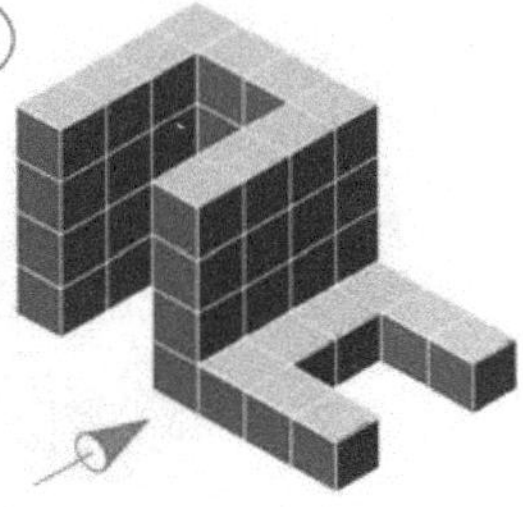

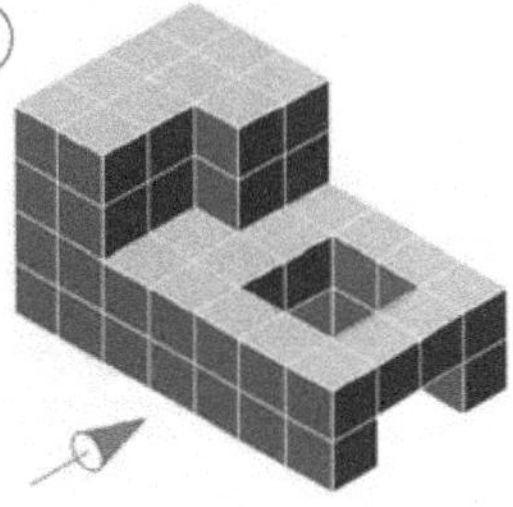

2D 도면작성

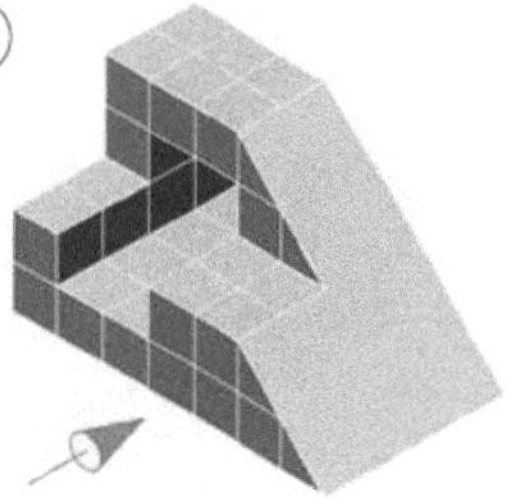

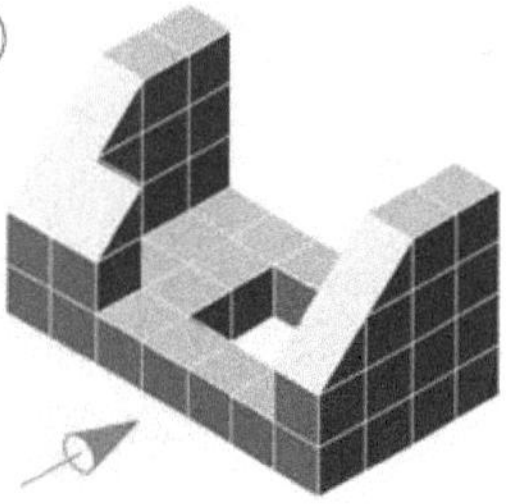

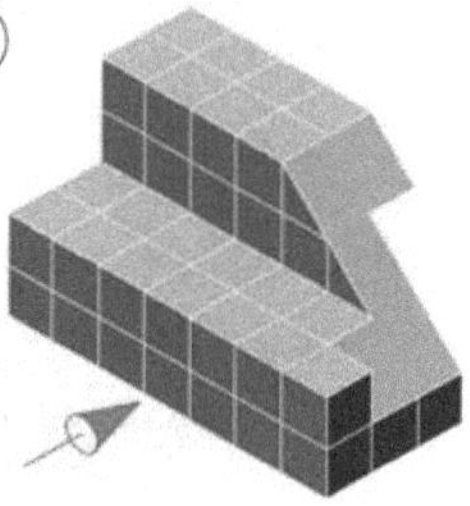

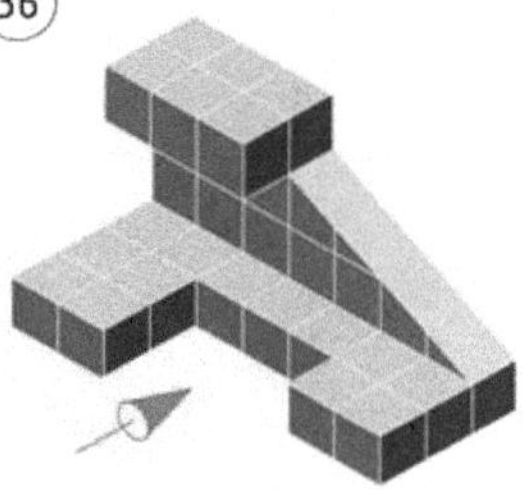

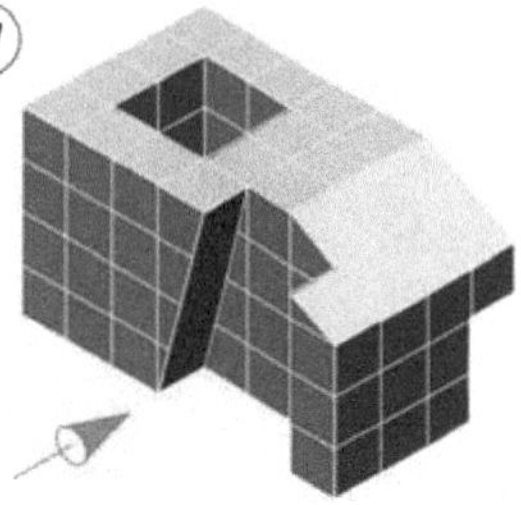

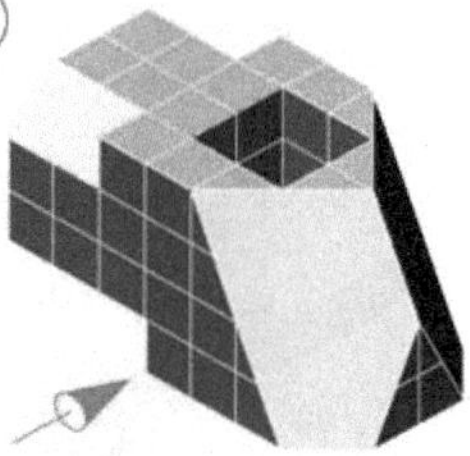

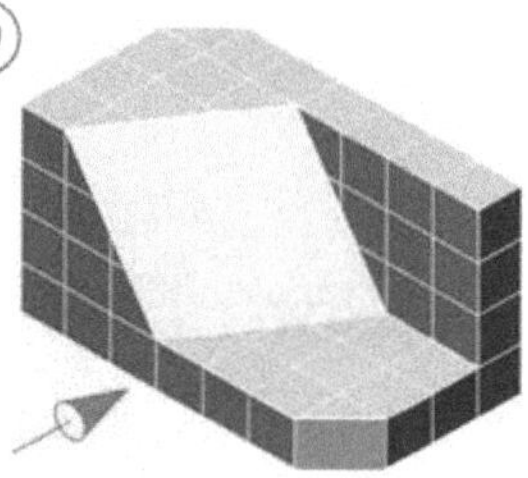

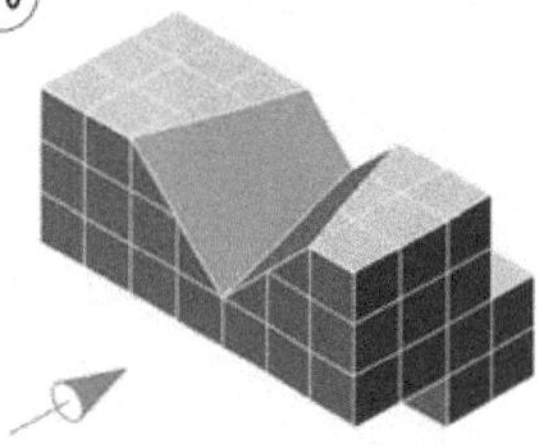

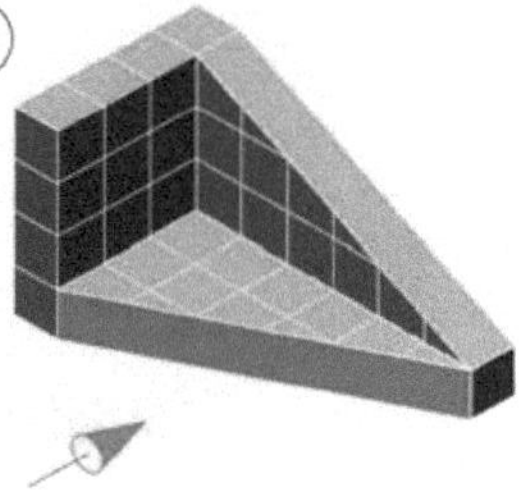

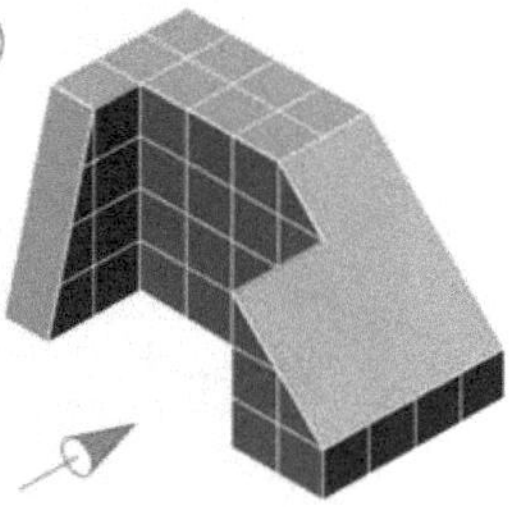

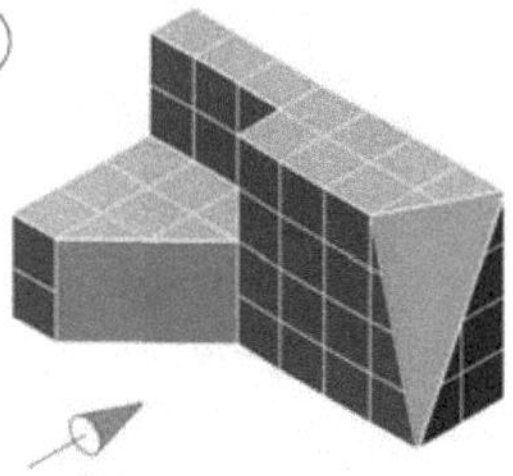

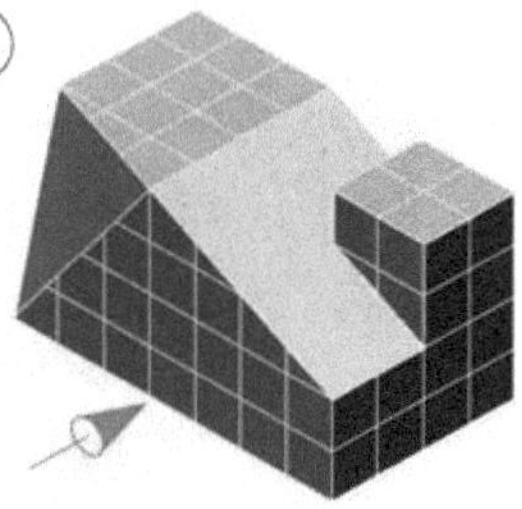

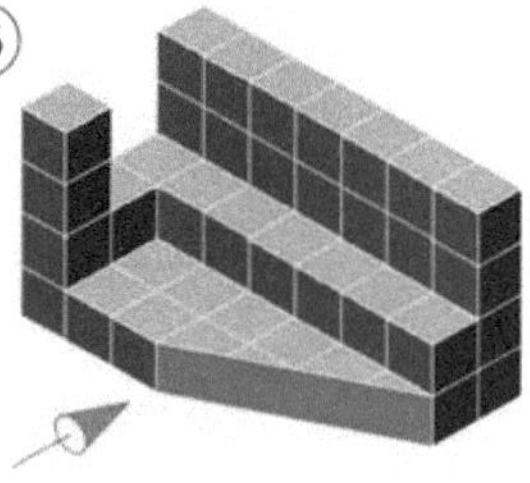

단원명 2 도면 작성하기

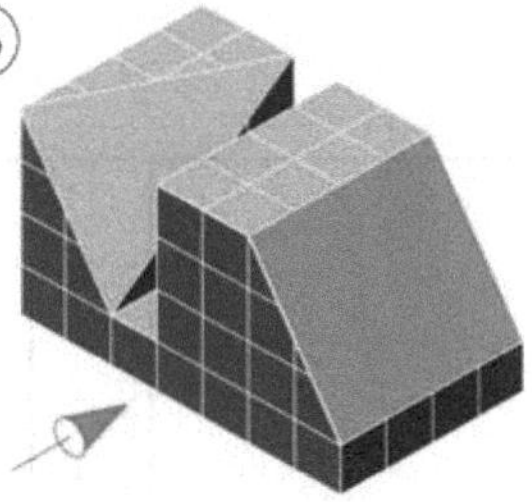

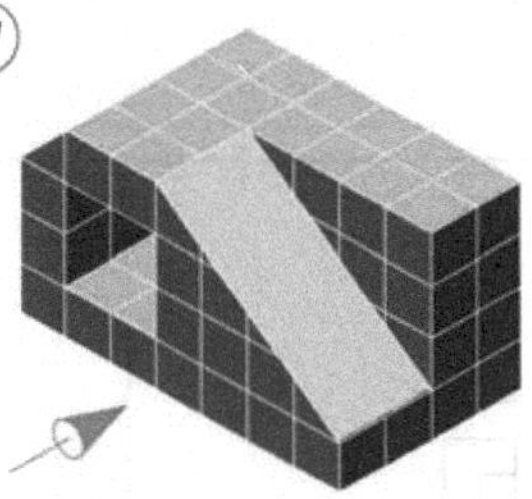

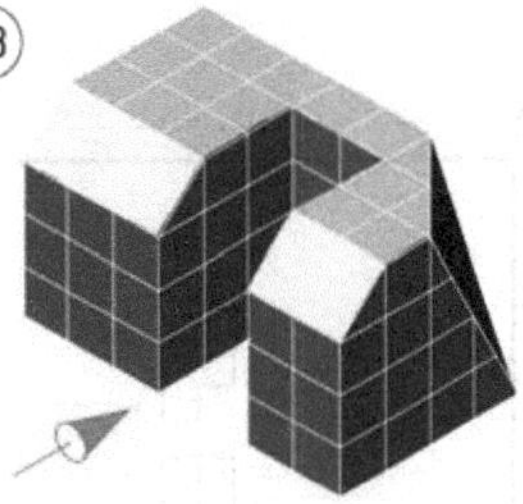

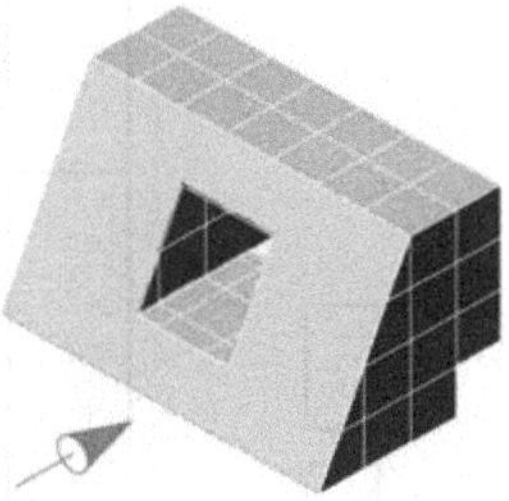

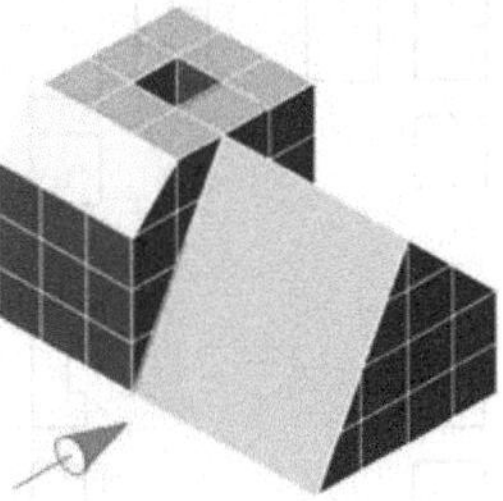

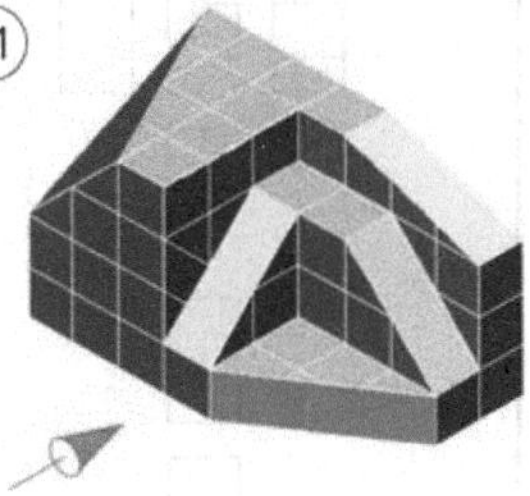

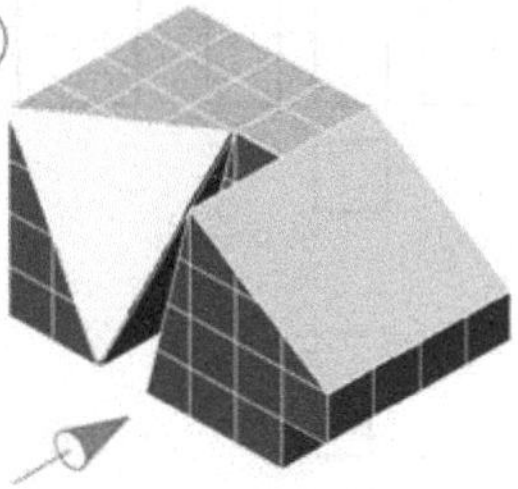

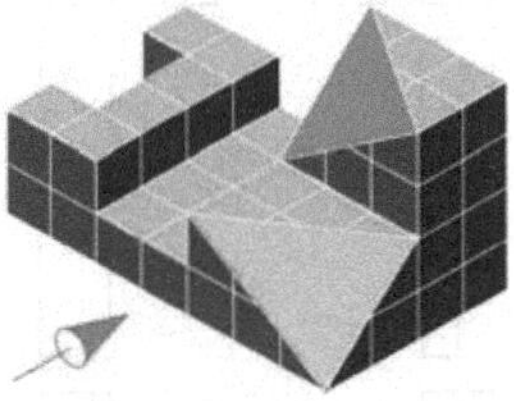

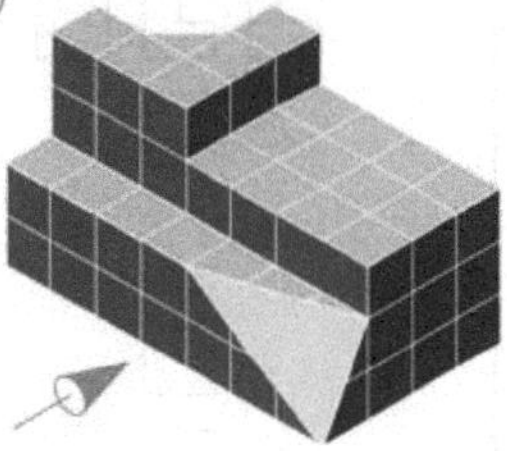

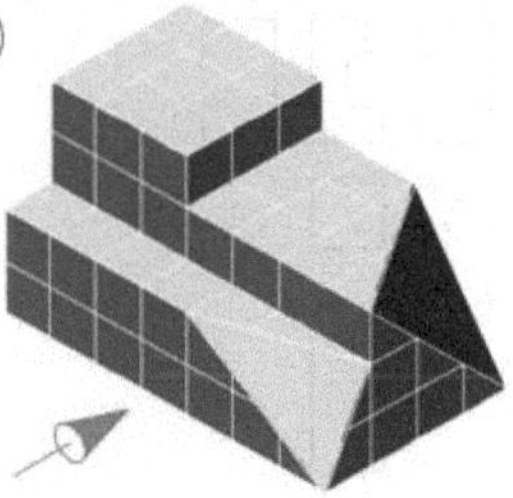

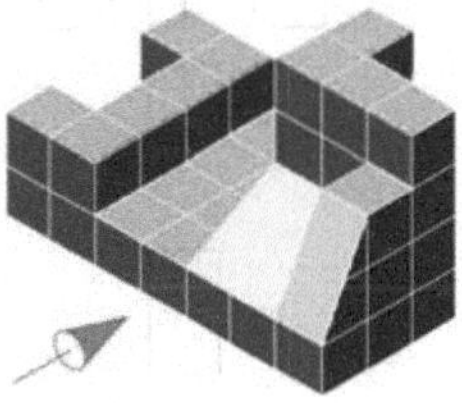

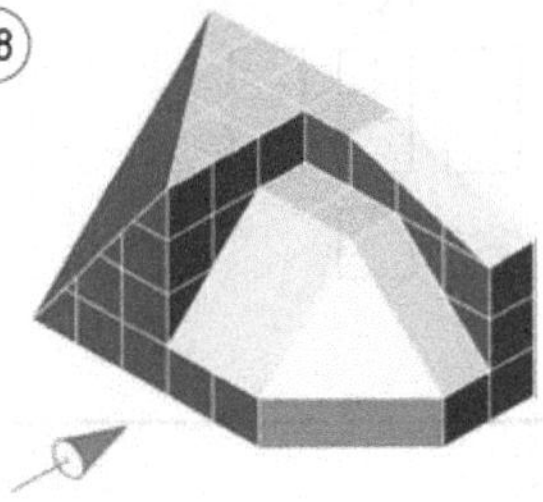

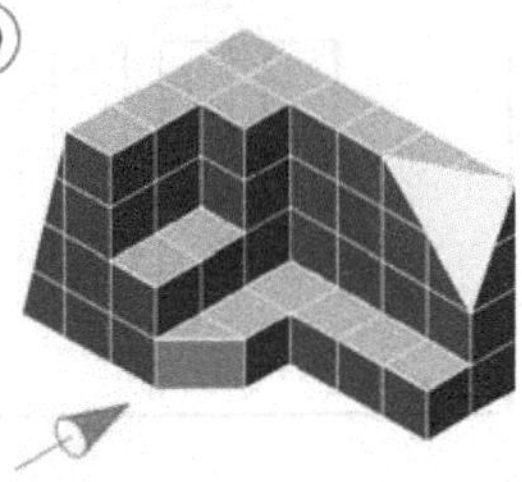

2D 도면작성

모범답안

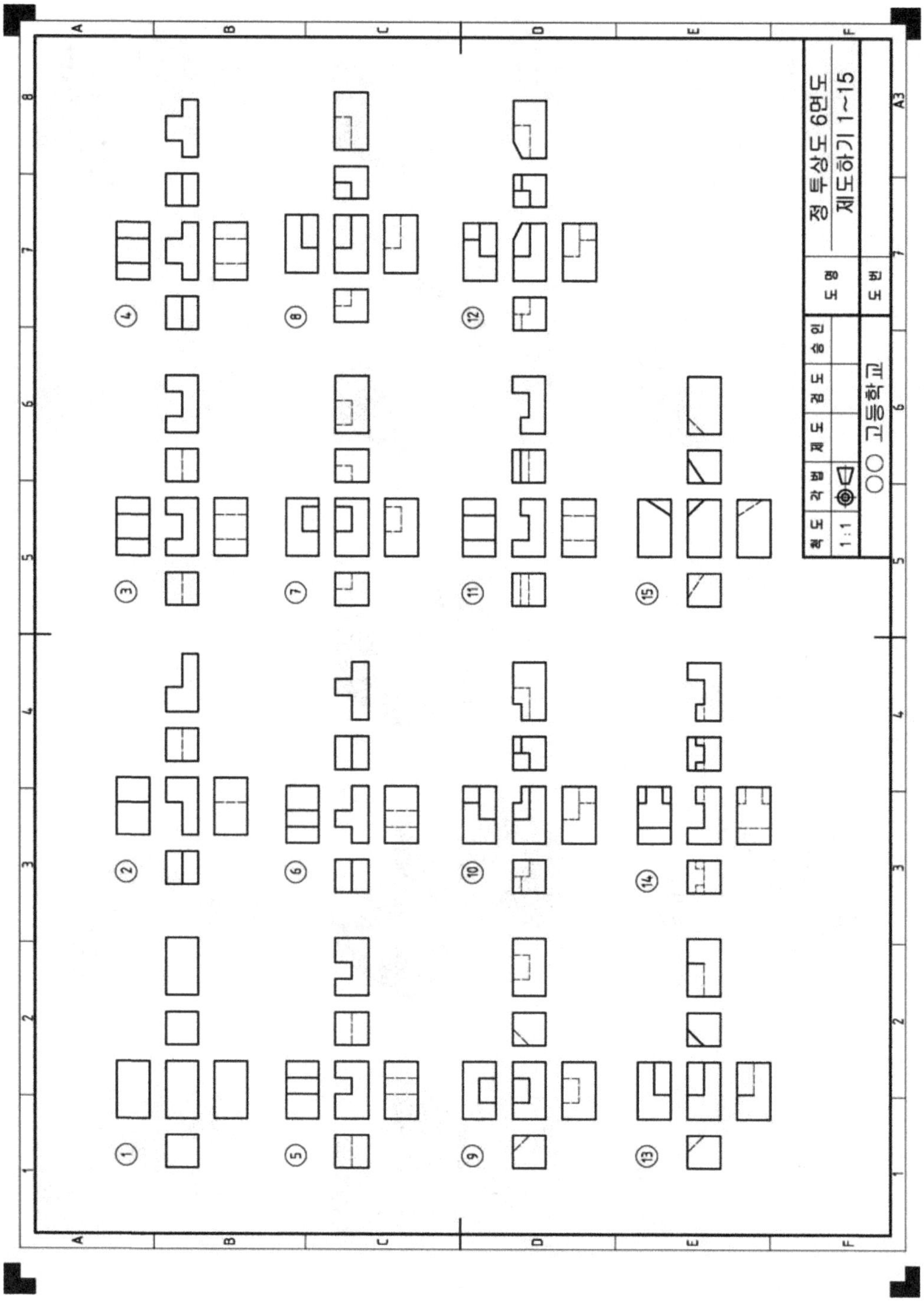

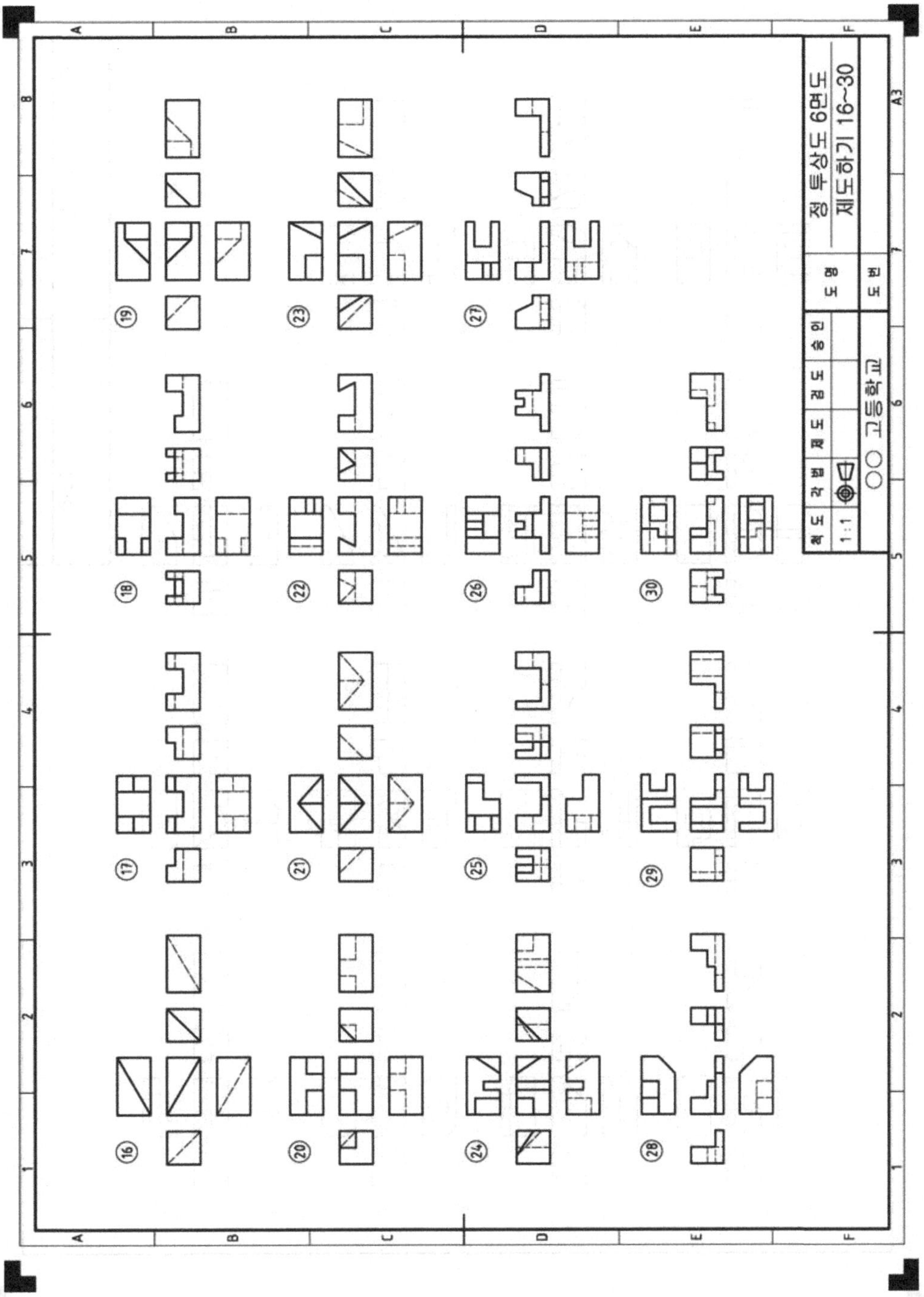

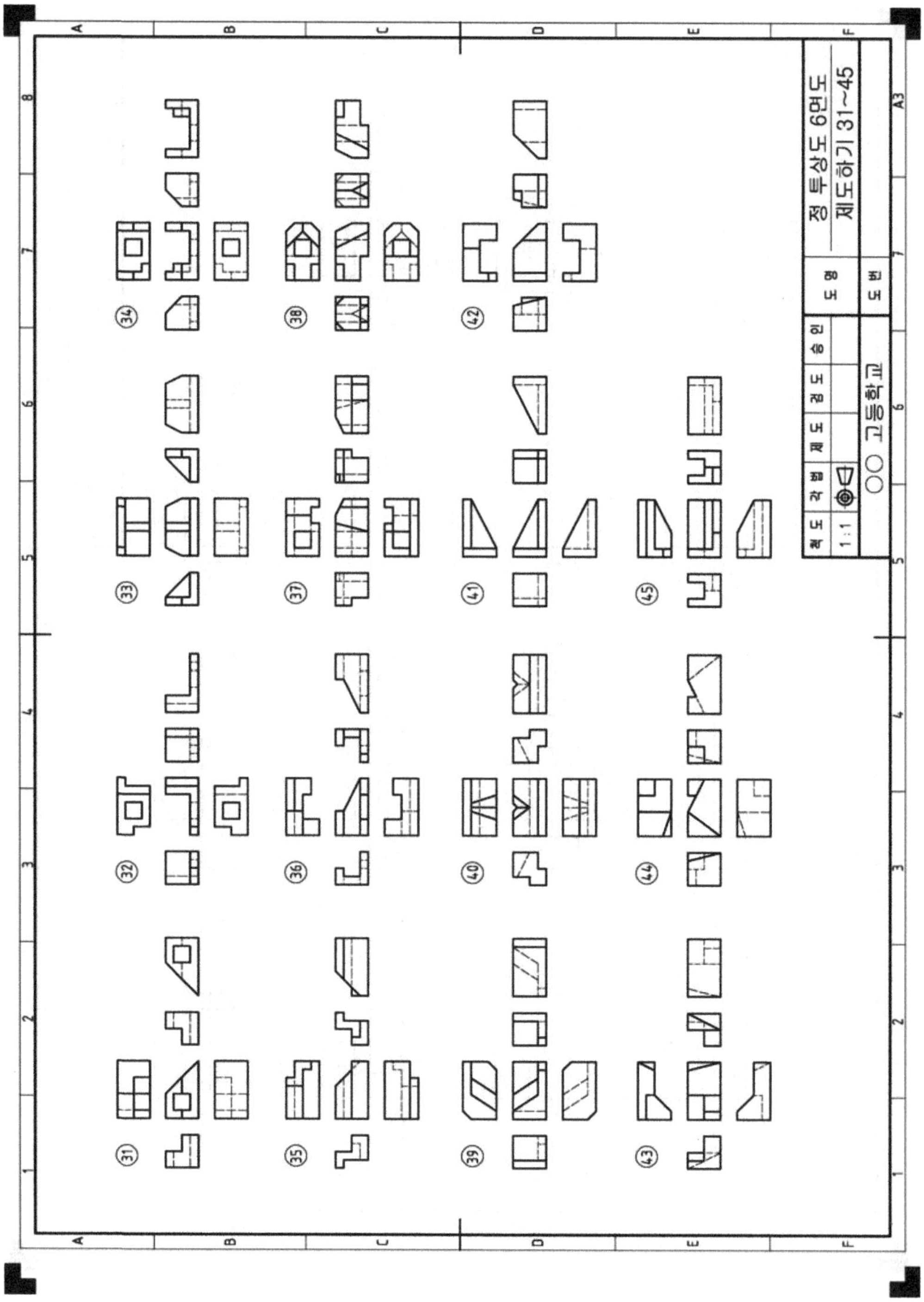

2D 도면작성

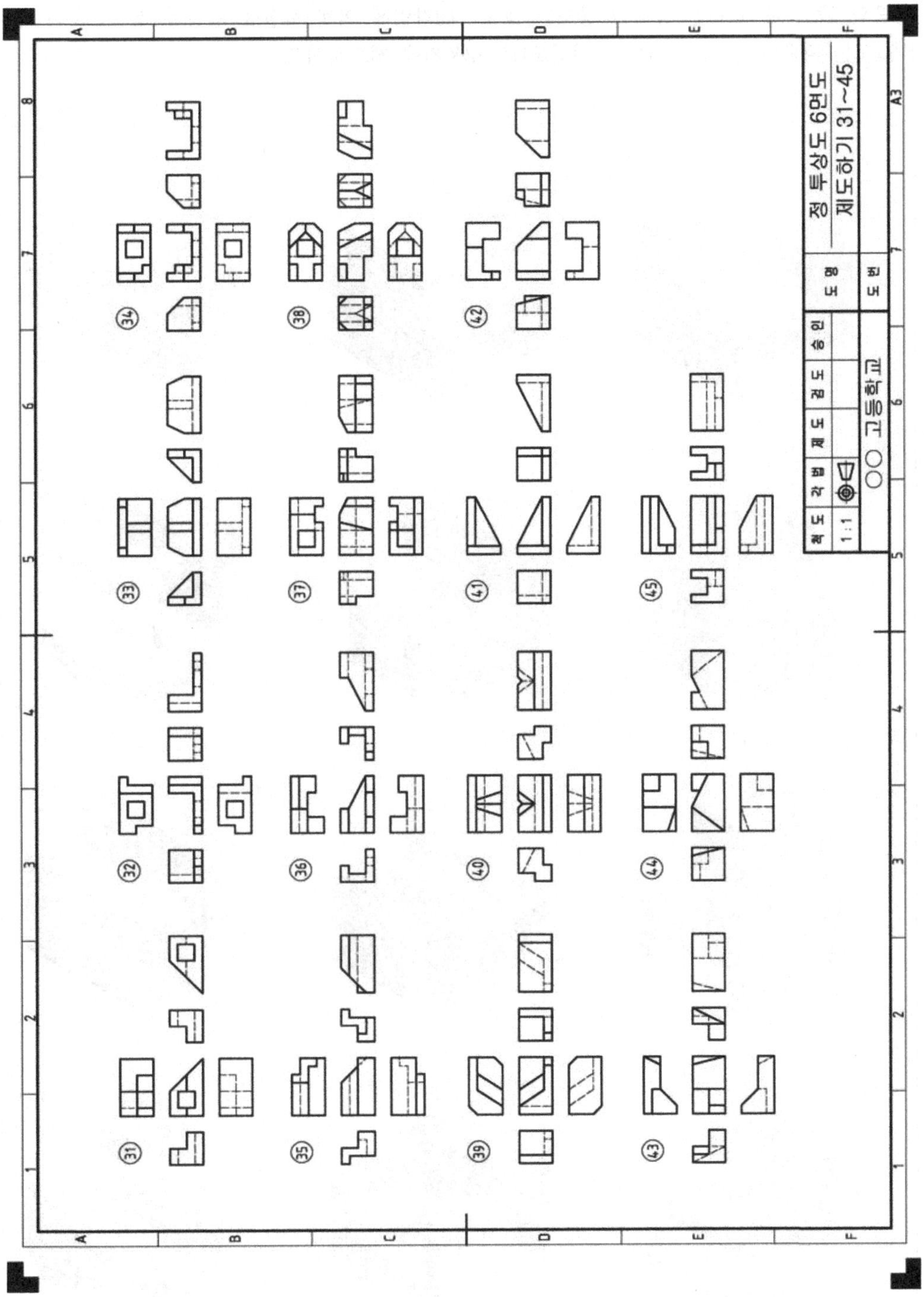

2D 도면작성

다음의 1눈금이 5mm인 등각 투상도를 보고 제3각법에 의해 화살표 방향을 정면도하여 우측면도(또는 좌측면도), 평면도(또는 저면도)를 A2용지에 제도하시오.

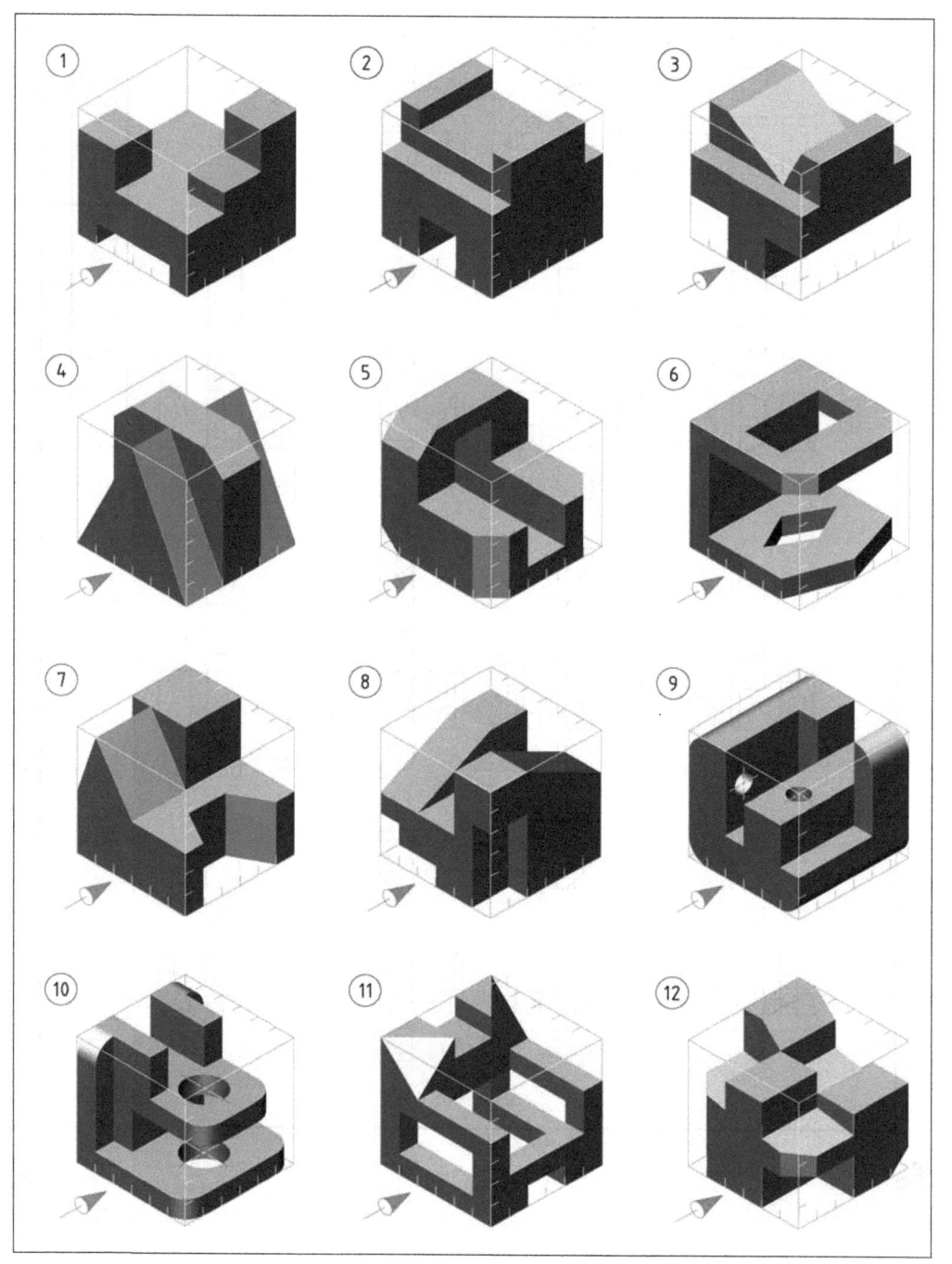

단원명 2 도면 작성하기

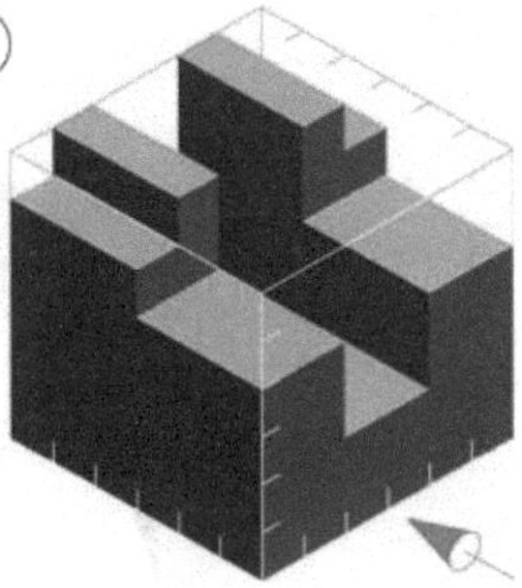

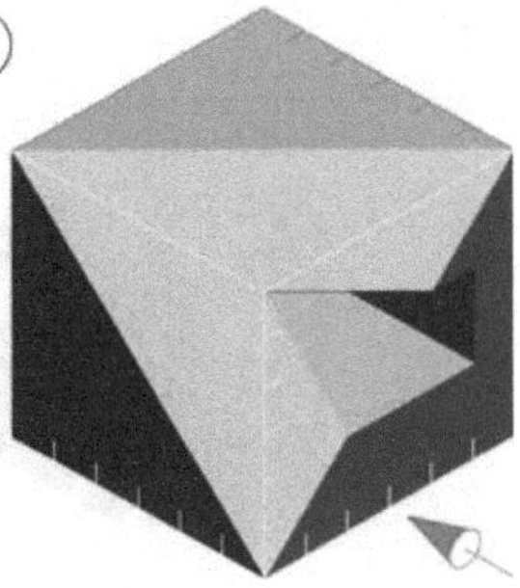

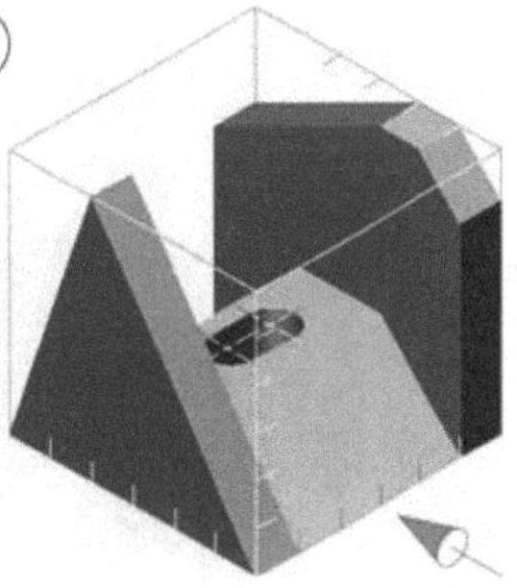

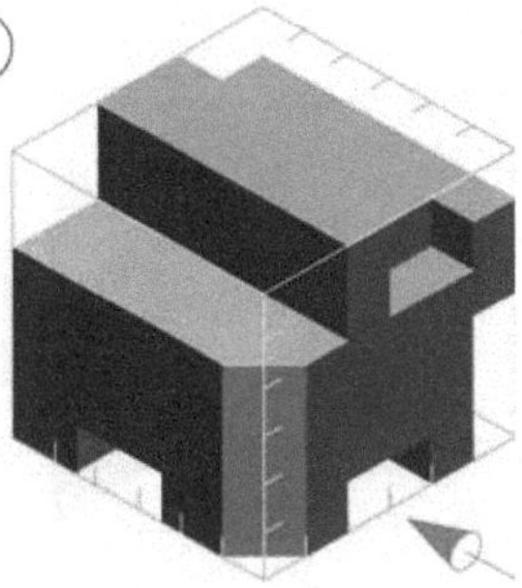

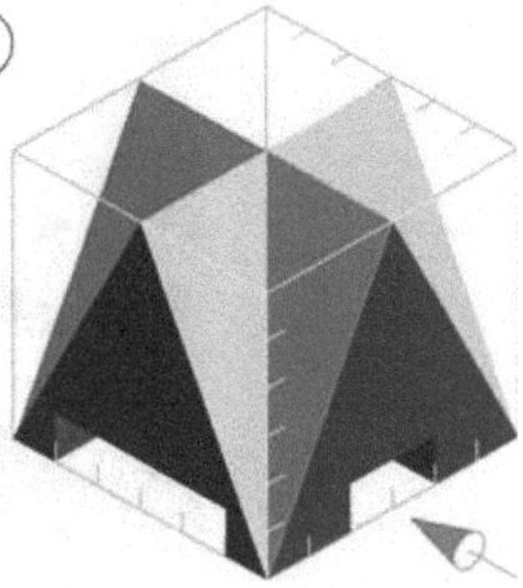

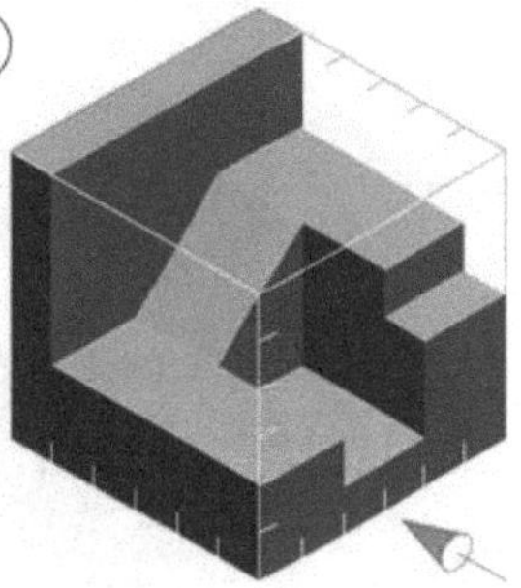

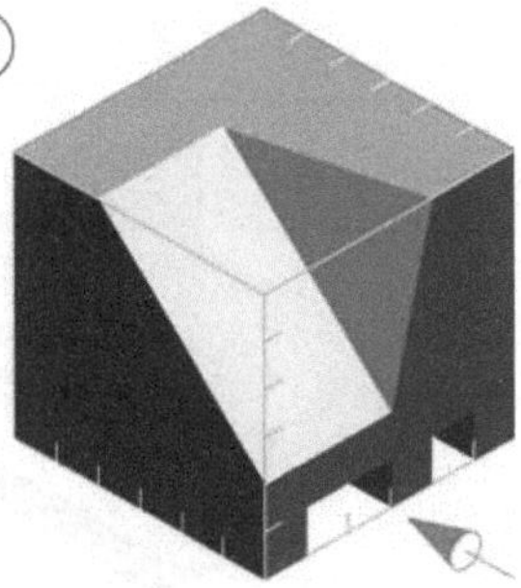

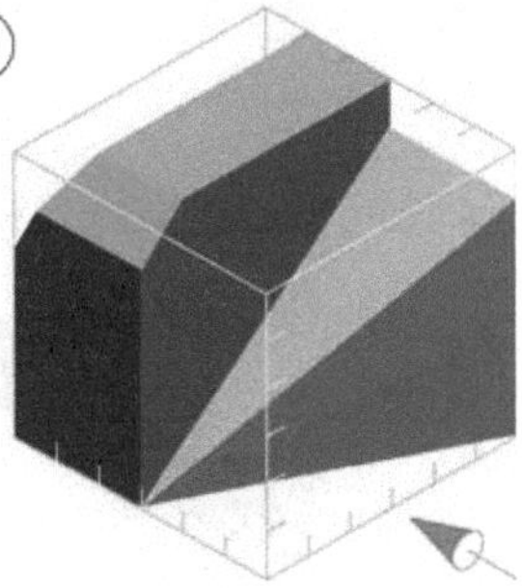

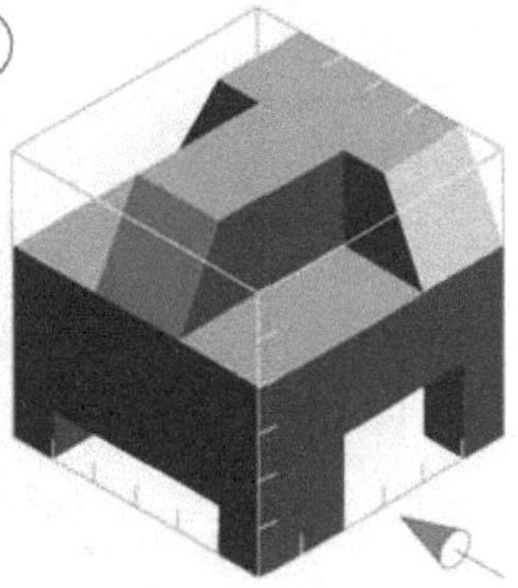

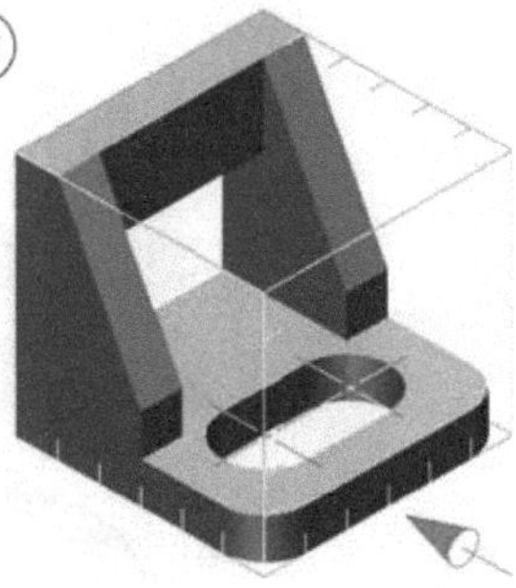

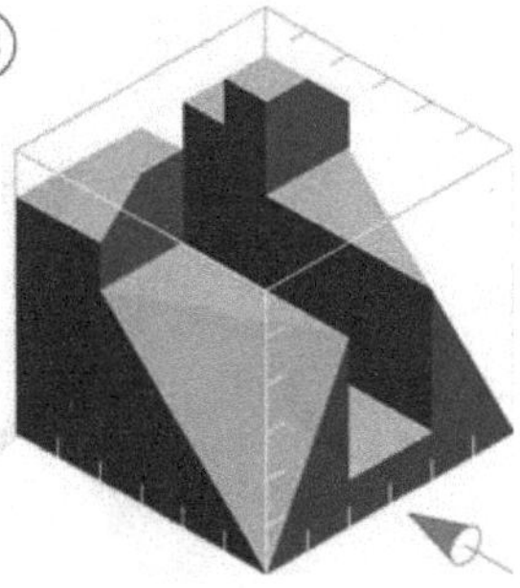

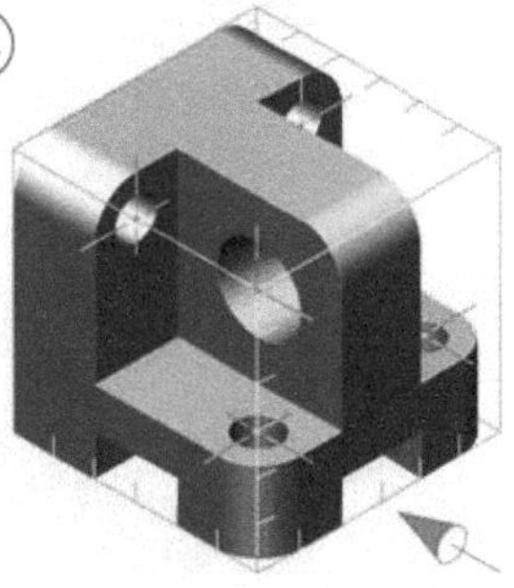

2D 도면작성

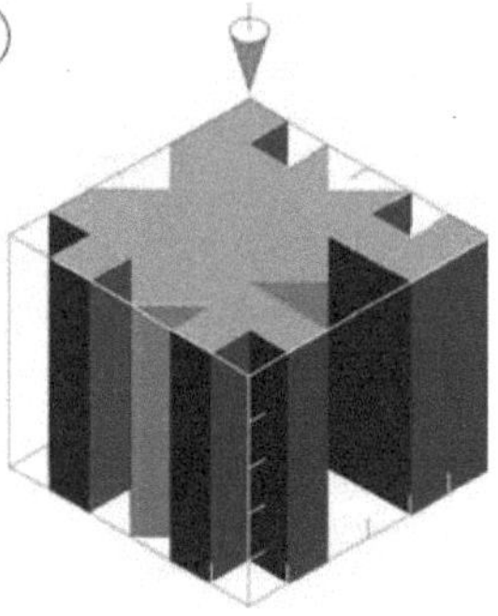

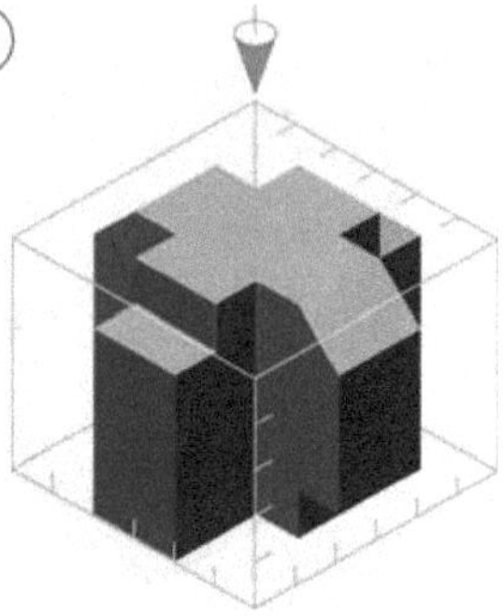

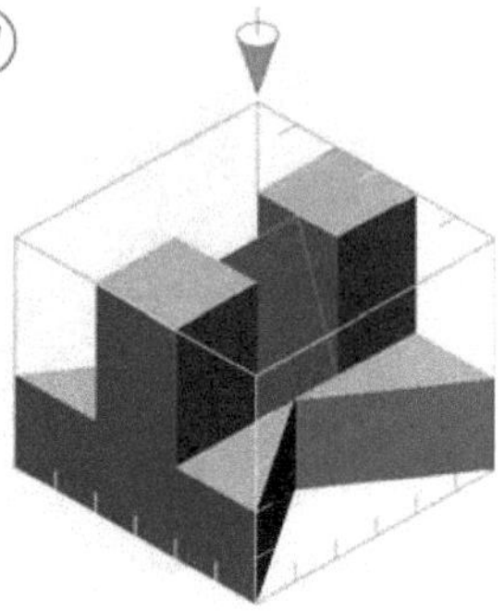

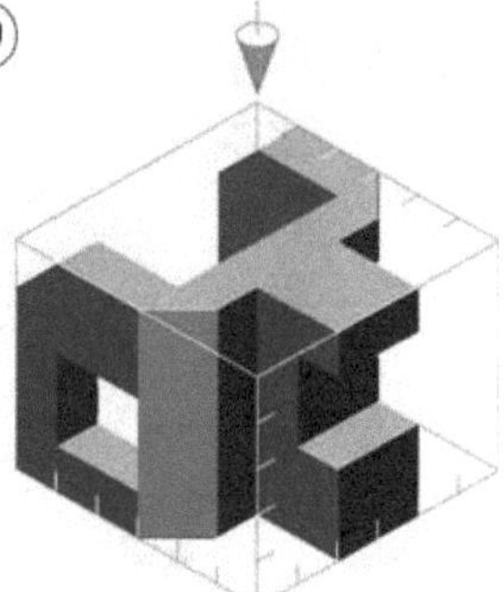

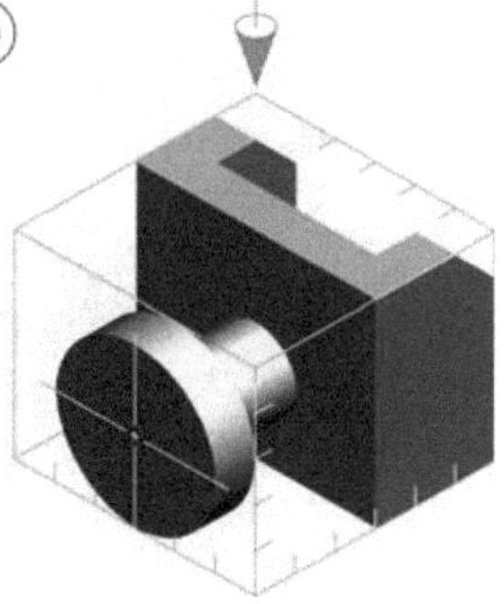

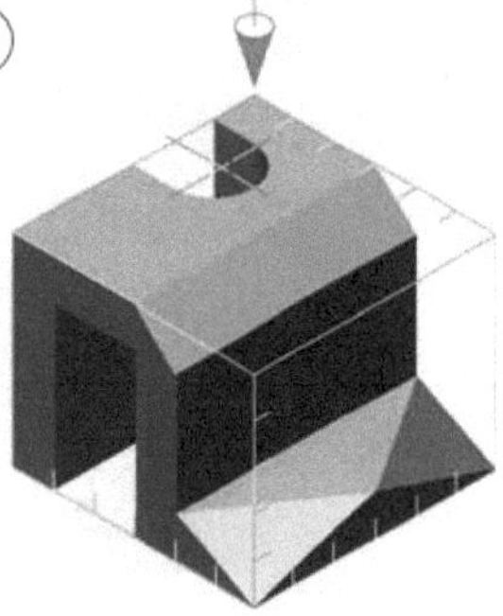

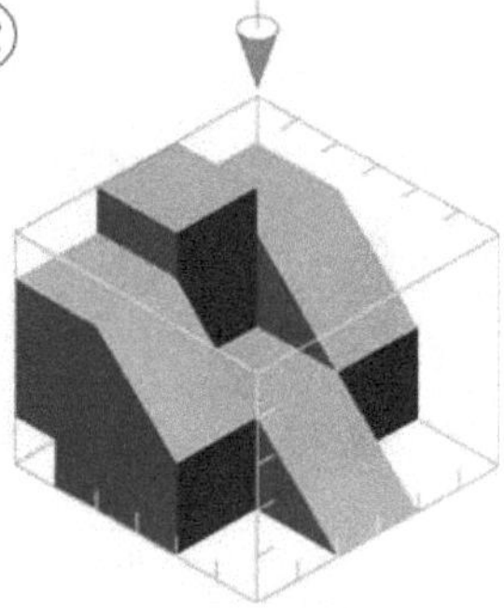

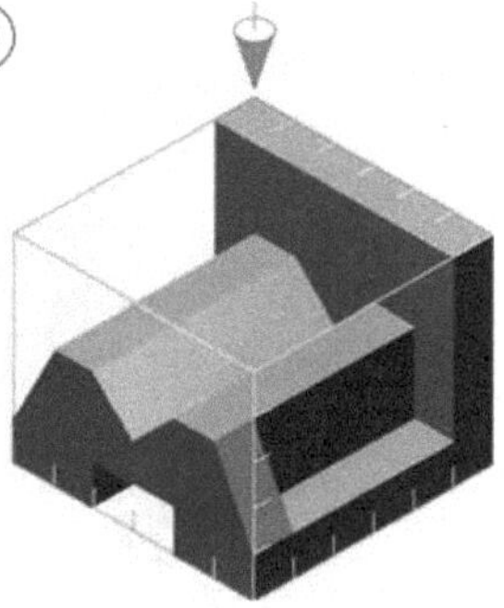

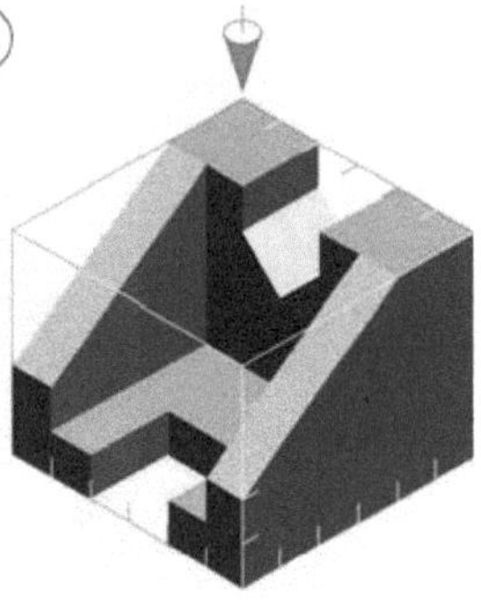

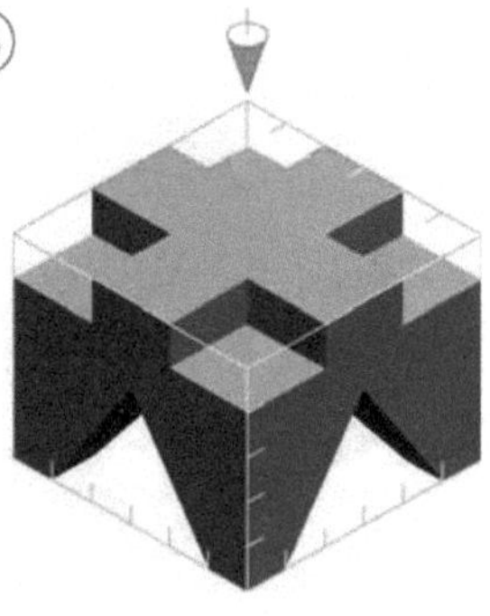

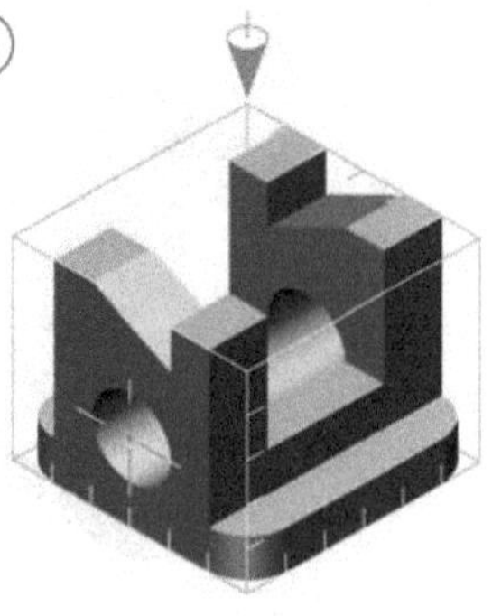

모범답안

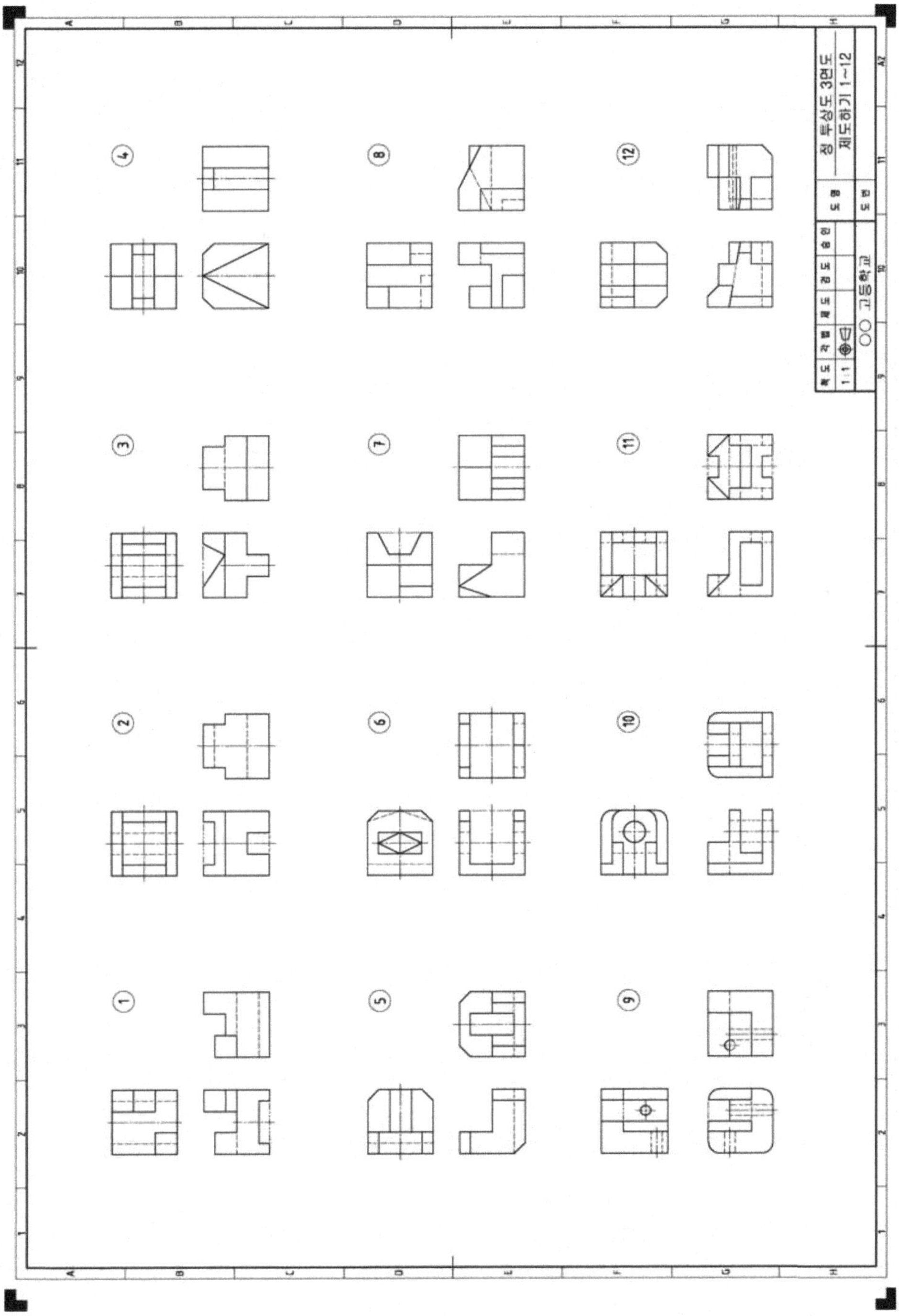

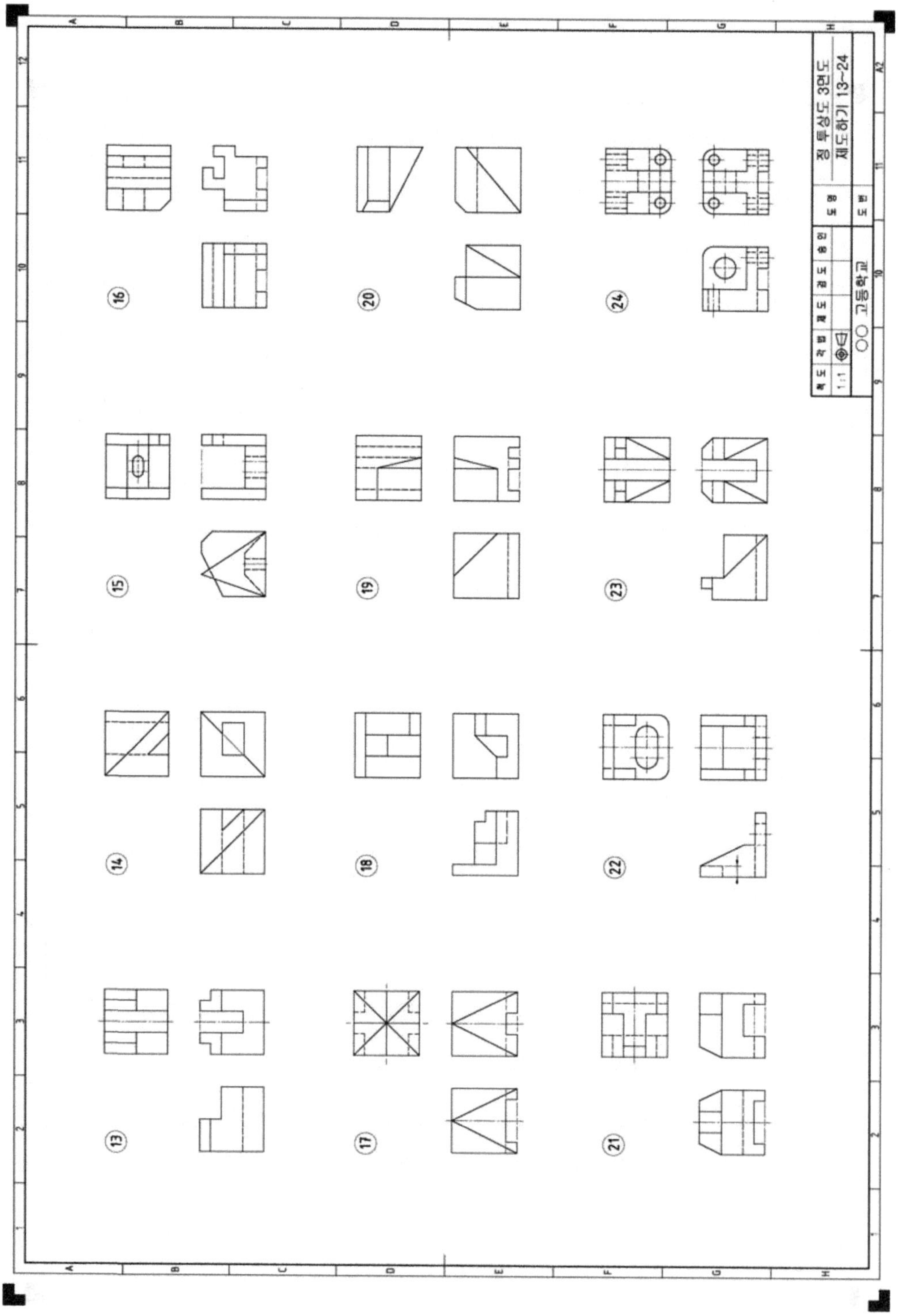

2D 도면작성

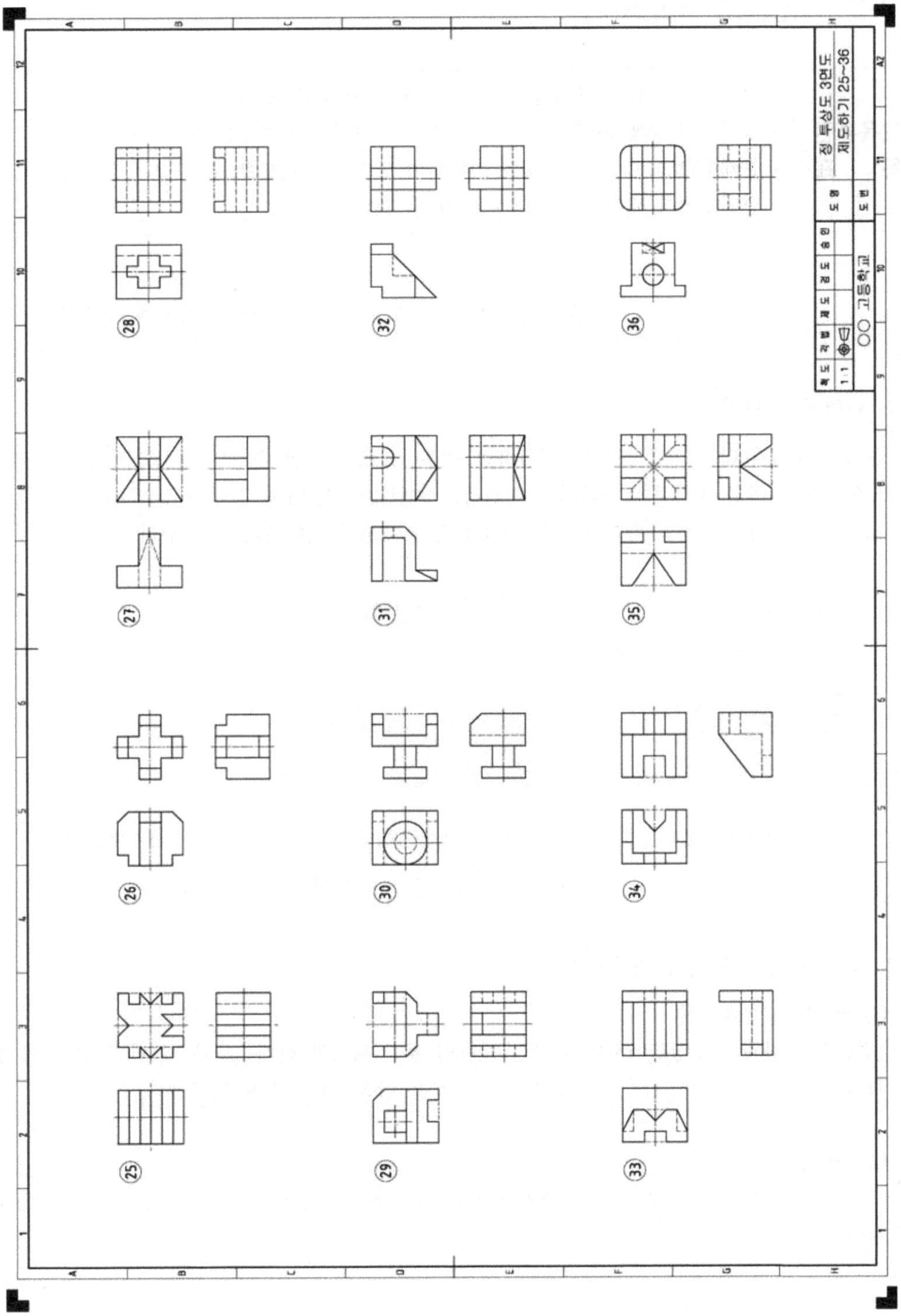

단원명 2 도면 작성하기

2-2 단면도 제도하기

교육훈련 목표	• 단면도의 종류와 도시방법을 이해하고 설명할 수 있다. • 물체의 형상에 따라 절단면을 설치하여 단면도를 제도할 수 있다. • 물체의 보이지 않은 부분을 이해하여 단면도를 제도할 수 있다. • 단면도에서 해칭이나 스머징을 할 수 있다.

필요 지식	2D캐드 프로그램 환경설정 능력, 2D 드로잉에 관한 기초지식, ISO 및 KS 표준지식

1. 단면도의 원리

물체의 보이지 않는 안쪽 모양이 간단하면 숨은선으로 나타낼 수 있지만 복잡하면 알아보기가 어렵다. 안쪽을 명확하게 나타내기 위해서는 그림 2-11의 (a)와 같이 가상의 절단면을 설치하고 (b)와 같이 앞부분을 떼어 낸 다음 (c)와 같이 제도한 것이 단면도의 원리이다.

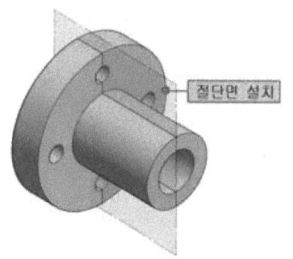
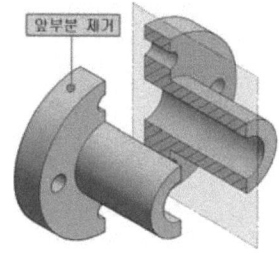
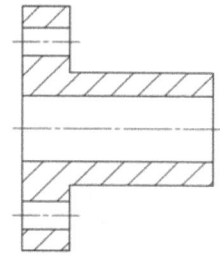

(a) 절단면의 설치　　　　(b) 앞부분을 잘라낸 모양　　　　(c) 단면도

[그림 2-11] 절단면 설치 원리

2. 절단면 설치 위치와 한계표시

(1) 절단면의 한계표시

절단면의 한계는 투상도에서의 가상의 절단면 설치 위치와 한계 표시는 그림 2-12 (a)와 같이 굵은 실선으로 표시하고 투상도의 바깥 부분은 굵은 1점 쇄선으로 긋는다.

(2) 절단선

절단선은 절단면의 설치 위치와 한계를 나타내는 굵은 실선의 사이에는 그림 2-12의 (b)와 같이 가는 1점 쇄선으로 긋는다.

단원명 2 도면 작성하기

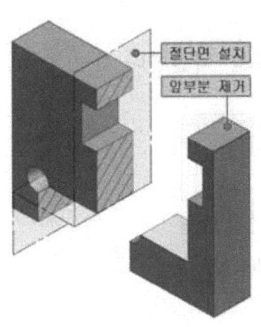 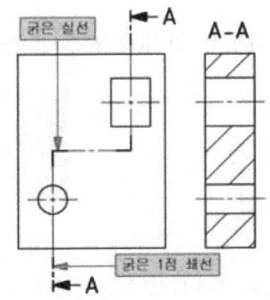 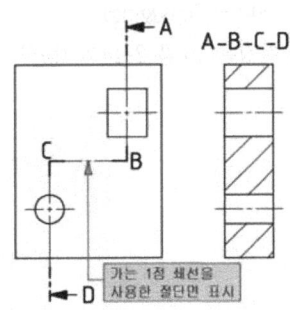

(a) 굵은실선의 절단면 한계 표시   (b) 절단선의 표시

[그림 2-12] 절단면 설치 위치와 한계 표시

3. 절단 방향표시 화살표와 문자기호

(1) 방향표시 화살표
방향표시 화살표는 그림 2-12와 같이 절단면의 앞부분을 떼어내고 본 방향으로 지시한다.

(2) 문자기호
문자기호는 한 도면 또는 한 제품의 부품도에서 여러 절단면이 설치된 경우 영문자 기호를 순서대로 수평으로 하여 단면도 위에 지시하고 그림 2-12와 같이 대문자를 사용한다.

(3) 절단방향 표시 화살표 크기
절단방향 표시 화살표는 KS A ISO128-40에서는 화살표를 날카로운 끝이나 KS A ISO 3098-5의 규정과 일치시키기 위해서 그림 2-13과 같이 만들어 사용한다.

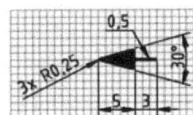

[그림 2-13] 절단방향표시 화살표 크기

4. 해칭과 스머징

(1) 해칭(Hatching)
해칭은 단면도는 절단되었다는 것을 표시해 주면 알아보기 쉬우므로 절단면임의 표시는 그림 2-14의 (a)와 같이 45°의 가는 실선을 단면부의 면적에 따라 3~5mm의 같은 간격의 경사선으로 긋는다.

(2) 스머징(Smudging)

스머징은 그림 2-14의 (b)와 같이 외형선 안쪽의 일부 또는 전부를 색칠한다.

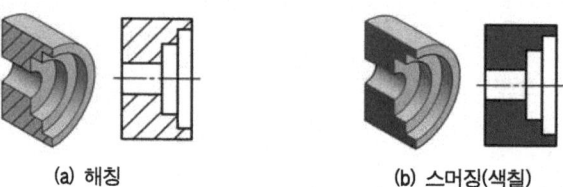

[그림 2-14] 해칭과 스머징

(3) 해칭이나 스머징을 함에 있어서 치수, 문자 및 기호

해칭이나 스머징을 함에 있어서 치수, 문자, 기호는 어느 것보다 우선하므로 이들을 중단하거나 피해서 실시한다.

(4) 엇갈린 해칭

동일한 선상에 절단면 한계가 표시되고 다른 모양이 겹치는 경우에는 그림 2-15와 같이 해칭 간격은 같되 선의 위치를 엇갈리게 해칭을 한다.

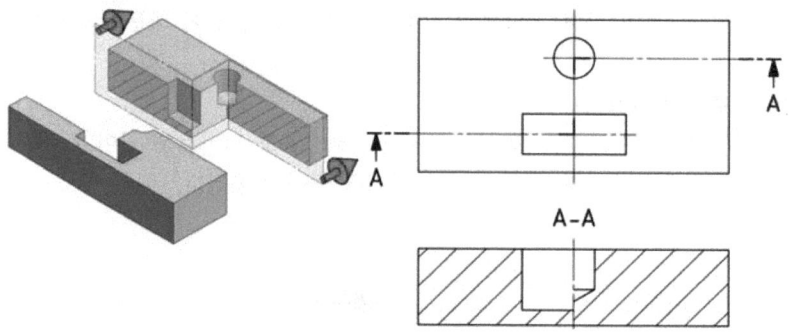

[그림 2-15] 해칭의 엇갈림 제도

(5) 해칭의 방향

그림 2-16과 같이 단면의 외형선이나 대칭선에 대하여 편리한 각도(대체로 45°)로 제도한다.

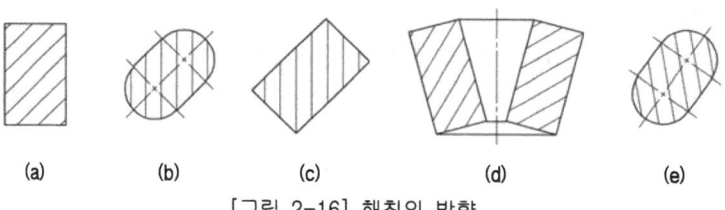

[그림 2-16] 해칭의 방향

(6) 조립도에서의 해칭의 간격과 방향

그림2-17과 같이 큰 부품부터 작은 부품이나, 해칭면적이 큰 부분부터 작은 부분 쪽으로 해칭 간격이 좁아지며 방향을 다르게 하거나 간격을 조정한다.

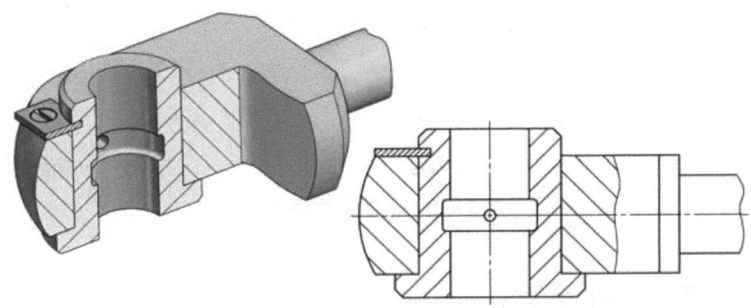

[그림 2-17] 조립도에서의 해칭 방향과 간격

(7) 개스킷이나 철판 및 형강 등

개스킷이나 철판 및 형강 등과 같이 극히 얇은 물체의 단면은 그림 2-18과 같이 단면한 면을 1개의 굵은 실선으로 긋는다.

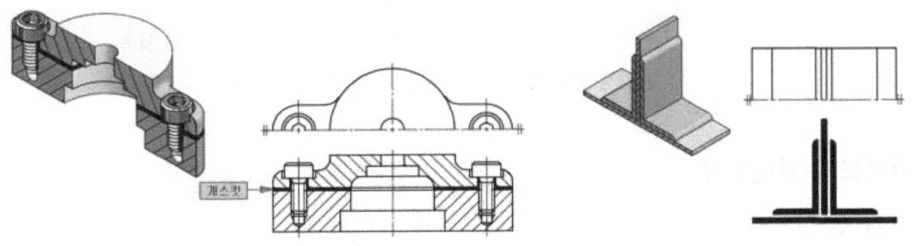

(a) 개스킷   (b) 구부린 철판

[그림 2-18] 얇은 제품의 단면은 굵은 실선으로 표시

5. 단면도 뒷면 모양 투상

단면도를 보충하는 다른 투상도나 단면도는 숨은선을 표시하지 않고도 충분한 방법을 선택해서 그리도록 하며 가급적 숨은선을 적게 나타내면서 그린다.

(1) 절단면 뒤의 투상선은 절단면의 뒤에 나타나는 숨은선, 중심선 등은 표시하지 않는 것이 원칙이나 부득이한 경우에는 나타낼 수 있다.

(2) 단면도는 다른 투상도(평면도 또는 측면도 등)가 그 단면도를 충분하게 설명할 때에는 그림2-19의 (b)와 같이 단면도의 뒤에 나타나는 숨은선은 생략한다.

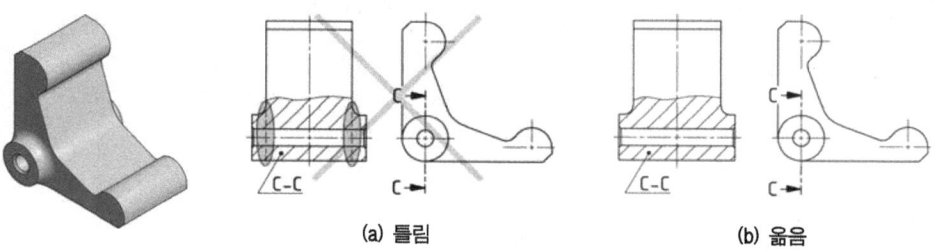

(a) 틀림   (b) 옳음

[그림 2-19] 단면도 뒷면의 투상

6. 절단면의 안쪽 모양의 투상선

절단면의 안쪽 모양의 투상선은 그림 2-20의 (b)와 같이 원통 면의 한계와 끝을 외형선으로 긋는다.

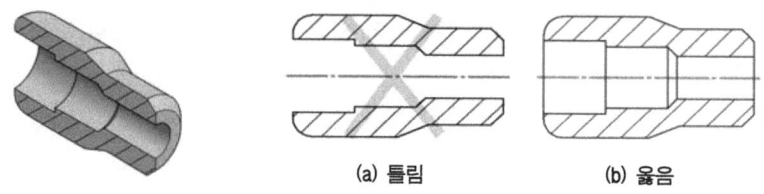

(a) 틀림   (b) 옳음

[그림 2-20] 절단 뒷면의 안쪽 모양의 투상선

7. 단면도의 일반원칙

(1) 절단면 설치의 수

(가) 1개의 절단면 설치는 그림 2-21과 같다.

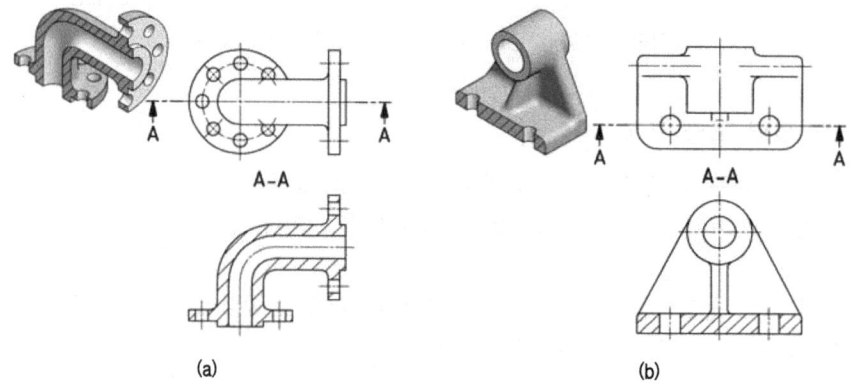

(a)   (b)

[그림 2-21] 1개의 절단면 설치

(나) 2개의 평행 절단면을 설치한 단면도는 그림 2-22와 같다.

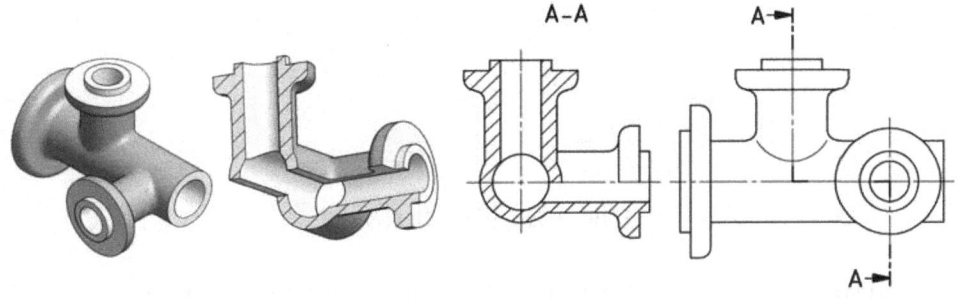

[그림 2-22] 2개의 절단면

(다) 3개의 절단면 설치가 교차 조합되는 단면도는 그림 2-23과 같다.

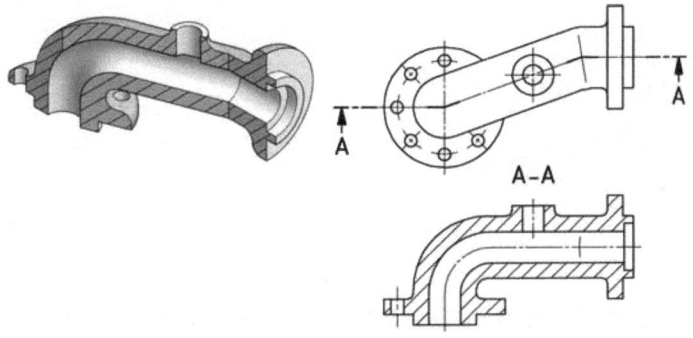

[그림 2-23] 3개의 절단면

(라) 하나의 투상면으로 교차 조합되는 절단면 설치의 단면도가 회전이 투상이 가능한 제품은 그림 2-24와 같다.

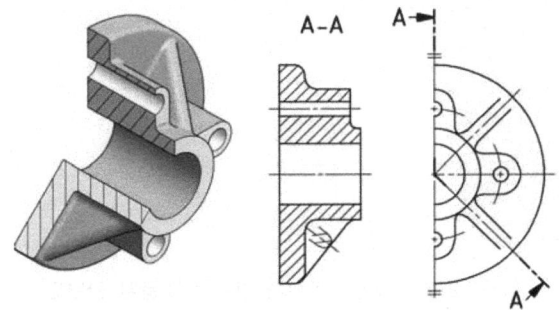

[그림 2-24] 단면도의 회전투상

(마) 등간격을 가진 부분을 포함한 회전 투상이 가능한 제품의 부품도에서는 애매함이 없다면 회전하는 것으로 간주하며 그림 2-25와 같다.

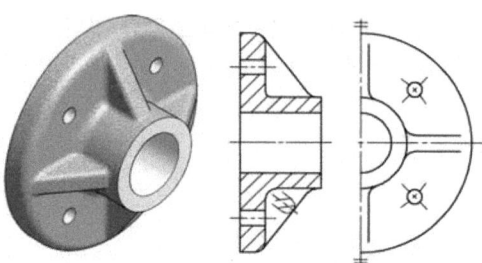

[그림 2-25] 단면도의 회전투상

(바) 절단면을 부분적으로 제품의 밖에 위치시킬 필요가 있을 때는 그림 2-26과 같다.

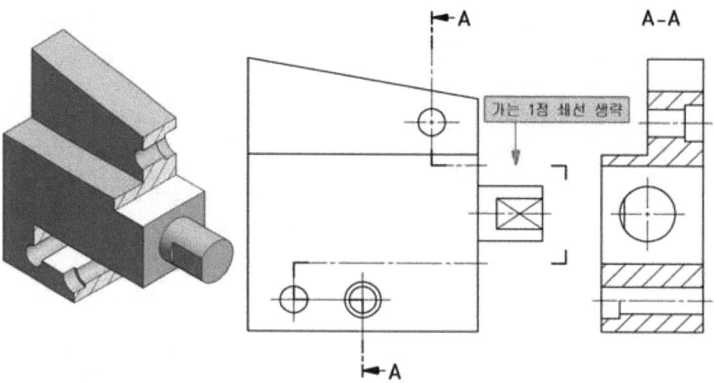

[그림 2-26] 절단면을 부분적으로 제품의 밖에 위치시킬 경우

(사) 투상도로부터 밖으로 이동된 단면도는 절단면이 설치된 투상도로부터 가까운 곳에 위치하도록 하고 가는 1점 쇄선으로 연결하며 그림 2-27과 같다.

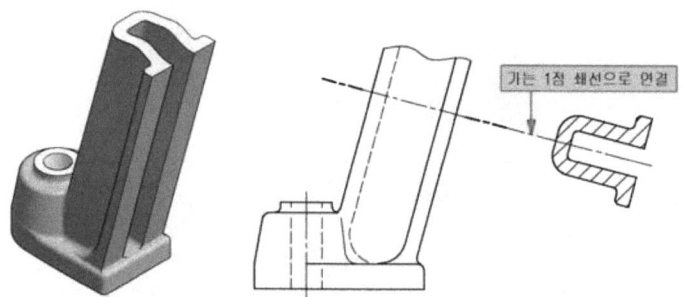

[그림 2-27] 투상도로부터 밖으로 이동된 단면도

(아) 절단면의 연속 배열은 연속으로 배열된 단면도가 이해가 쉽도록 충분한 개수의 투상도를 배열하며 절단면 뒤의 윤곽선과 가장자리의 투상선은 생략할 수 있다.

단원명 2 도면 작성하기

① 축 방향의 절단면 배열과 단면도 연속배열은 그림 2-28과 같다.

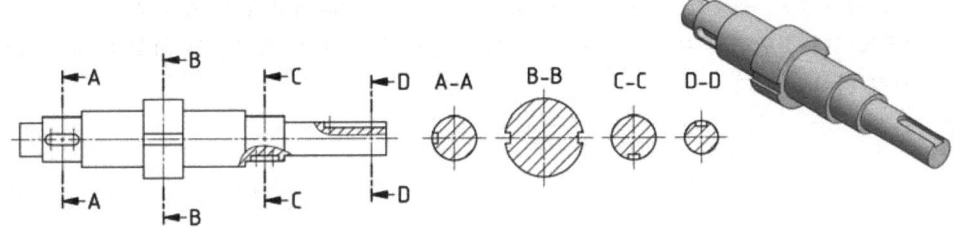

[그림 2-28] 단면도의 축 방향 연속배열

② 축 직각 방향의 절단면 배열과 단면도 연속배열은 그림 2-29와 같다.

[그림 2-29] 단면도의 축 직각방향 연속배열

③ 절단면 설치의 단면도의 회전과 연속배열은 그림 2-30과 같다.

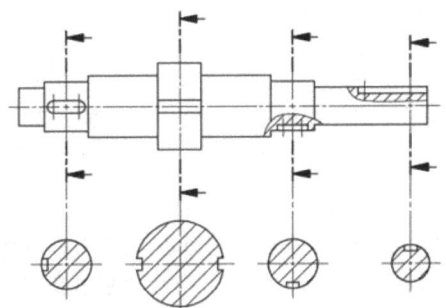

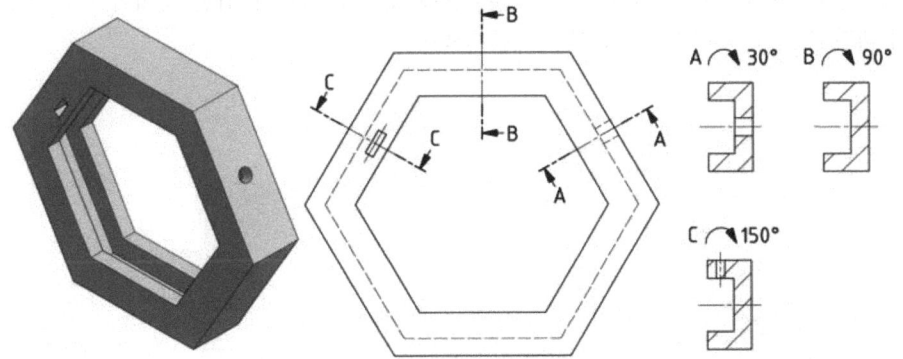

[그림 2-30] 연속단면도의 축 직각방향 연속배열

8. 여러 가지 단면도

제품의 안쪽 면이나 보이지 않는 부분의 단면은 구조나 모양에 따라 절단면을 설치하는 방법은 여러 가지가 있다.

(1) 온(전) 단면도

그림 2-31과 같이 제품을 직선으로 절단하여 앞부분을 잘라내고 남은 뒷부분의 단면 모양이 온 단면도이며 절단면의 위치나 보는 방향이 확실하면 절단선, 방향표시 화살표, 문자기호를 지시하지 않아도 된다.

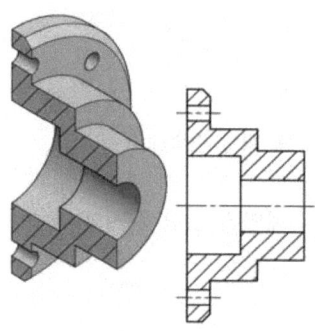
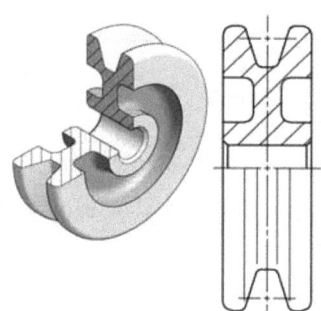

[그림 2-31] 온(전) 단면도   [그림 2-32] 한 쪽(반) 단면도

(2) 한쪽(반) 단면도

한쪽 단면도는 주로 대칭 모양의 제품은 중심선을 기준으로 하여 안쪽 모양과 바깥 모양을 동시에 표시하는 방법을 사용하며 그림 2-32와 같이 절단면을 전체의 반만 설치하여 얻은 단면도이다.

(3) 부분 단면도

부분 단면도는 일부분을 잘라내고 필요한 안쪽 모양을 그리기 위한 방법이며 그림 2-33과 같이 파단선을 그어서 단면 부분의 경계를 나타낸다.

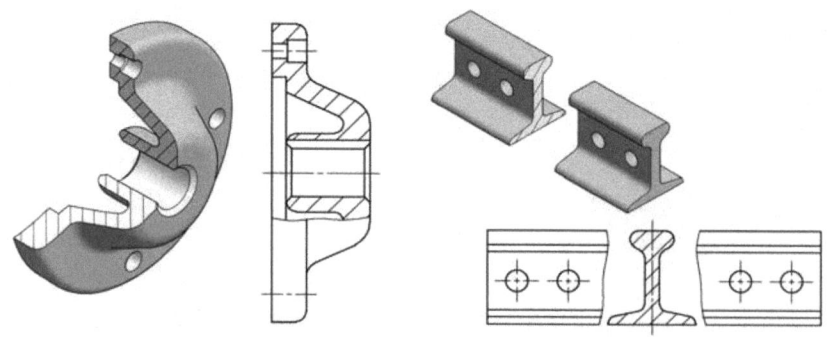

[그림 2-33] 부분 단면도   [그림 2-34] 회전 단면도

(4) 회전 단면도

회전 단면도는 그림 2-34와 같이 절단한 단면의 모양을 90°로 회전시켜서 투상도의 안이나 밖에 그린다.

(가) 주로 회전 단면도를 사용하여 제도하는 제품

핸들(Handle), 벨트 풀리(Belt pulley), 기어(Gear) 등과 같은 바퀴의 암(Arm), 림(Rim), 리브(Rib), 훅(Hook), 축과 주로 구조물에 사용하는 형강 등.

(나) 길이가 긴 제품의 회전 단면도

길이가 긴 제품은 그림 2-35와 같이 중간을 파단선으로 생략하고 그 사이에 굵은 실선으로 회전 단면도를 제도한다.

(다) 절단한 곳과 겹치는 회전 단면도

투상도의 절단할 곳과 겹쳐서 제도하고자 할 때는 그림 2-35 및 그림 2-36의 (a)와 같이 가는 실선으로 긋는다.

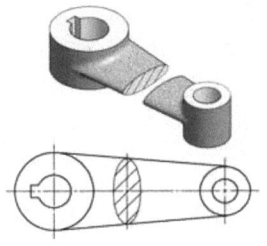

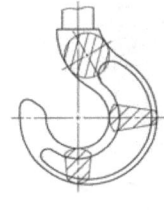
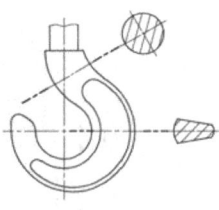

(a) 투상도의 안   (b) 투상도의 바깥

[그림 2-35] 암의 회전 단면도   [그림 2-36] 훅의 회전 단면도

(라) 투상도의 밖으로 끌어내는 회전 투상도는 가는 1점 쇄선으로 절단면 위치를 표시하고, 굵은 1점 쇄선으로 한계를 표시하여 그림 2-36의 (b)와 같이 굵은 실선으로 긋는다.

2D 도면작성

실기 과제

① 아래에 주어진 과제는 축 받침대(Shaft Base)이다. 제3각법에 의해 1:1의 척도로 A3용지에 단면도로 각각 제도하시오. 등각 투상도에 지시가 없는 구석과 모서리의 라운드는 R2이다.

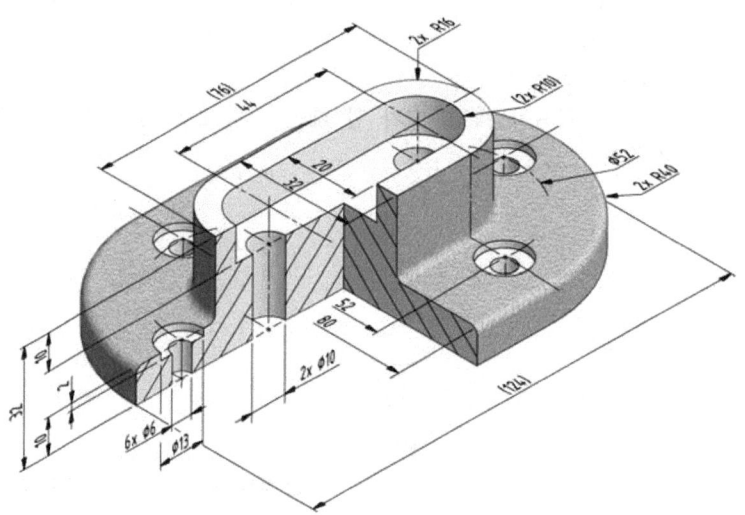

② 아래에 주어진 과제는 V-벨트 풀리(V-belt pulley)이다. 제3각법에 의해 1:1의 척도로 A3용지에 한쪽 단면도로 각각 제도하시오. 등각 투상도에 지시가 없는 구석과 모서리의 라운드는 R2이다.

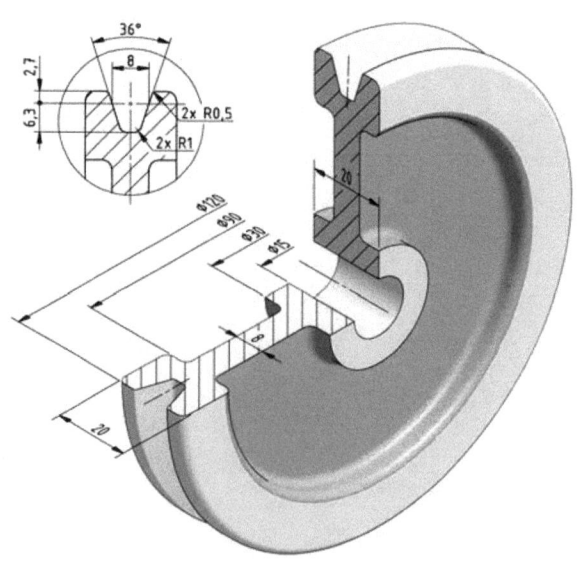

③ 아래에 주어진 과제는 커버(Cover)이다. 제3각법에 의해 1:1의 척도로 A3용지에 한쪽 단면도로 제도하시오. 등각 투상도에 지시가 없는 구석과 모서리의 라운드는 R3이다.

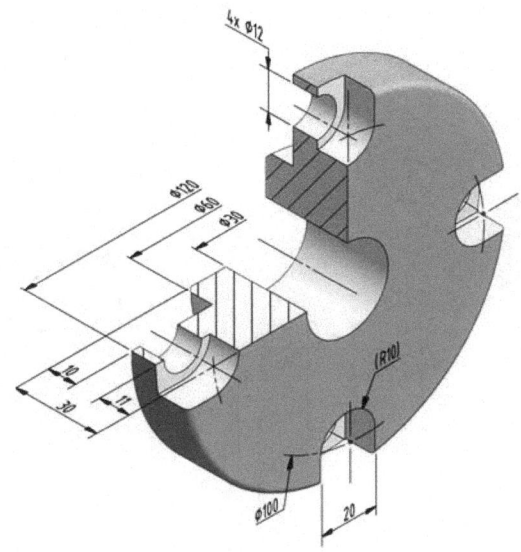

④ 아래에 주어진 과제는 지지대(Support)이다. 제3각법에 의해 1:1의 척도로 A3용지에 필요한 단면도로 제도하시오. 등각 투상도에 지시가 없는 구석과 모서리의 라운드는 R3이다.

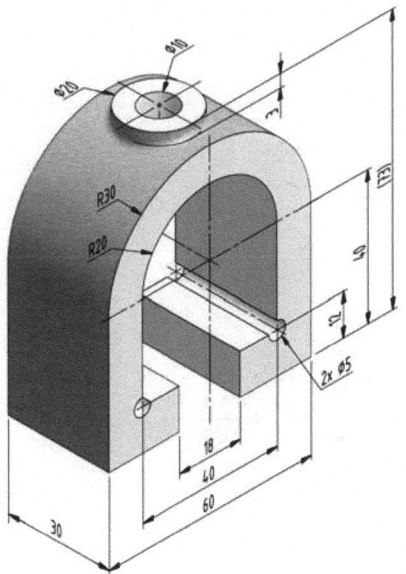

⑤ 아래에 주어진 과제는 링크 암(Link Arm)이다. 제3각법에 의해 1:1의 척도로 A3용지에 지름 25와 지름 20을 나타내는 부분 단면도로 제도하시오. 등각 투상도에 지시가 없는 구석과 모서리의 라운드는 R3이다.

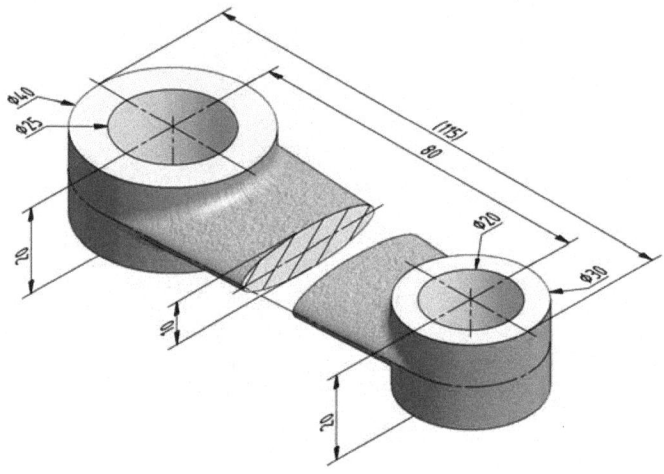

⑥ 아래에 주어진 과제는 손잡이(Handle)이다. 제3각법에 의해 1:1의 척도로 A3용지에 필요한 단면도로 제도하시오. 등각 투상도에 지시가 없는 구석과 모서리의 라운드는 R3이다.

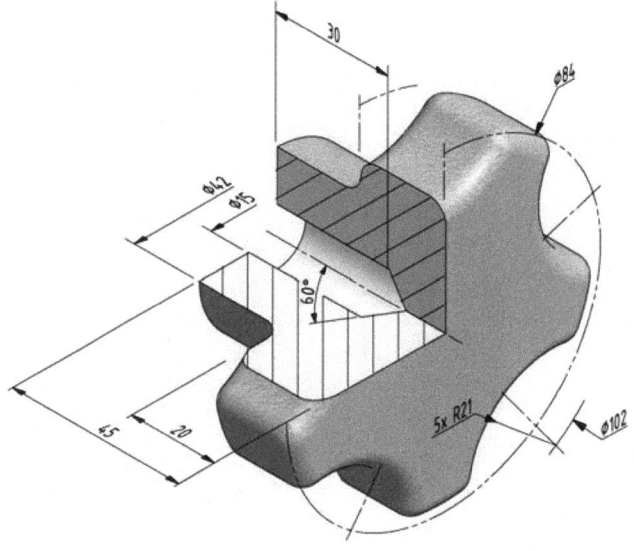

모범답안

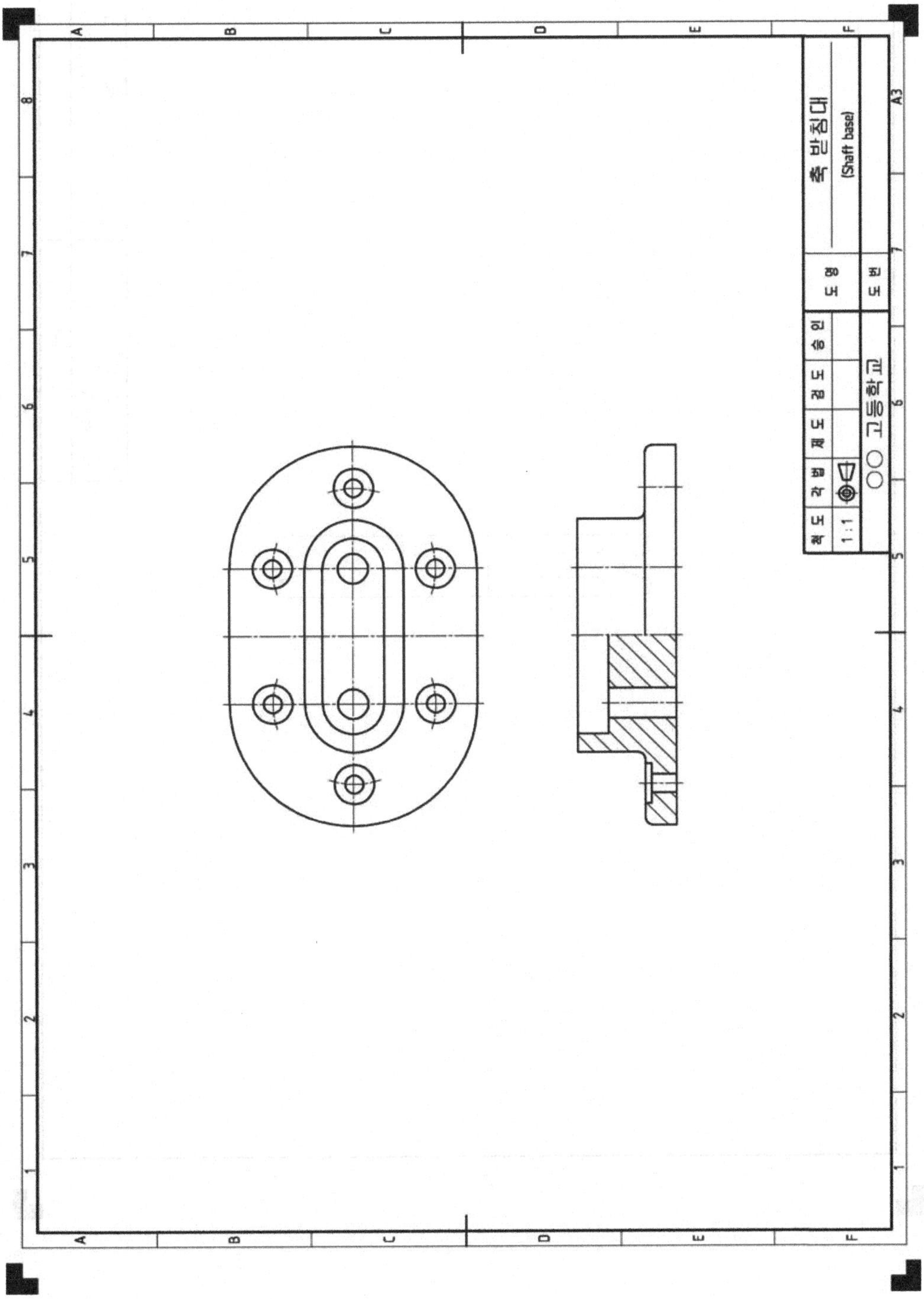

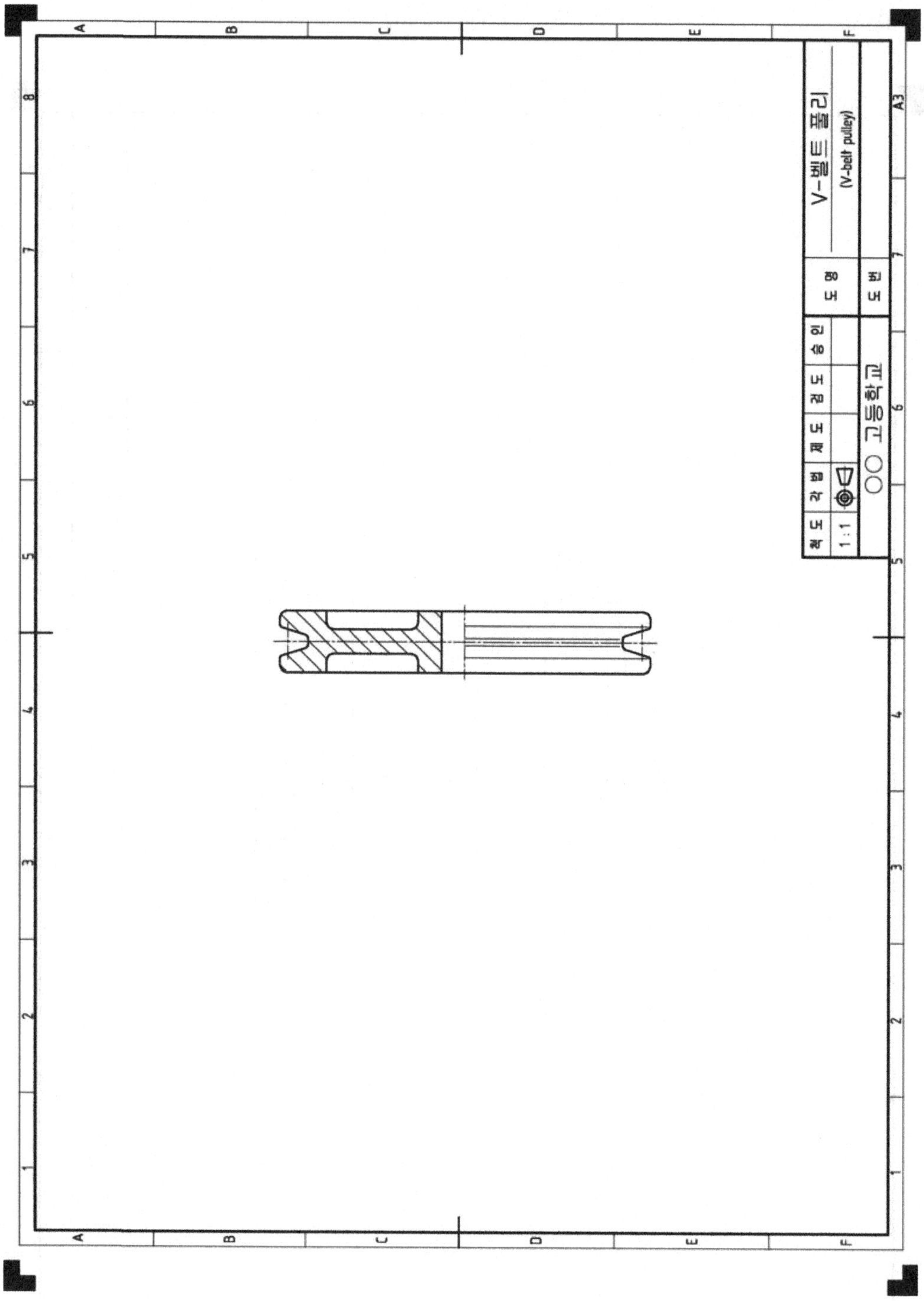

2D 도면작성

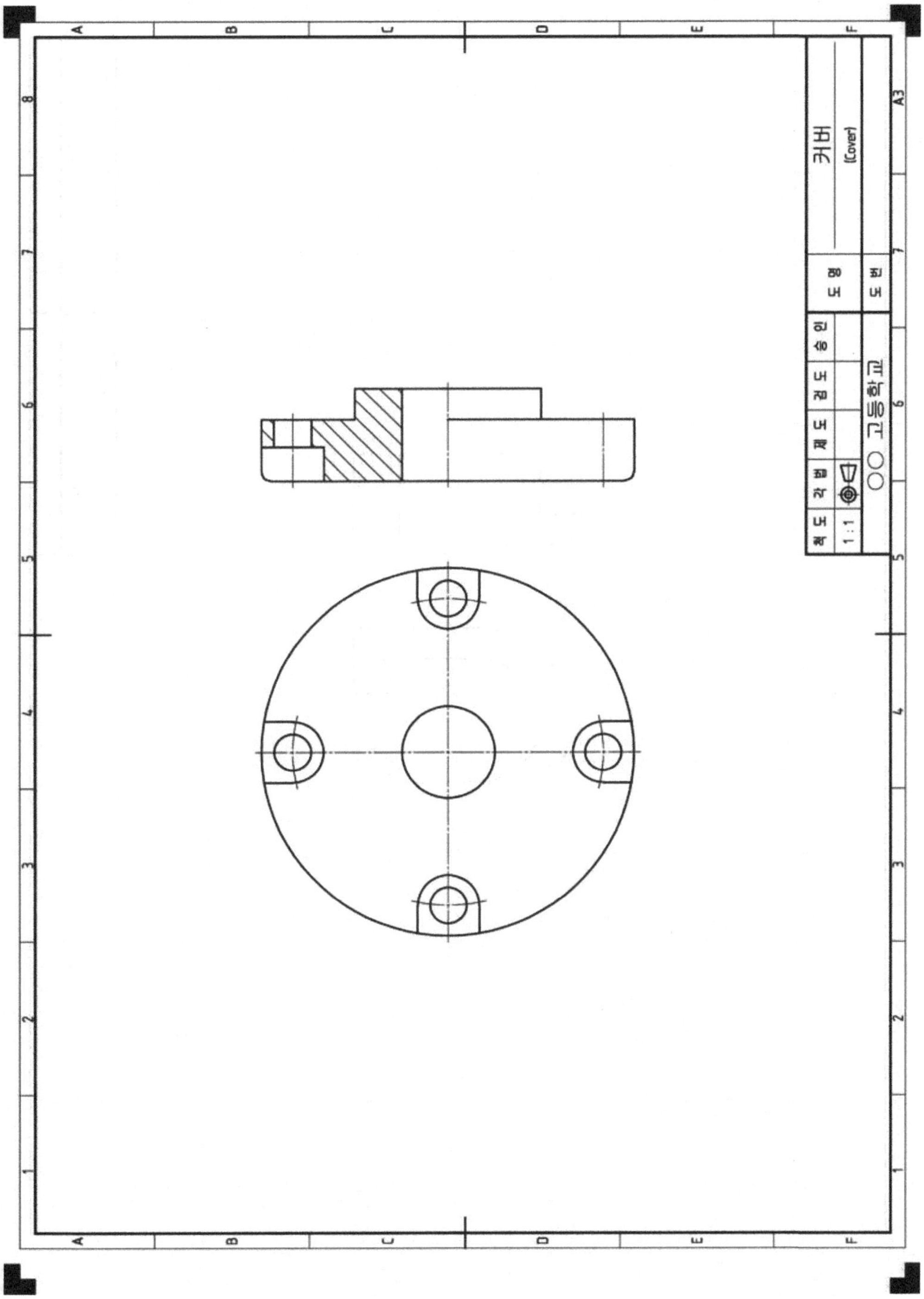

2D 도면작성

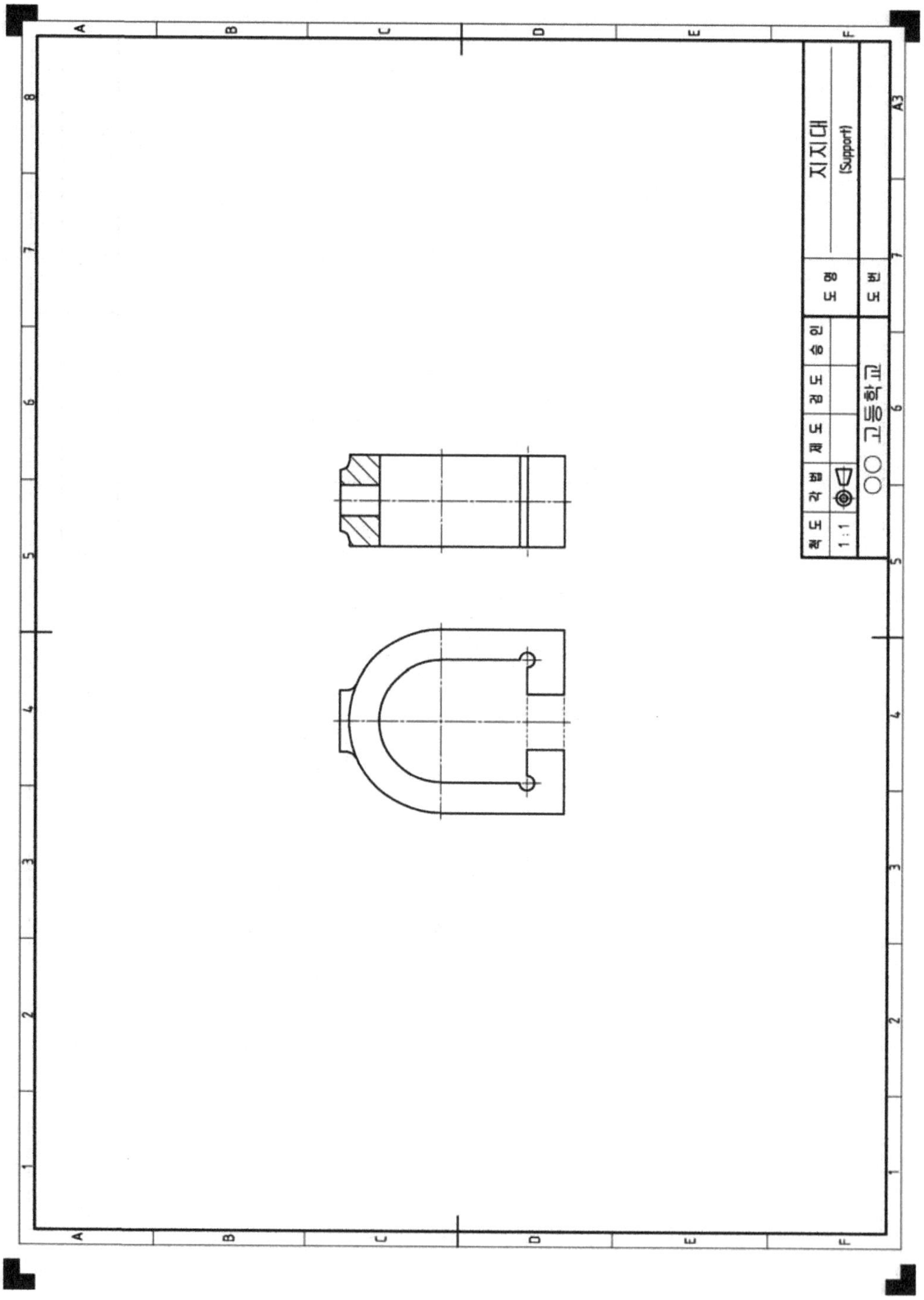

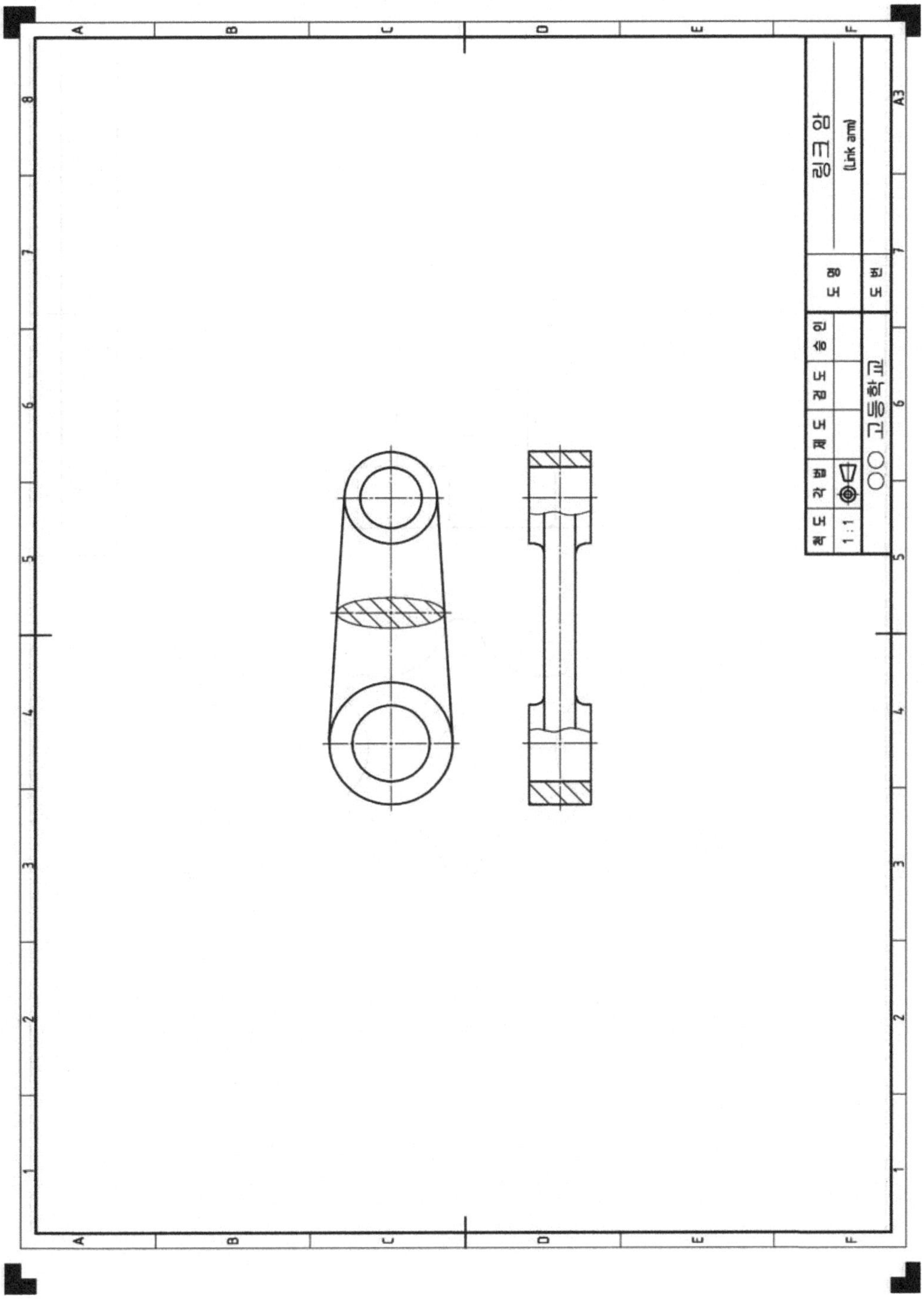

2D 도면작성

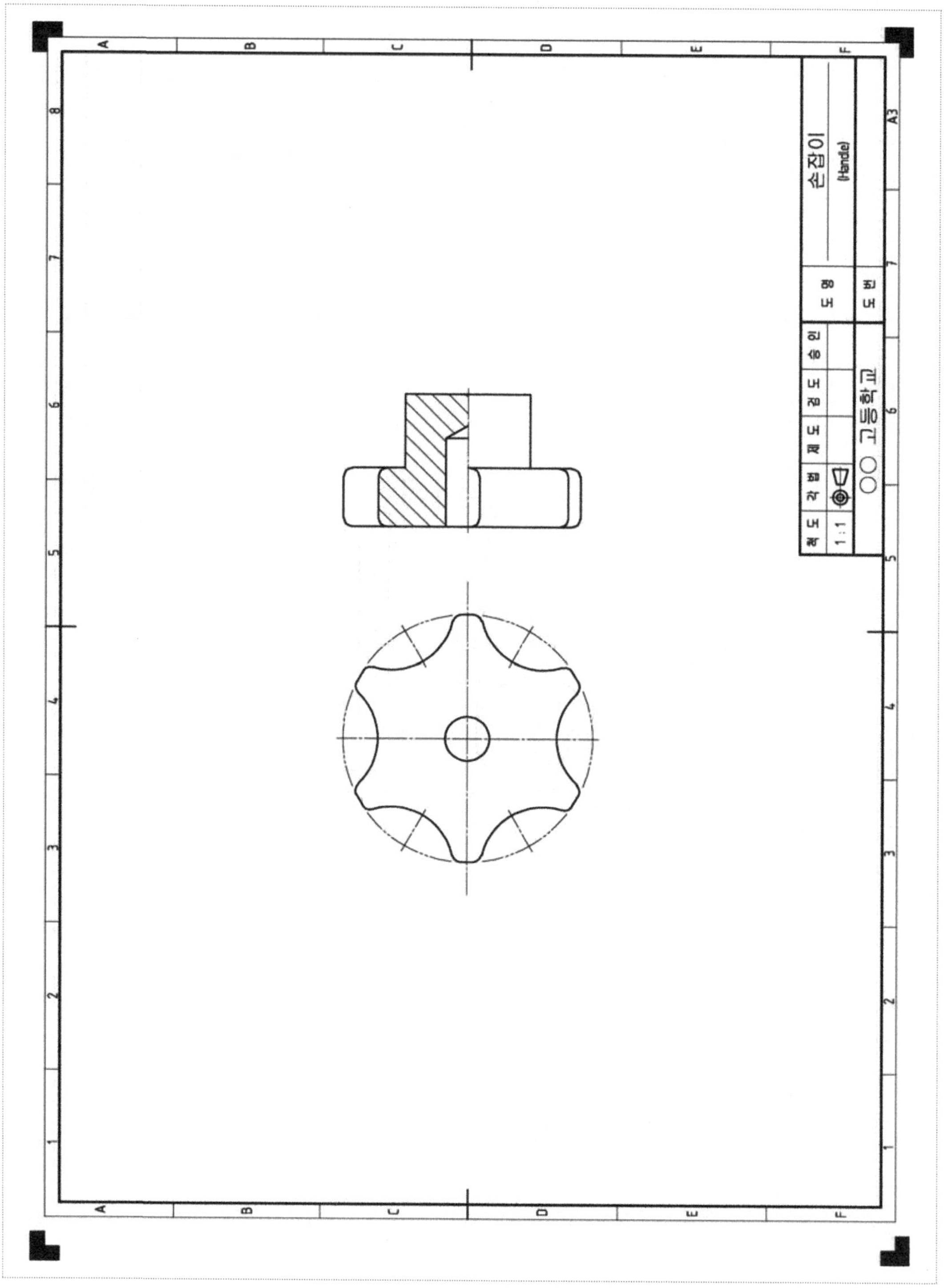

단원명 2 | 교수방법 및 학습활동

교수 방법

- 물체 투상하기에서 실물 모형을 준비하여 PPT에 의해 올바른 숨은선 긋기를 설명한 후 학습자가 각각 따라서 실습 보고서를 작성하도록 한다.
- 단면도 제도하기에서 실물 모형을 준비하여 PPT에 의해 절단면 설치, 해칭 등을 설명한 후 학습자가 각각 따라서 실습 보고서를 작성하도록 한다.
- 도면의 양식 마련에서 도면에 반드시 마련하는 양식과 만드는 것이 바람직한 양식에 대해 PPT로 설명하고 각각의 예를 들어 학습자에게 시연하여 각각 따라서 실습 보고서를 작성하도록 한다.
- 실습 보고서 작성 학습활동이 끝나면 오류사항에 대한 수정 보고서(도면)를 작성하도록 한다.

학습 활동

- 컴퓨터에 설치된 CAD 프로그램 특성을 파악한 후 설명 및 시연에 따라 각자 학습활동을 한 후 출력 결과물(실습 보고서)을 조별로 검토하여 오류부분을 발표한다.
- 정 투상도 제도가 올바르게 되었는지를 출력 결과물(실습 보고서)을 검토하여 학습자 스스로 발표한다.
- 절단면 설치 및 올바른 단면도 제도가 되었는지 출력 결과물(실습 보고서)을 조별로 검토하여 조별로 검토된 오류부분 내용을 발표한다.
- 주어진 요구사항에 의해 도면의 양식을 마련하고 특정한 부분의 양식 내용에 대한 출력 결과물(실습 보고서)을 조별로 검토하여 내용을 발표한다.

2D 도면작성

단원명 2 평가

평가 시점

- 캐드 시작하기, 환경설정하기, 좌표계 익히기의 이해도는 교육 중 확인한다.
- 물체 투상하기, 단면도 제도하기는 실습 후 각각 평가한다.

평가 준거

평가자는 피평가자가 수행준거 및 평가내용에 제시되어 있는 내용을 성공적으로 수행할 수 있는지를 평가해야 한다. 평가자는 다음 사항을 평가해야 한다.

평가영역	평가항목	성취수준				
		매우 미흡	미흡	보통	잘함	매우 잘함
물체 투상하기	정 투상방법의 원리를 이해하여 정 투상 6면도를 제도할 수 있다.					
	CAD 프로그램을 활용하여 정 투상도를 제도할 수 있다.					
	작업 중인 도면에 문제가 있는지 진단하고 발견된 오류 수정이나 손상된 파일을 복구할 수 있다.					
	작업 중인 도면을 파일형식에 따라 저장하거나 다른 이름으로 저장할 수 있다.					
단면도 제도하기	단면도의 원리를 이해하여 설명할 수 있다.					
	물체의 보이지 않는 부분의 형상을 이해하여 절단면을 설치할 수 있다.					
	단면도의 종류를 이해하여 물체의 형상에 따라 단면도를 제도할 수 있다.					
	단면 부분에 절단면이라는 것을 해칭으로 제도할 수 있다.					

평가 방법

평가영역	평가항목	평가방법
물체 투상하기	정 투상방법의 원리를 이해하여 정 투상 6면도를 제도할 수 있다.	실습실 평가
	CAD 프로그램을 활용하여 정 투상도를 제도할 수 있다.	
	작업 중인 도면에 문제가 있는지 진단하고 발견된 오류 수정이나 손상된 파일을 복구할 수 있다.	
	작업 중인 도면을 파일형식에 따라 저장하거나 다른 이름으로 저장할 수 있다.	
단면도 제도하기	단면도의 원리를 이해하여 설명할 수 있다.	실습실 평가
	물체의 보이지 않는 부분의 형상을 이해하여 절단면을 설치할 수 있다.	
	단면도의 종류를 이해하여 물체의 형상에 따라 단면도를 제도할 수 있다.	
	단면 부분에 절단면이라는 것을 해칭으로 제도할 수 있다.	

2D 도면작성

단원 평가

① 아래에 주어진 과제는 플랜지(Flange)이다. 주어진 과제를 눈금자로 재어 제3각법에 의해 1:1의 척도로 A3용지에 단면도 A-A를 제도하시오.

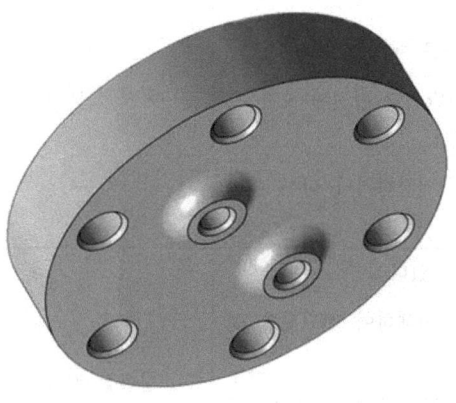

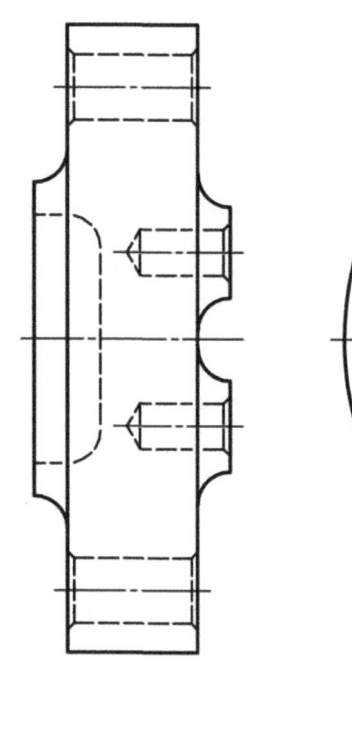
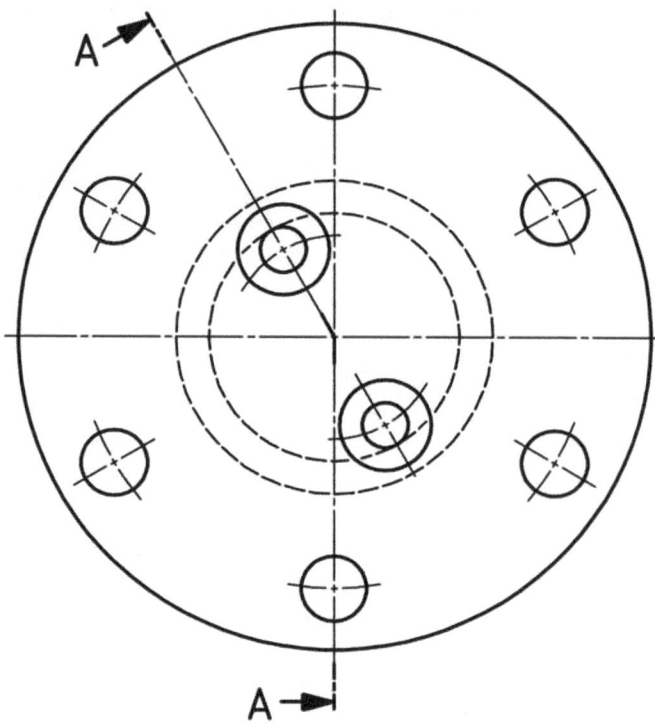

② 아래에 주어진 과제는 커플링(Coupling)이다. 주어진 과제를 눈금자로 재어 제3각법에 의해 1:1의 척도로 A3용지에 단면도 A-A를 제도하시오.

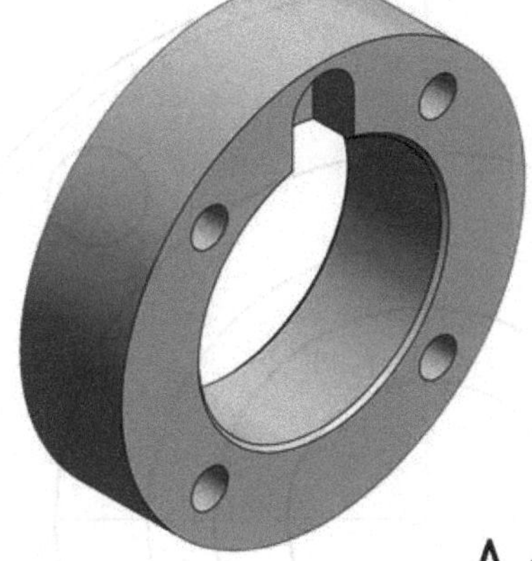

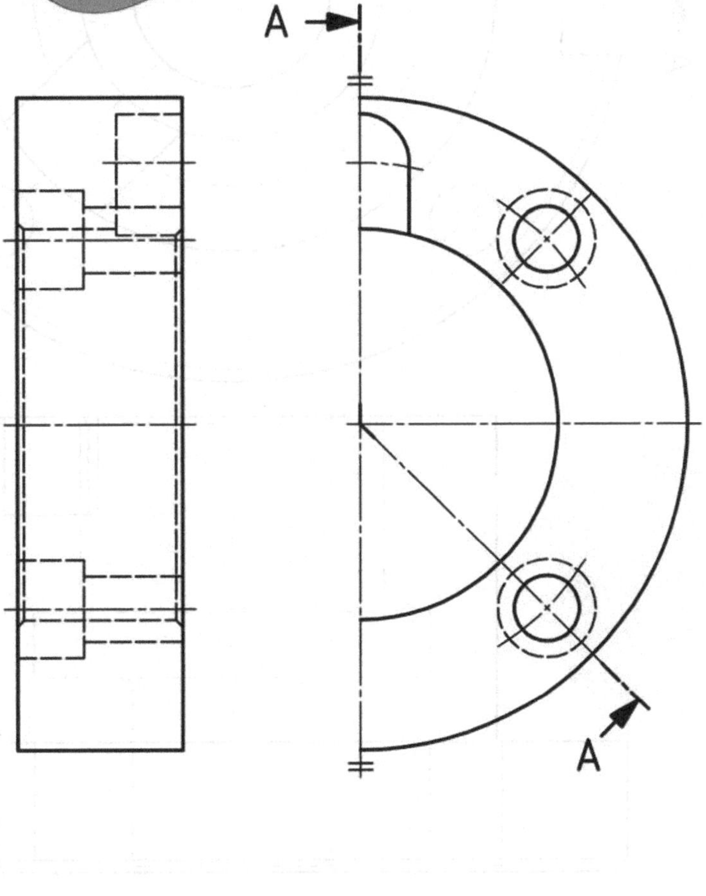

2D 도면작성

③ 아래에 주어진 과제는 보스(Boss)이다. 주어진 과제를 눈금자로 재어 제3각법에 의해 1:1의 척도로 A3용지에 단면도 A-A를 제도하시오.

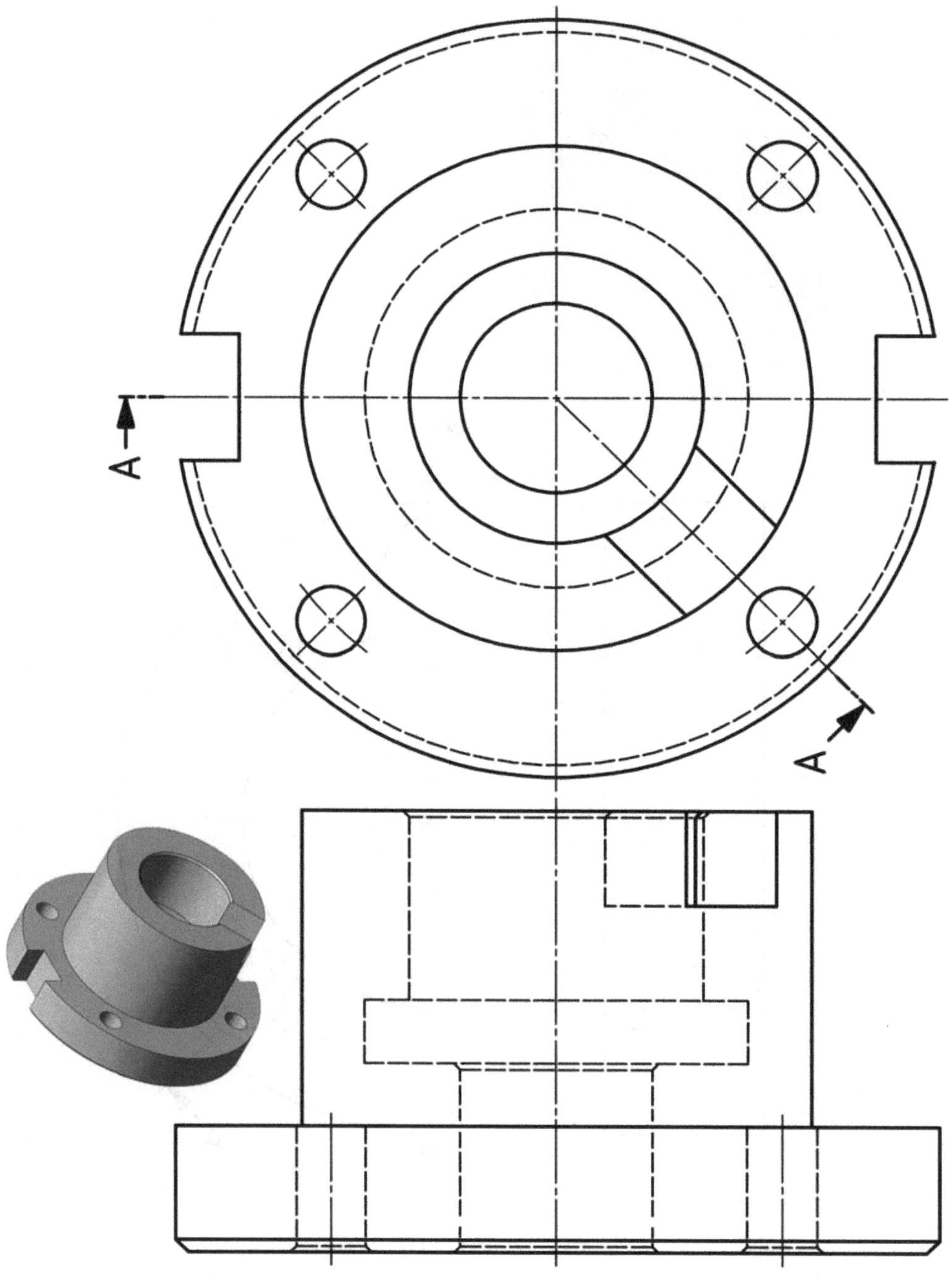

④ 아래에 주어진 과제는 브래킷(Bracket)이다. 주어진 과제를 눈금자로 재어 제3각법에 의해 1:1의 척도로 A3용지에 단면도 A-A를 제도하시오.

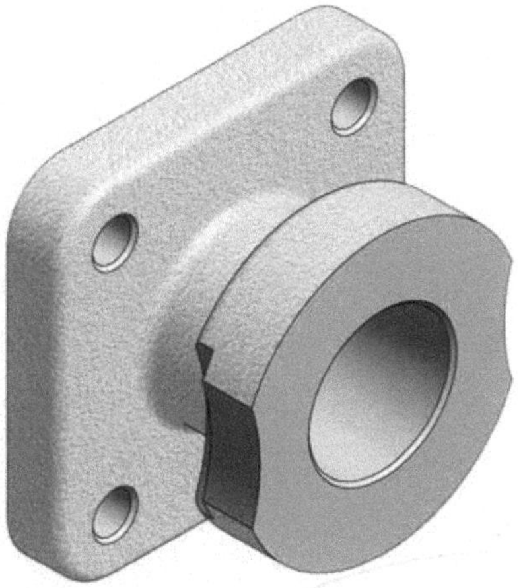

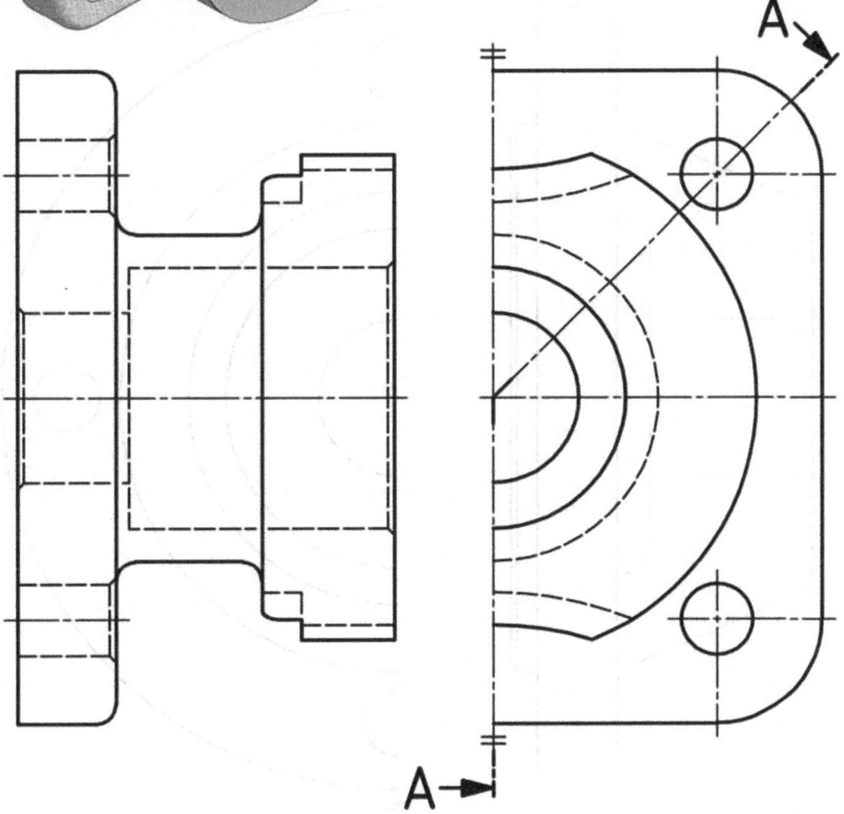

⑤ 아래에 주어진 과제는 커버(Cover)이다. 주어진 과제를 눈금자로 재어 제3각법에 의해 1:1의 척도로 A3용지에 한쪽 단면도를 제도하시오.

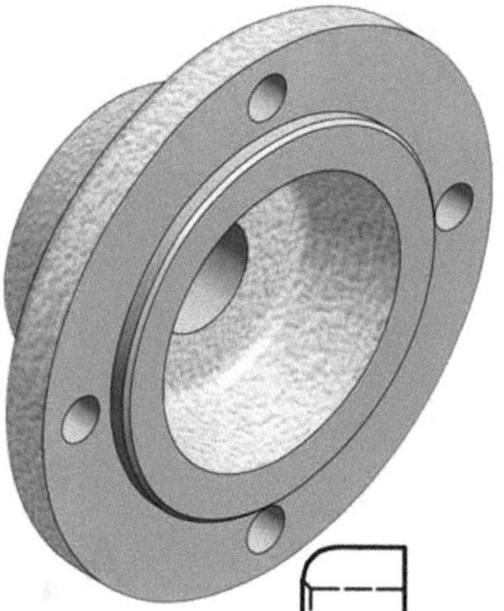

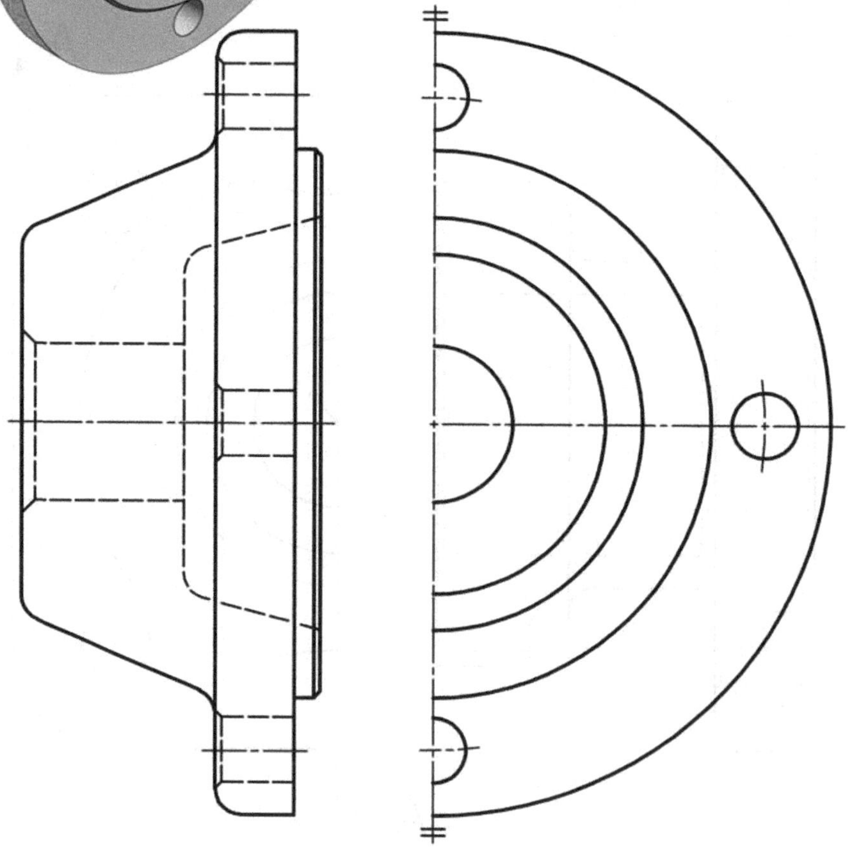

⑥ 아래에 주어진 과제는 본체(Body)이다. 주어진 과제를 눈금자로 재어 제3각법에 의해 1:1의 척도로 A3용지에 단면도 A-A를 제도하시오.

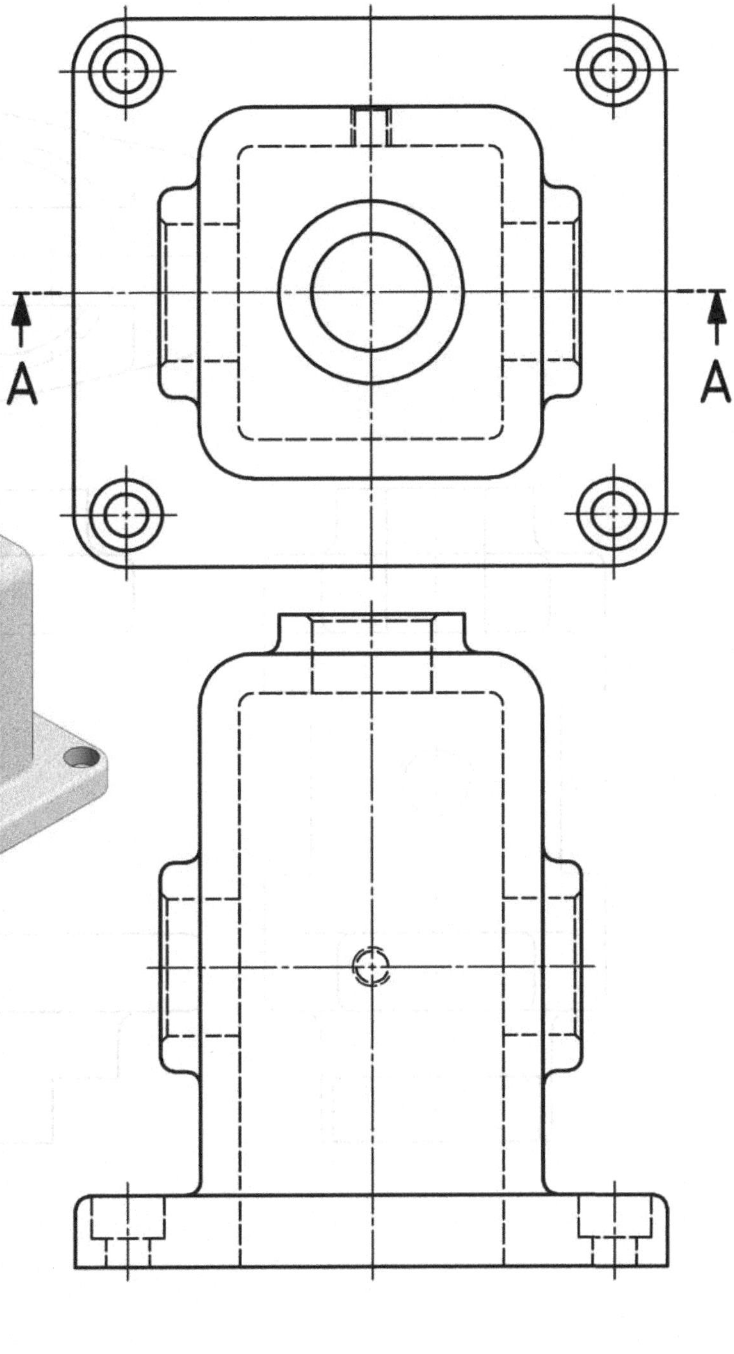

⑦ 아래에 주어진 과제는 크로스 헤드(Cross head)이다. 주어진 과제를 눈금자로 재어 제3각법에 의해 1:1의 척도로 A3용지에 정면도에 나사부를 부분 단면도로 제도하시오.

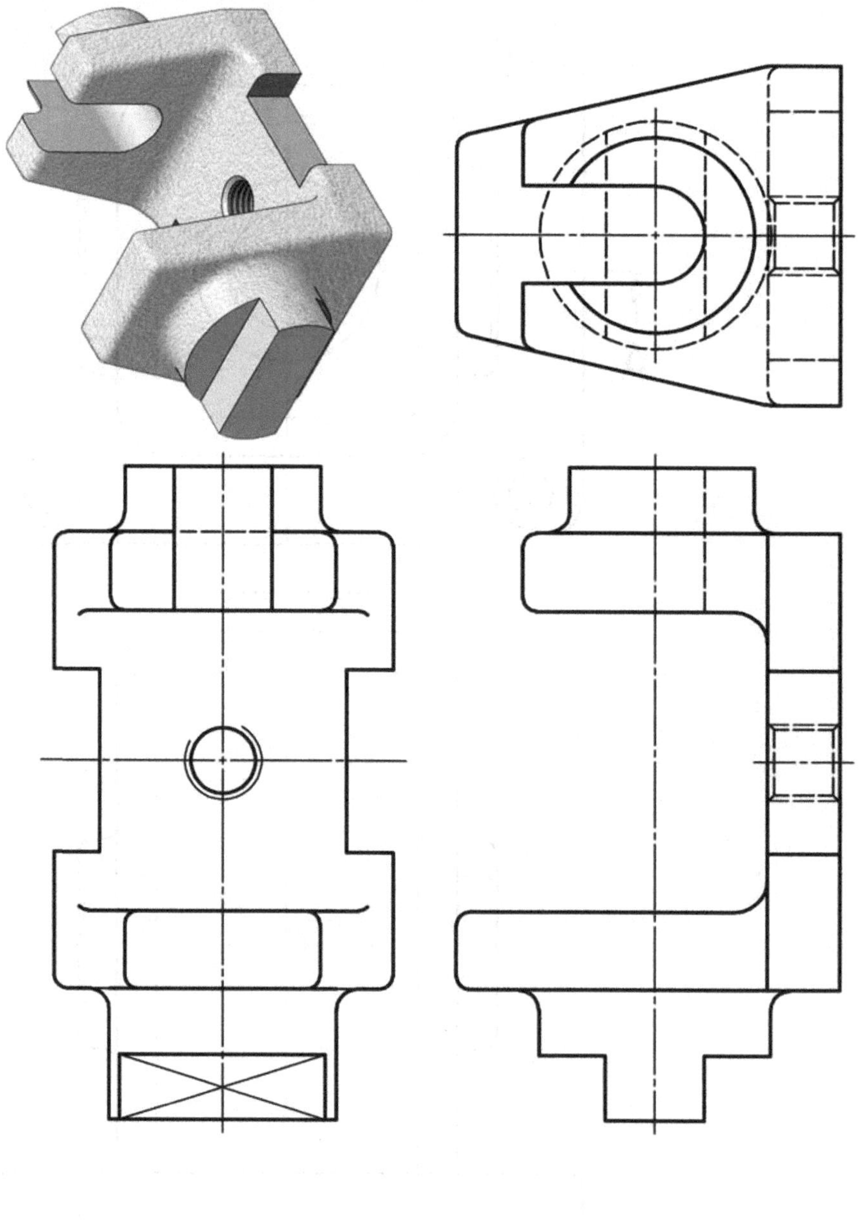

⑧ 아래에 주어진 과제는 커넥팅 로드(Connecting rod)이다. 주어진 과제를 눈금자로 재어 제3각법에 의해 1:1의 척도로 A3용지에 정면도를 한쪽 단면도로 제도하시오.

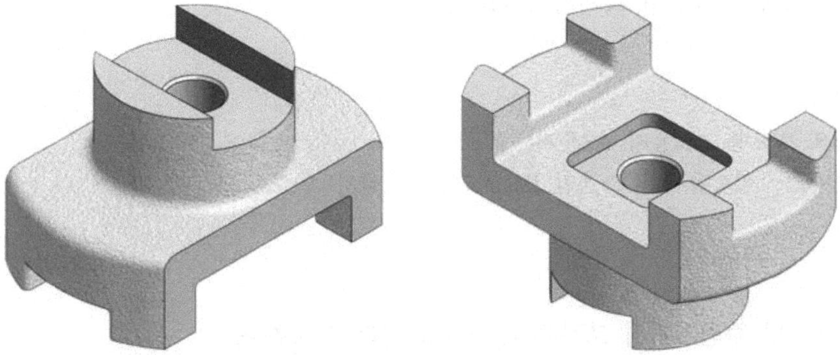

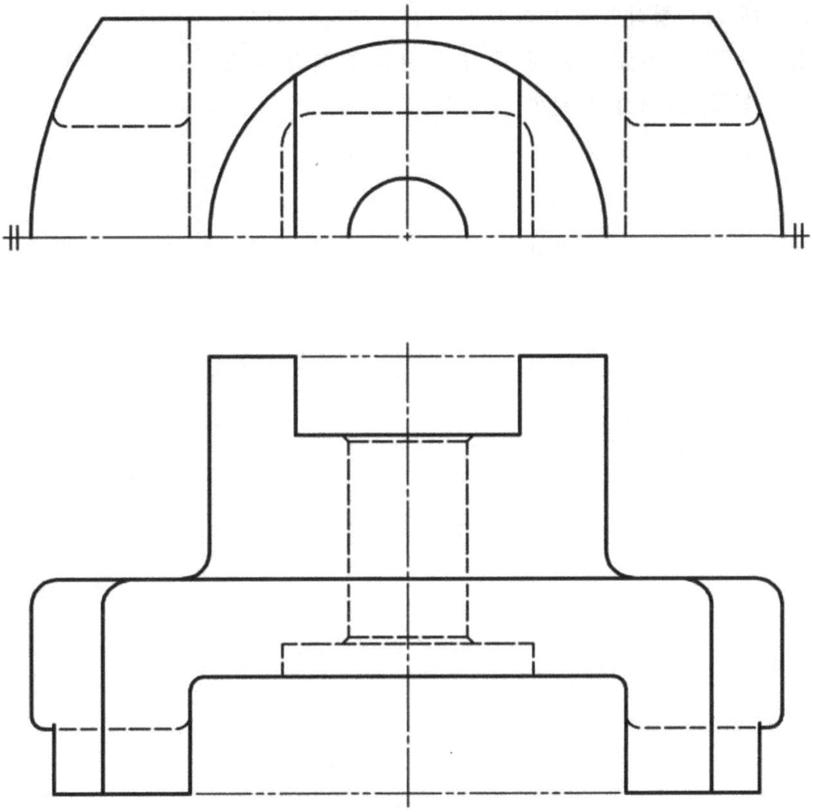

2D 도면작성

장비 및 도구, 소요재료

1. 장비 및 공구

   컴퓨터, CAD 프로그램, 복사기, 프린터 또는 플로터

2. 소요재료
   - 소요 재료명 : A4용지, A3용지
   - 준비물 : 원형판, 삼각스케일 150mm(또는 눈금자)

안전유의사항

- 컴퓨터 및 주변기기의 조작은 매뉴얼에 따라 실시한다.
- 요구하는 데이터 형식으로 변환할 수 있는 분석적 태도
- 도면 형식에 관한 자료요청 및 수집을 위한 분석적 태도
- 단순화, 균일화, 규격화에 관한 책임감

관련 자료

- CAD 프로그램 매뉴얼, KS데이터 북

단원 평가 모범답안

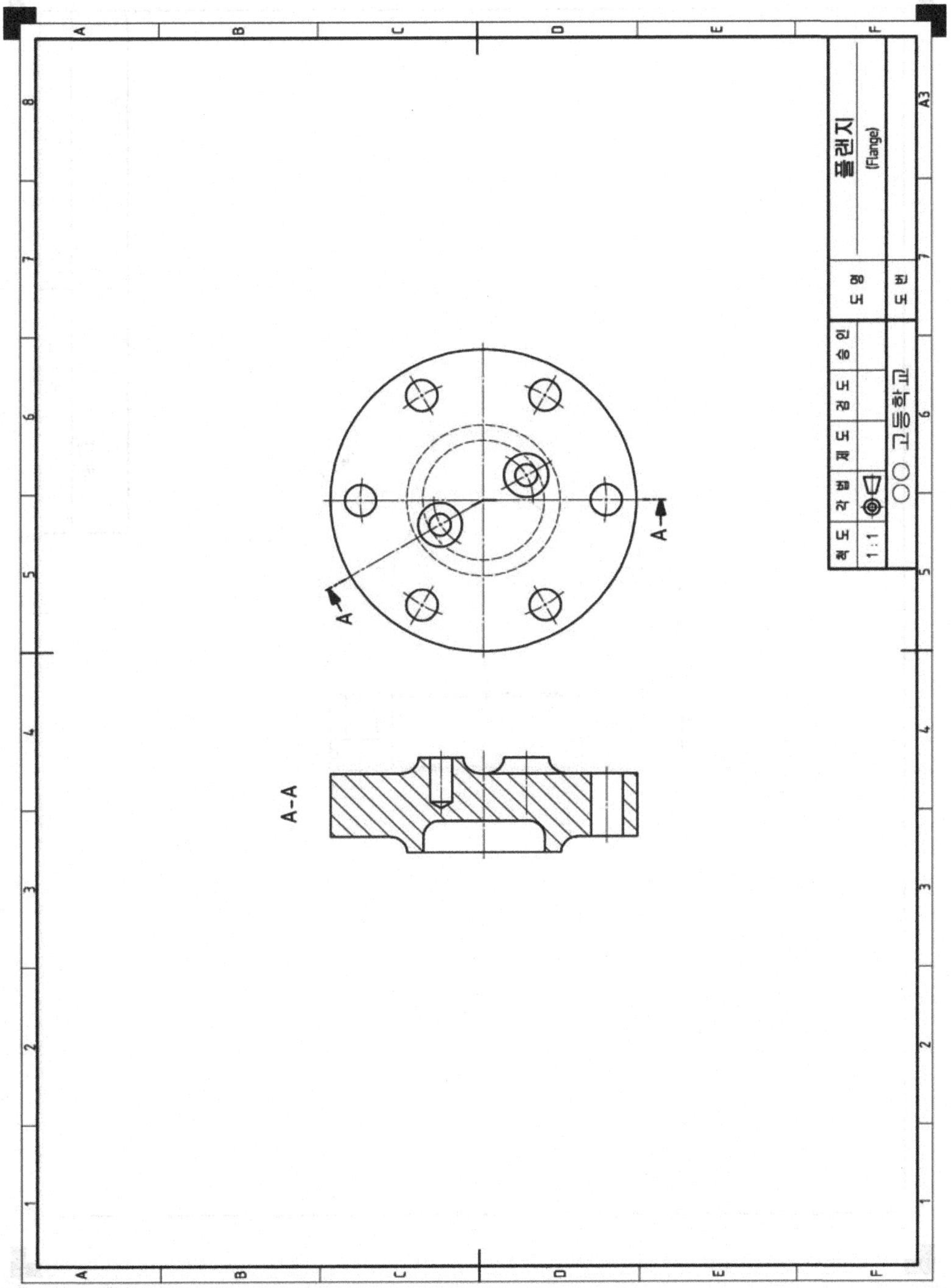

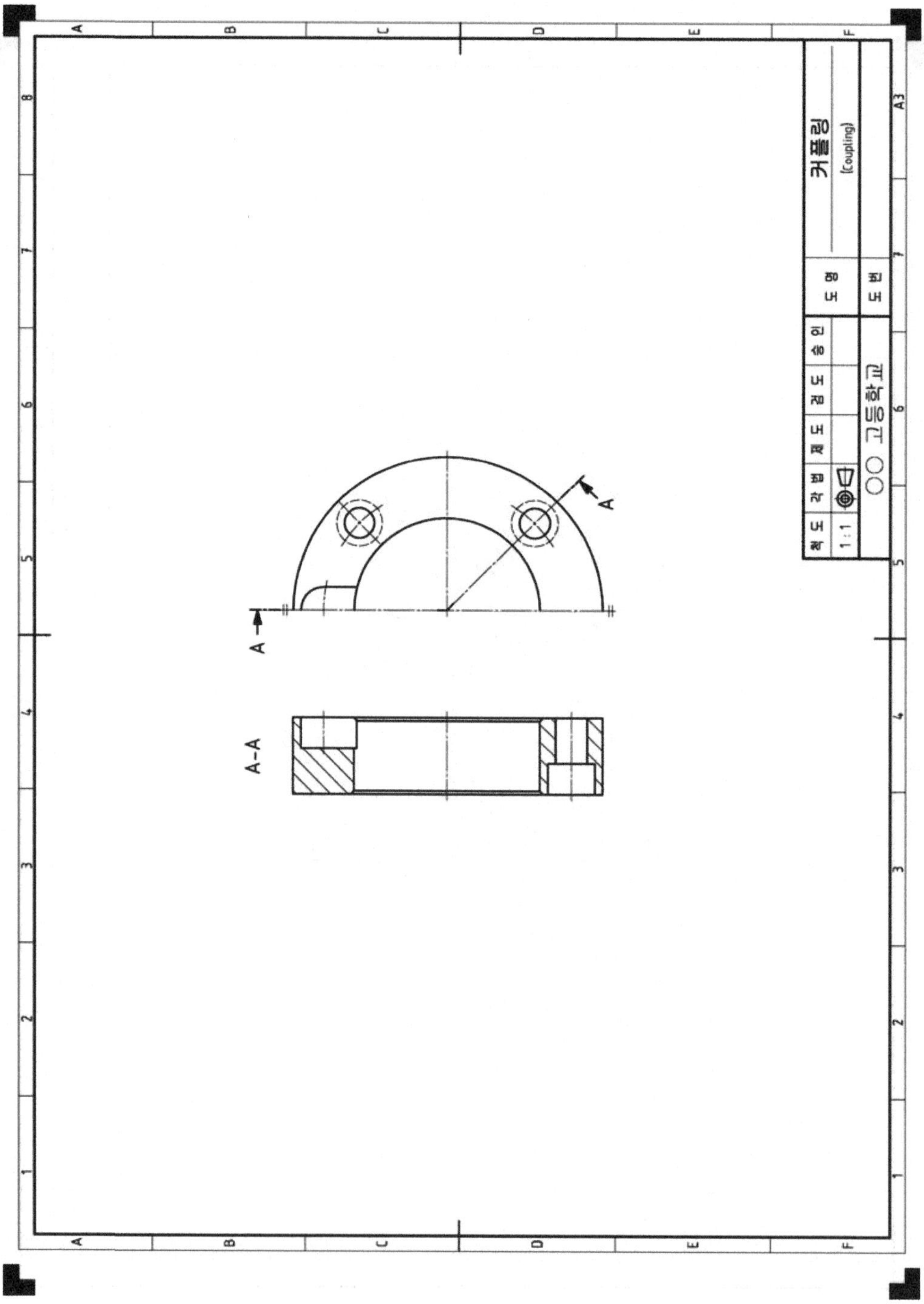

2D 도면작성

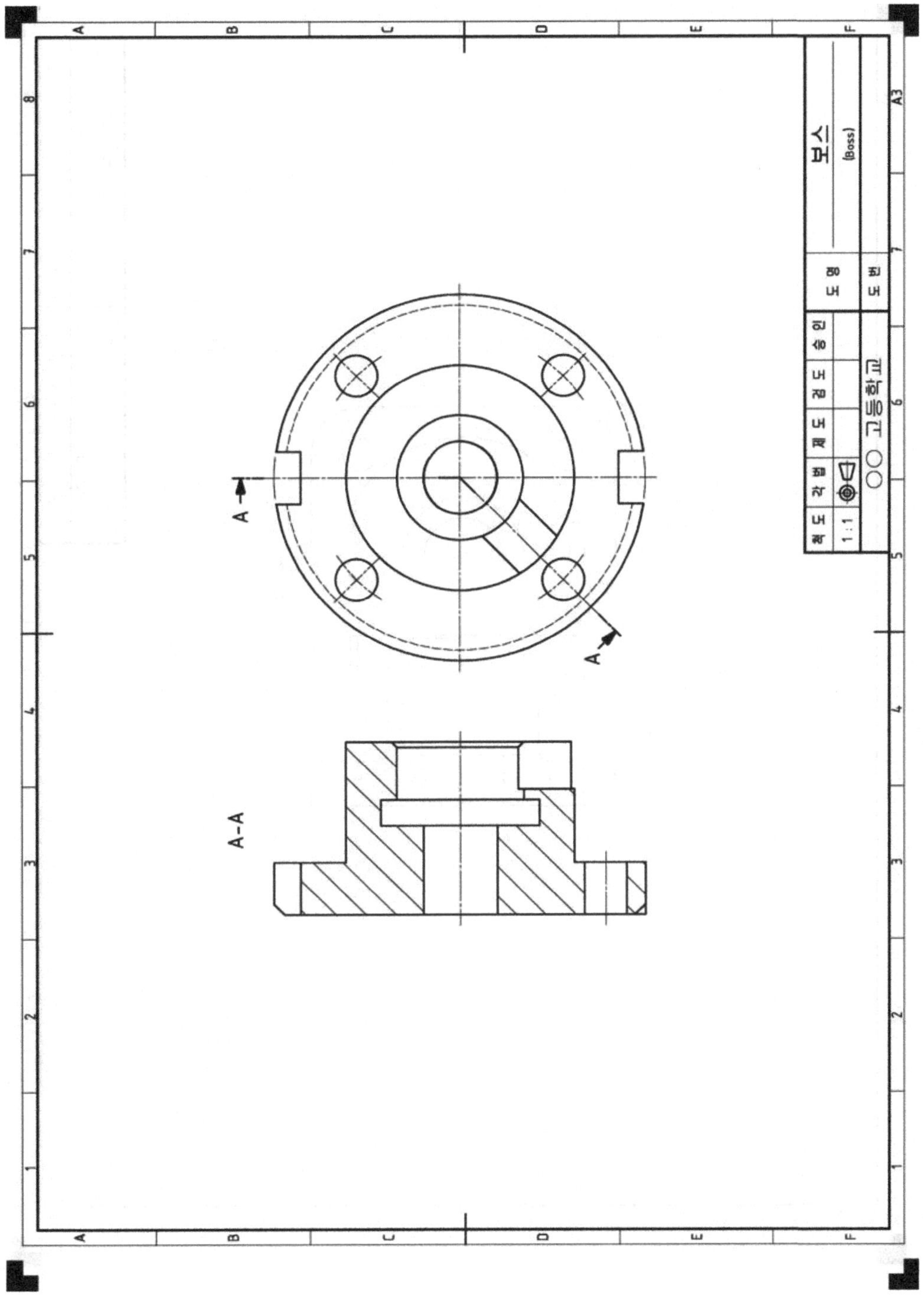

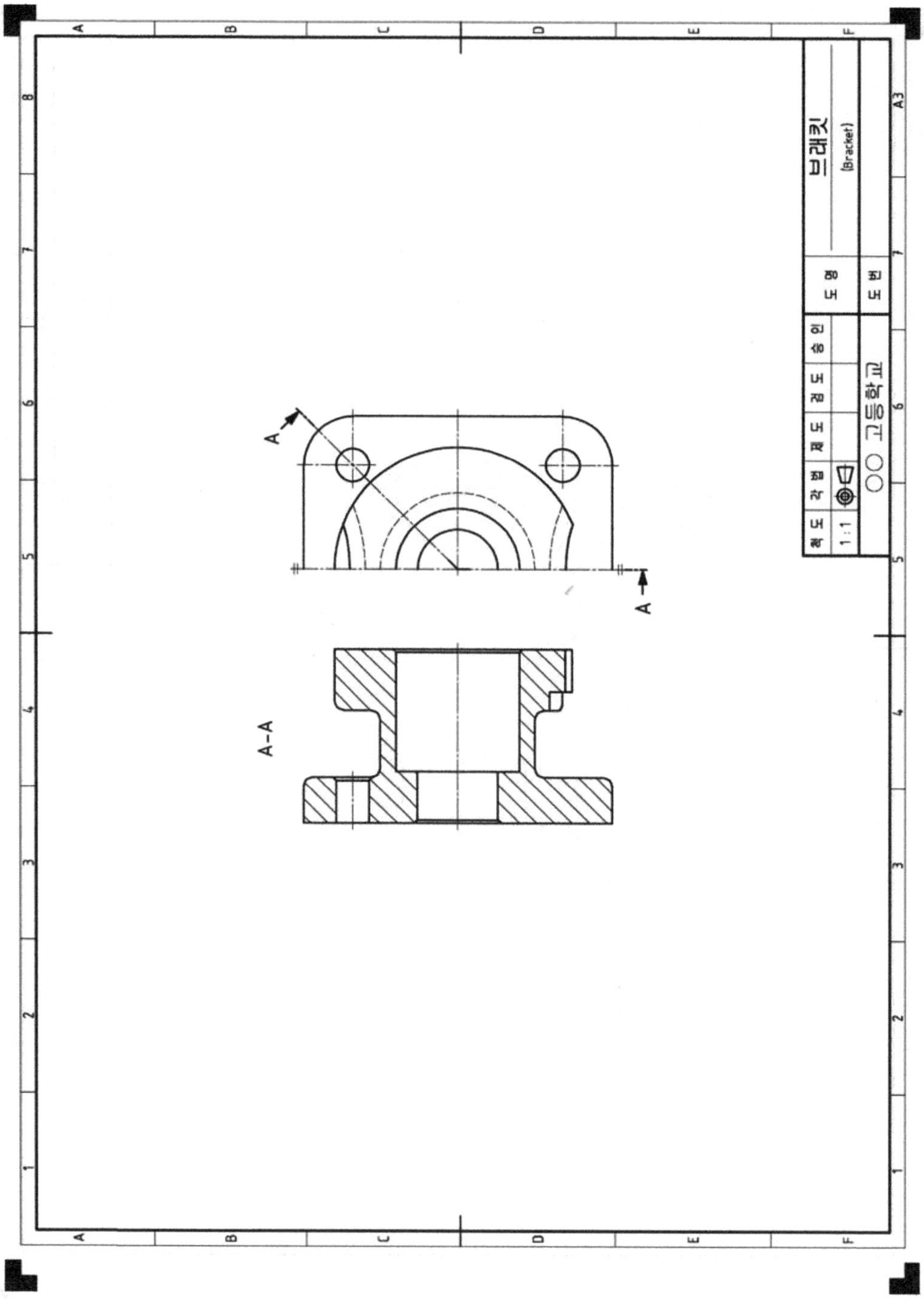

2D 도면작성

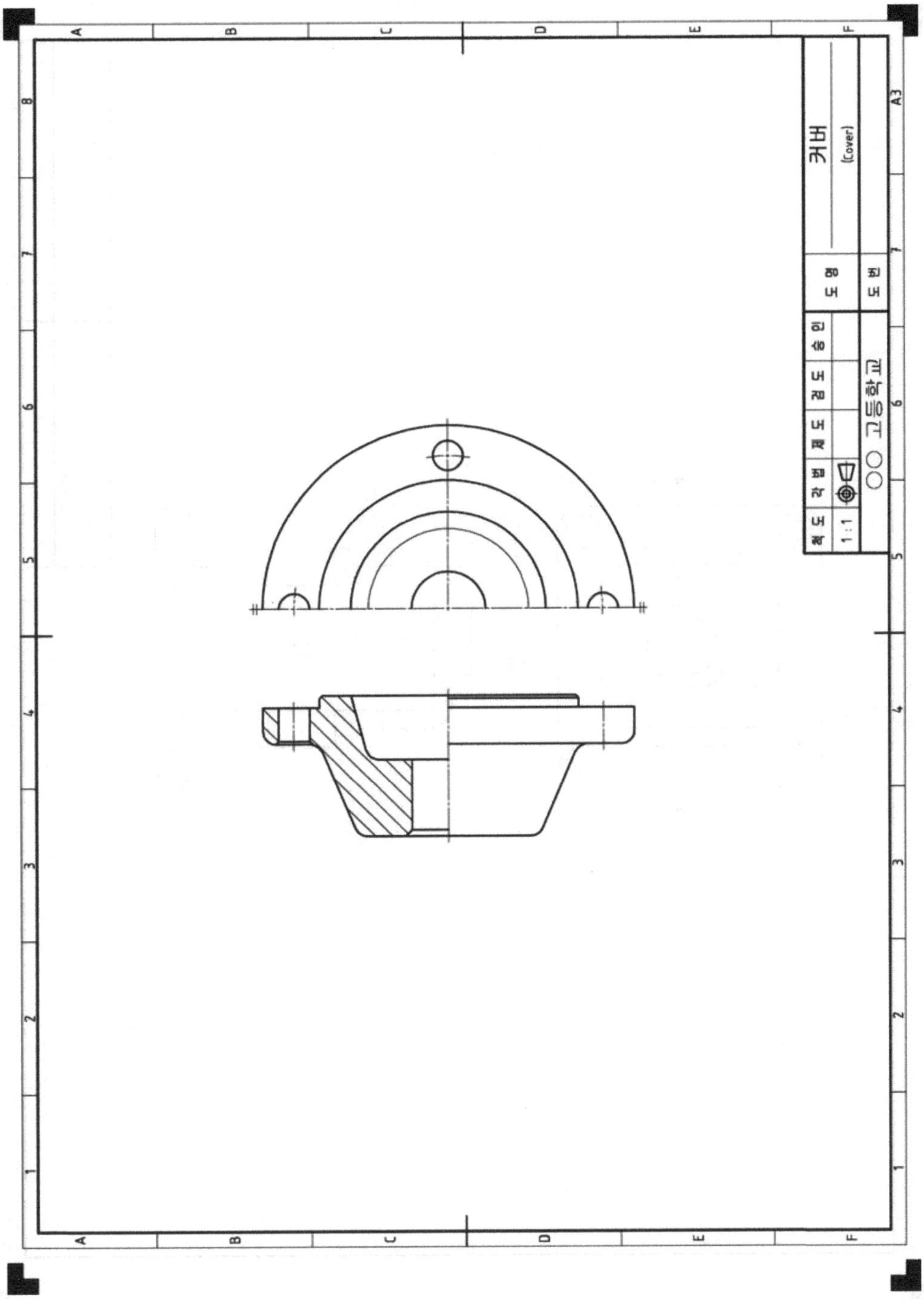

단원명 2 도면 작성하기

2D 도면작성

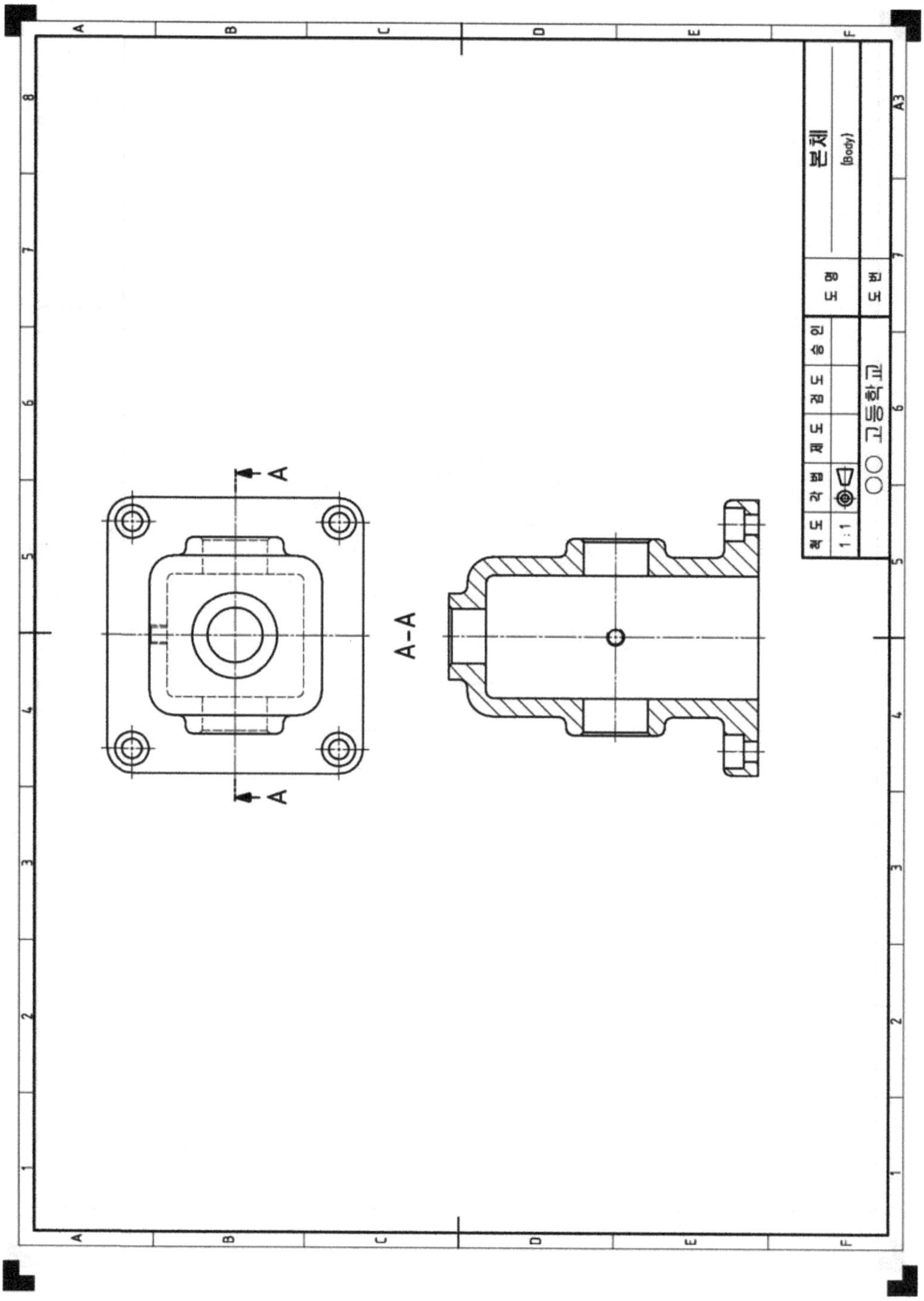

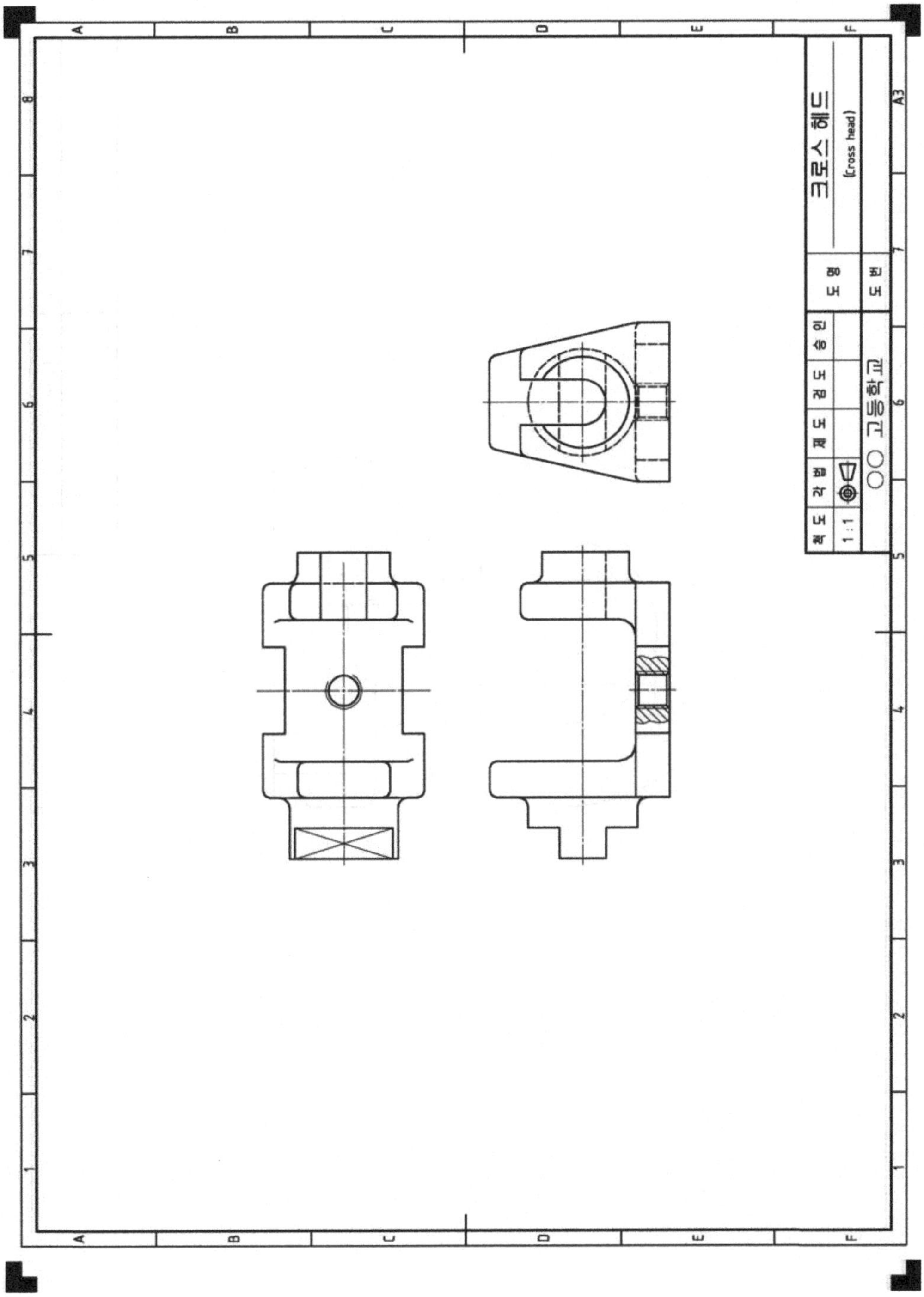

2D 도면작성

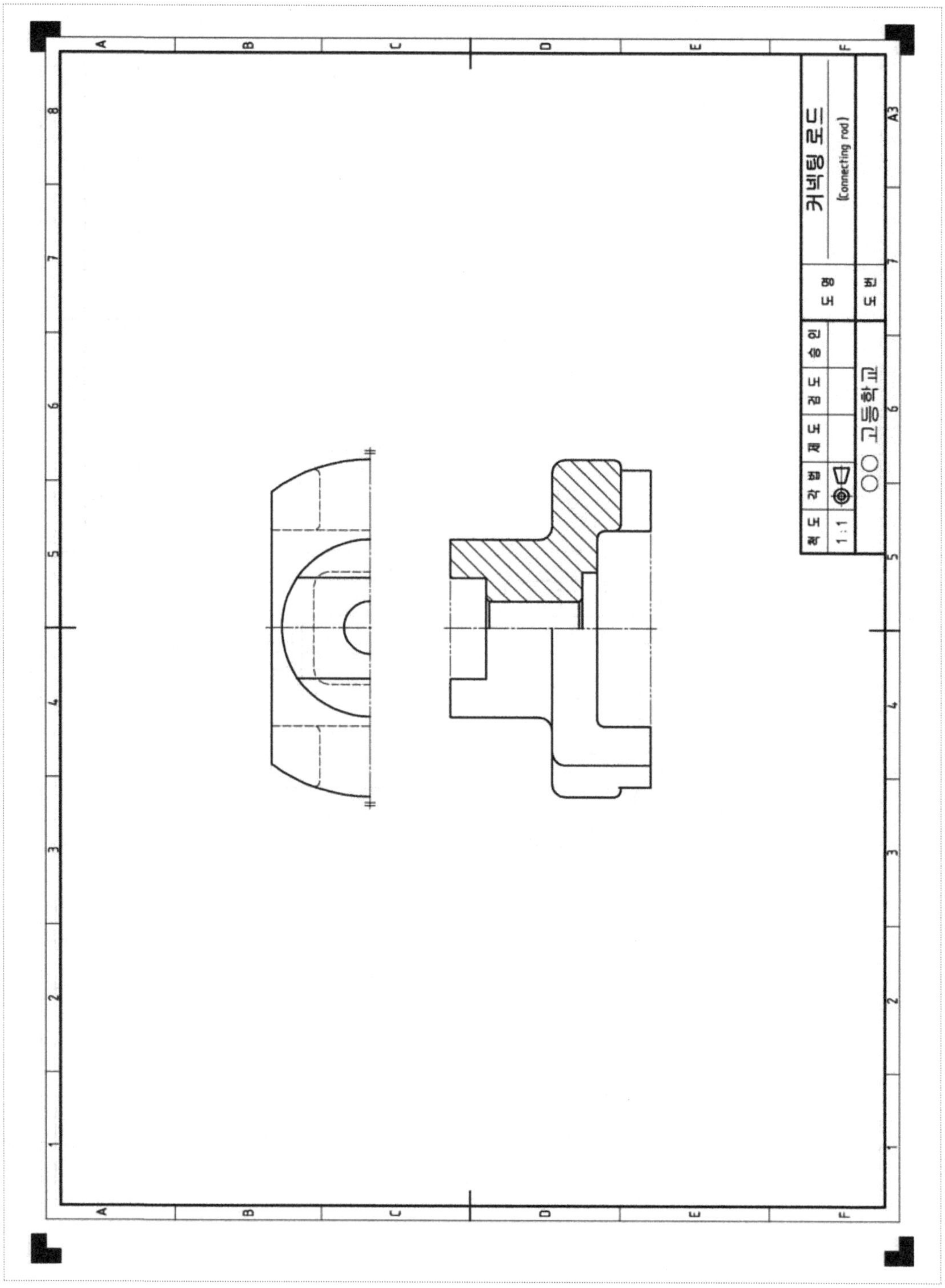

단원명 3 치수 지시하기

단원명 3 | 치수 지시하기 1501020101_14v2.3

1-3 | 치수지시의 요소

| 교육훈련 목 표 | • 치수지시의 개념과 기본원칙을 이해할 수 있다.
• 치수지시의 요소의 종류를 이해하여 도면에 지시할 수 있다.
• CAD 도면 작도에 필요한 부가 명령을 설정할 수 있다. |

| 필요 지식 | 2D캐드 프로그램 운용능력, 2D 드로잉에 관한 기초지식, ISO 및 KS 표준지식, 제3각법에 관한지식, 단면도에 관한지식, 치수 보조기호에 관한지식 |

1. 치수지시의 개념과 기본원칙 및 요소

(1) 치수지시의 개념

치수는 크기·자세·위치치수로 구분하여 지시하게 된다. 그림 3-1과 같이 크기치수는 길이, 높이, 두께의 치수 값을 의미하고 자세치수나 위치치수는 각도나 가로·세로의 치수이다.

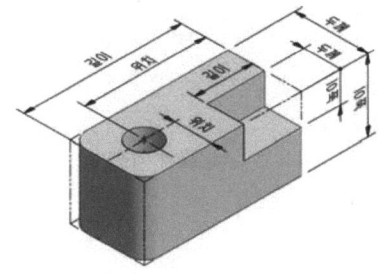

(a) 등각 투상도의 치수

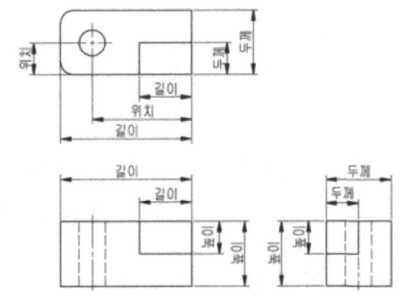

(b) 정 투상도의 치수

[그림 3-1] 치수의 종류와 지시위치

(2) 치수 지시의 기본원칙

(가) 그림 3-2의 ⓐ치수와 같이 길이, 높이의 치수 지시 위치는 주로 정면도에 지시되며 모양에 따라 평면도, 측면도 등에 지시할 수 있다.

(나) 그림 3-2의 ⓑ치수와 같은 두께치수는 주로 평면도나 측면도에 지시한다. 다만, 부분적인 특징에 따라 다른 투상도에 지시할 수 있다.

(다) 원기둥, 각기둥, 홈, 구멍 등의 위치를 그림 3-2의 ⓒ치수와 같이 지시하며 정면도에 크기가 지시되면 위치치수는 측면도나 평면도 등 다른 투상도에 지시한다.

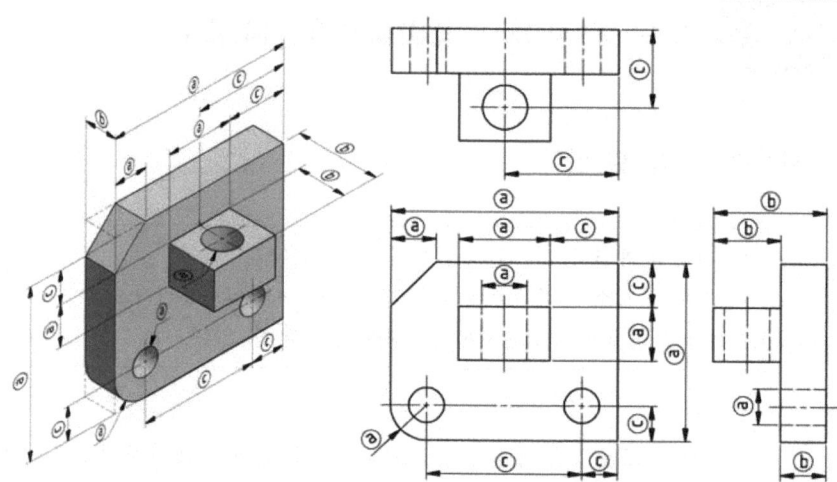

[그림 3-2] 길이·높이·위치치수의 지시위치

(라) 면의 기울기, 원기둥, 각기둥, 홈, 구멍 등의 자세치수는 그림 3-3과 같이 가로·세로치수나 각도로 지시한다.

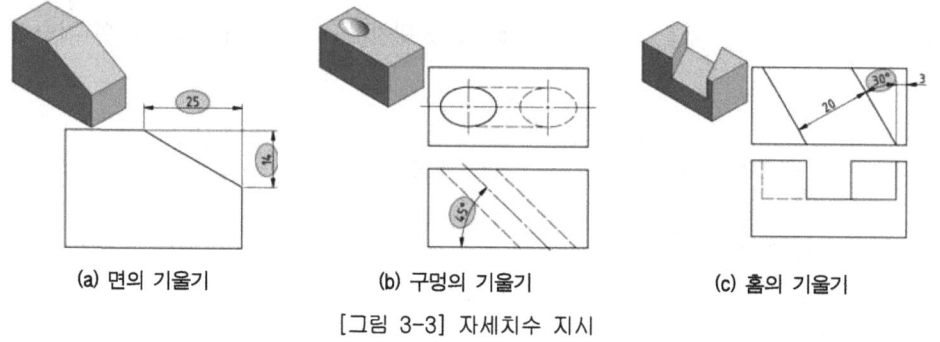

(a) 면의 기울기   (b) 구멍의 기울기   (c) 홈의 기울기

[그림 3-3] 자세치수 지시

(3) 치수 지시의 요소

(가) 숫자는 크기, 자세, 위치 등을 지시하는 아라비아 숫자를 말하며 투상도의 어떤 선보다 우선하여 지시한다.

(나) 문자는 투상도에 지시하는 개별주서나 표제란 근처에 지시하는 일반주서를 말하며 투상도의 어떤 선보다 우선하여 지시한다.

(다) 숫자와 문자의 크기는 도면과 투상도의 크기에 따라 마이크로필름 촬영, 축소 및 확대의 경우를 대비하여 선택한다.

(4) 치수 지시의 요령

(가) 치수는 그림 3-4와 같이 관련치수를 모아서 지시하고 동시에 투상도와 대조 비교하여 읽기 쉽도록 나누어 지시한다.

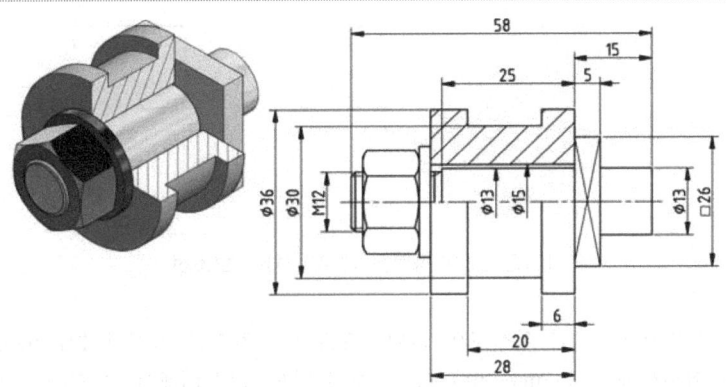

[그림 3-4] 지시 구역을 나누어 치수지시

(나) 치수는 그림 3-5와 같이 제품의 모양이 뚜렷한 투상도(주로 정면도) 또는 단면도에 집중하여 지시한다.

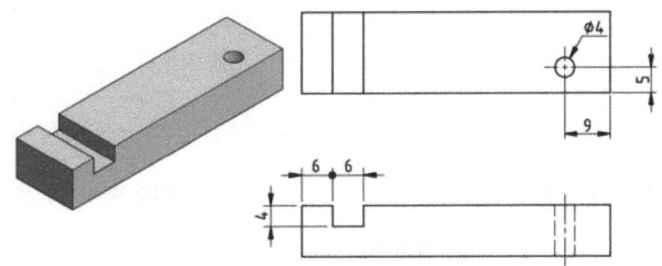

[그림 3-5] 특징 부분에 지시

(다) 치수 지시에 필요한 요소는 그림 3-6과 같이 치수 보조선, 치수선, 화살표, 원점기호 또는 기점기호 및 기준치수가 있다.

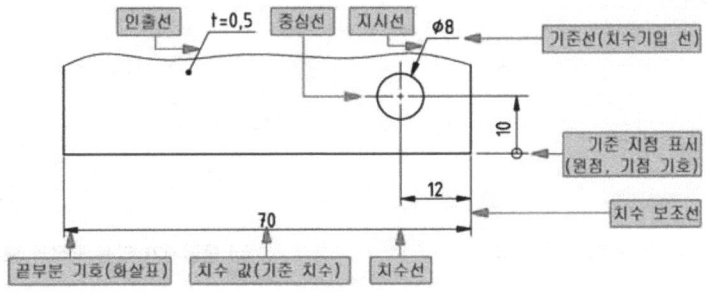

[그림 3-6 치수] 지시의 요소

(5) 치수 보조선 및 치수선

(가) 치수 보조선은 투상도 밖으로 끌어내면 오히려 읽기가 곤란한 경우가 있다 이 때 그림 3-7과 같이 외형선을 치수 보조선으로 사용할 수 있으나 이 방법은 가급적 사용하지 않는다.

2D 도면작성

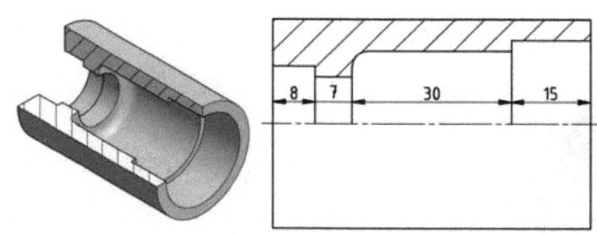

[그림 3-7] 특별한 경우의 치수 보조선

(나) 그림 3-8의 (a)와 같이 투상도의 외형선으로부터 치수선 굵기의 4배(1mm)의 틈새를 두고 긋되 치수선을 약 2~3mm 지나도록 그으며 같은 도면 내에서 그 길이는 일정해야 한다.

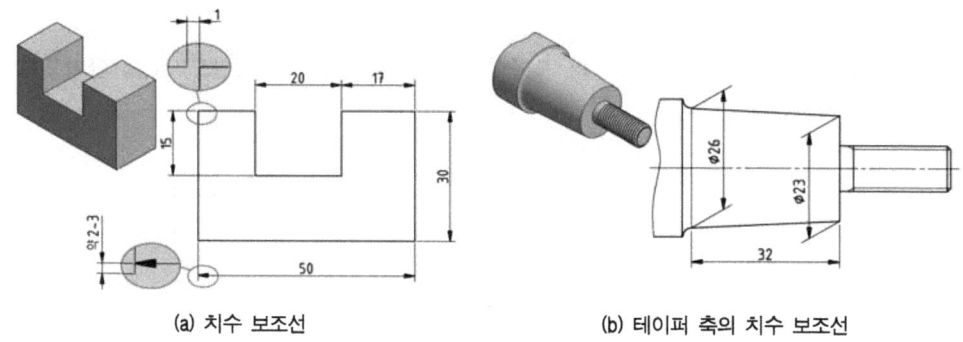

(a) 치수 보조선　　　　　　　　(b) 테이퍼 축의 치수 보조선

[그림 3-8] 치수 보조선

(다) 치수를 지시하는 선과 점의 명확한 위치표시를 위해서 그림 3-8의 (b)와 같이 치수선에 대하여 60°의 각도로 서로 평행하게 긋는다.

(라) 제품의 모양이 변화한 경우에는 그림 3-9와 같이 교차점을 2mm 넘어서도록 연장선을 긋고 교차점으로부터 치수 보조선을 긋는다.

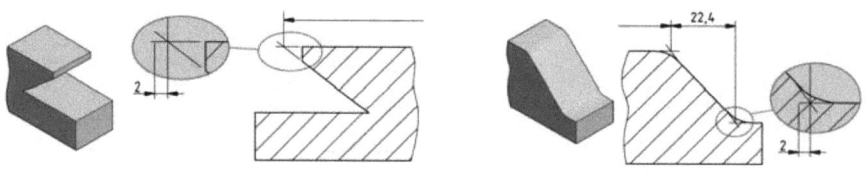

(a) 각이 진 모서리　　　　　　　　(b) 둥글기가 있는 구석과 모서리

[그림 3-9] 작도 교차선

(마) 각도를 지시하는 치수 보조선은 그림 3-10과 같이 각도를 구성하는 두 변 또는 그 연장선(치수 보조선)이 교차하는 점을 중심으로 하여 두 변이나 연장선 사이에 원호를 긋는다.

단원명 3 치수 지시하기

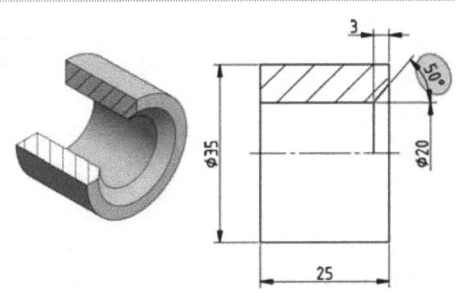

[그림 3-10] 각도지시 치수선

(바) 좁은 곳의 치수선은 그림 3-11과 같이 밖으로 이끌어 내어 수평으로 긋고 그 위쪽에 치수를 지시하며 이끌어 내는 쪽의 끝에는 아무 것도 붙이지 않는다.

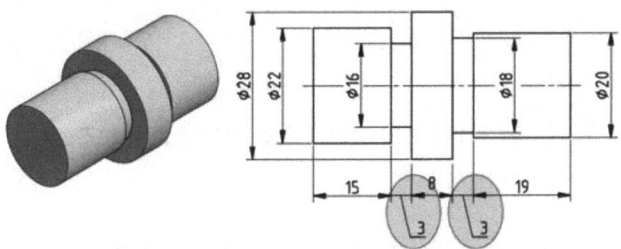

[그림 3-11] 좁은 곳의 치수선과 지시선

(사) 치수 보조선 간격이 좁아서 앞의 '(바)'와 같이 지시할 수 없을 때는 그림 3-12와과 같이 숫자의 선과 같은 굵기의 45° 사선(/)을 긋거나 검은 둥근 점(●)을 붙인다.

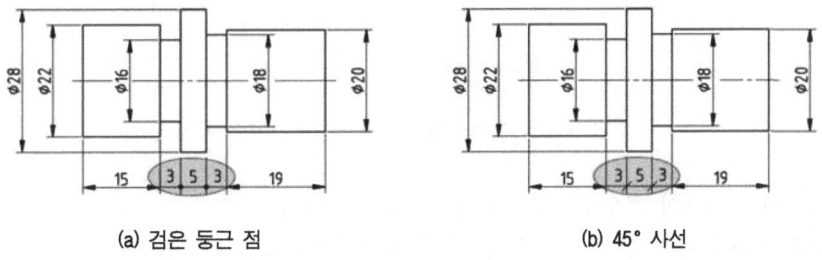

(a) 검은 둥근 점　　　　　　　　(b) 45° 사선

[그림 3-12] 좁은 간격일 경우

(아) 그림 3-13과 같이 치수 보조선, 치수선, 중심선이 불가피하게 교차할 경우에는 서로 교차하여 그어야 한다.
(자) 모양 특징과 면이 같은 경우에는 그림 3-14와 같이 치수 보조선 굵기(0.25mm)의 4배 (1mm) 만큼 외형선과 띄어서 긋는다.

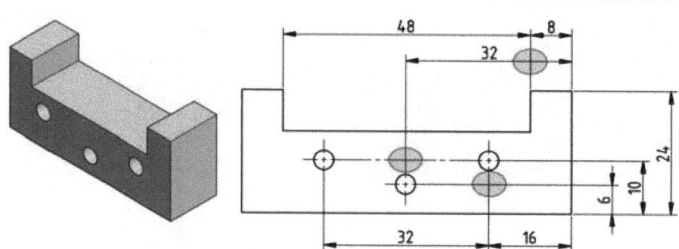

[그림 3-13] 치수 보조선과 치수선의 교차

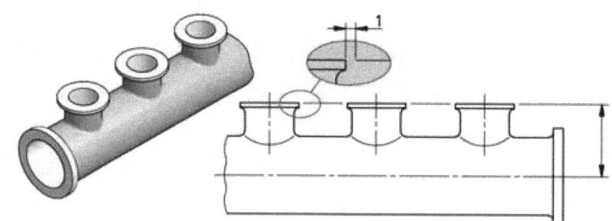

[그림 3-14] 면의 높이가 같을 경우의 치수 보조선

(6) 치수선

(가) 제품의 길이가 길어서 투상도를 단축할 경우에는 그림 3-15와 같이 실제 길이에 해당하는 치수를 지시한다.

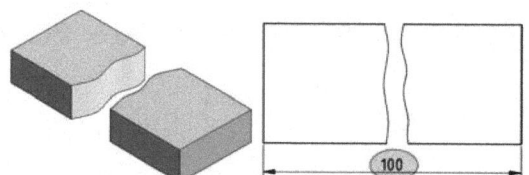

[그림 3-15] 투상도를 단축할 경우의 치수 지시

(나) 치수선은 다음의 경우에는 끝까지 긋지 않아도 된다.
① 그림 3-16과 같이 한쪽 단면을 한 주 투상도에서 지름을 지시할 때.

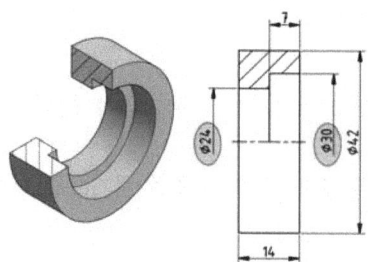
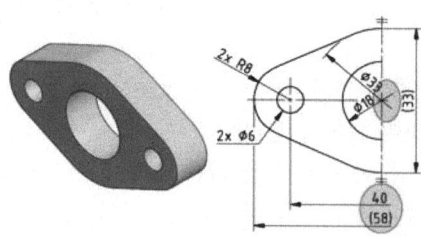

[그림 3-16] 한쪽 단면도와 치수선   [그림 3-17] 투상도 단축과 치수선

② 그림 3-17과 같이 대칭기호를 사용하여 생략한 투상도 또는 단면도에 치수를 지시할 때.
③ 그림 3-18과 같이 치수 지시에 대한 기준 중심이 없거나 지시할 필요가 없을 때.

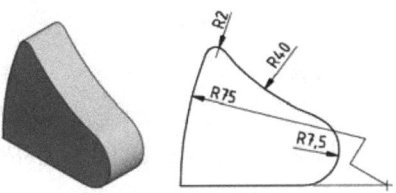

[그림 3-18] 기준 중심이 없는 치수선

(다) 그림 3-19에서 지시된 것과 같이 공간이 비좁은 경우에는 치수선을 한 방향으로 연장하여 치수를 지시하며 한 도면에서는 같은 방법으로 지시한다.

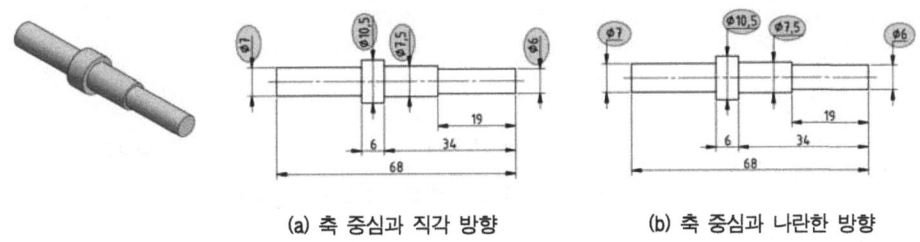

(a) 축 중심과 직각 방향   (b) 축 중심과 나란한 방향

[그림 3-19] 좁은 곳의 치수 지시 방향과 위치

(7) 지시선과 인출선
(가) 지시선은 치수와 함께 나사 치수, 가공방법 및 기호, 표면 거칠기 기호 등의 주서를 지시하기 위하여 사용한다.
(나) 지시선이나 인출선의 긋기 방향은 그림 3-20과 같이 가급적 수평선을 기준으로 60°로 긋고 오른 쪽으로 필요한 길이만큼 긋는다.

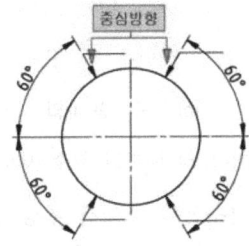

[그림 3-20] 지시선의 방향

(다) 원이나 암나사의 부품도에서 지시선을 사용할 때는 그림 3-21과 같이 중심 방향으로 수평선으로부터 60°로 꺾어서 긋는다.

 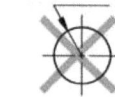    

① 틀림　　　② 맞음　　　　　　① 틀림　　　② 맞음
(a) 원의 지시선 긋기　　　　(b) 암나사의 지시선 긋기

[그림 3-21] 원과 암나사의 지시선

(라) 인출선은 조립도, 부품도 등에서 지시허가나 설명을 위한 선으로서 그림 3-22와 같이 그 끝에는 0.7 또는 1mm 점(•)이나 화살표를 붙인다.

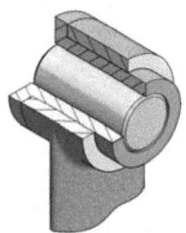 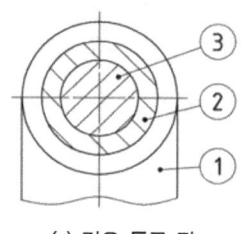 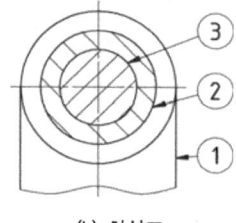

(a) 검은 둥근 점　　　　(b) 화살표

[그림3-22] 조립도의 인출선과 끝부분 기호

2. 치수지시 위치와 방향

(1) 치수는 투상도의 모양 및 치수와의 대조 비교가 쉽도록 그림 3-23과 같이 주로 관련 투상도쪽에 집중 지시한다.

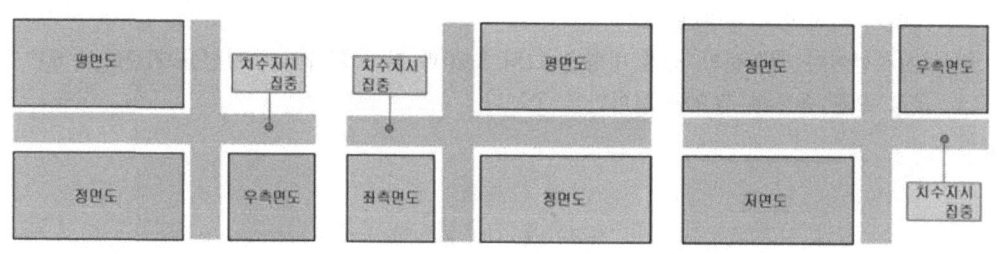

(a) 'ㄴ'형 배열　　　(b) 'ㄴ'형 배열　　　(c) 'ㄷ'형 배열

[그림 3-23] 투상도의 배치와 치수 지시를 집중할 위치

(2) 길이치수 위치는 수평방향의 치수선에 대해서 투상도의 아래쪽에서 수직방향의 치수선에 대해서 오른쪽에서 읽을 수 있도록 그림 3-24와 같이 지시한다.

(3) 치수는 그림 3-25와 같이 왼쪽 위에서 오른쪽으로 향하여 30° 이하의 각도를 이루는 방향에는 치수 지시를 피하며 투상도의 특징 등으로 불가피할 경우에는 그림 3-26과 같이 지시한다.

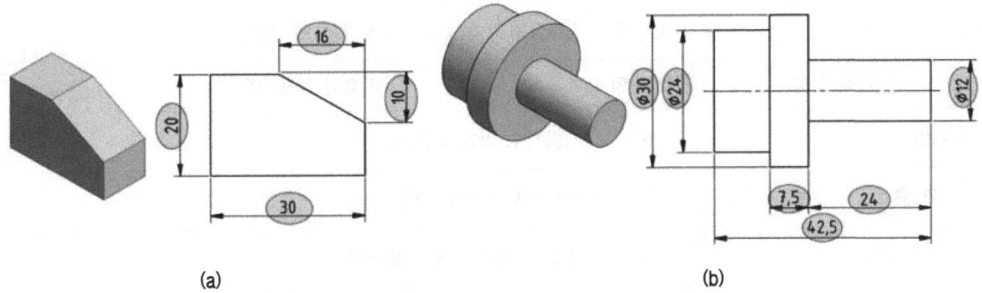

(a)   (b)

[그림 3-24] 치수 숫자의 위치와 방향

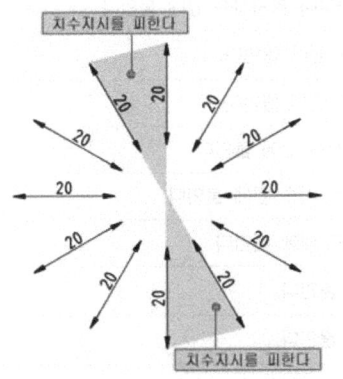
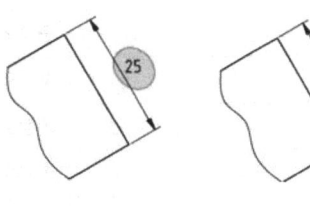

(a) 수평지시   (b) 인출선

[그림 3-25] 치수 지시 방향의 제한   [그림 3-26] 특별한 치수 지시방향

(4) 각도치수는 그림 3-27과 같이 지시한다.

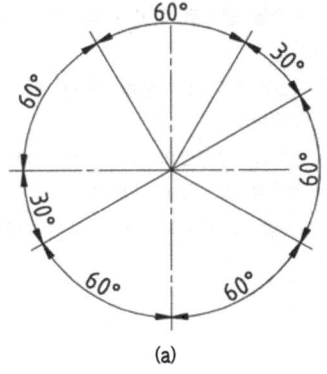
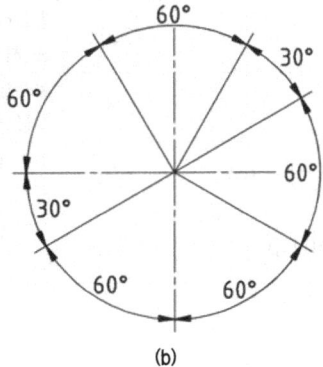

(a)   (b)

[그림 3-27] 각도치수의 지시방향

3. 치수 보조기호

치수 보조기호는 크기, 자세, 위치 치수와 함께 사용되는 문자기호 또는 그림기호로서 표 3-1과 같은 기호들이 있다.

<표 3-1> 문자 및 그림기호(치수 보조기호)의 종류

기호 이름	기호 모양	기호의 사용 방법
지름	∅	지름치수 앞에 붙인다.
반지름	R	반지름치수 앞에 붙인다.
구의 지름	S∅	구의 지름치수 앞에 붙인다.
구의 반지름	SR	구의 반지름치수 앞에 붙인다.
정사각형의 변	□	정사각형의 모양이나 위치치수 앞에 붙인다.
판의 두께	t=	판재의 두께치수 앞에 붙인다.
원호의 길이	⌒	원호의 길이치수 앞에 붙인다.
45° 모떼기	C	45°의 모떼기 치수 앞에 붙인다.
카운트 보어	⊔	카운트 보어 지름 치수 앞에 붙인다.
카운트 싱크	∨	카운트 싱크 각도 앞에 붙인다.
깊이	↧	깊이 치수 앞에 붙인다.
전개 길이	⌒▶	전개 길이 앞에 붙인다.
실 둥글기	TR	실제 둥글기(True radius) 치수 앞에 붙인다.
등간격	EQS	등간격(Equally spaced)의 개수 앞쪽으로 한 칸 띄어서 붙인다.
이론적으로 정확한 치수	50	위치 기하공차 기호를 지시할 때 이론적으로 정확한 치수를 사각형으로 둘러싼다.
참고 치수	(50)	참고로 지시하는 치수를 괄호로 하고 제작치수로 사용하지 않는 치수에 사용한다.
치수의 취소	~~50~~	치수를 가로질러 직선을 붙이며 치수를 수정할 때 사용하며 치수를 취소한다는 의미이다.
비례 척도가 아닌 치수	50	치수 밑에 직선을 붙이며 투상도의 크기와 치수 값이 일치하지 않을 때 사용하며 치수를 강조하는 의미이다.
치수의 기준(기점)	⊕	누진·좌표치수를 지시할 때 치수의 기준이 되는 지점을 표시한다.

단원명 3 치수 지시하기

실기 과제

다음에 제시된 과제를 토대로 하여 정면도, 우측면도(또는 좌측면도), 평면도를 제도한 후 치수 지시를 하여 A3용지에 반드시 마련할 양식으로 제도하시오.

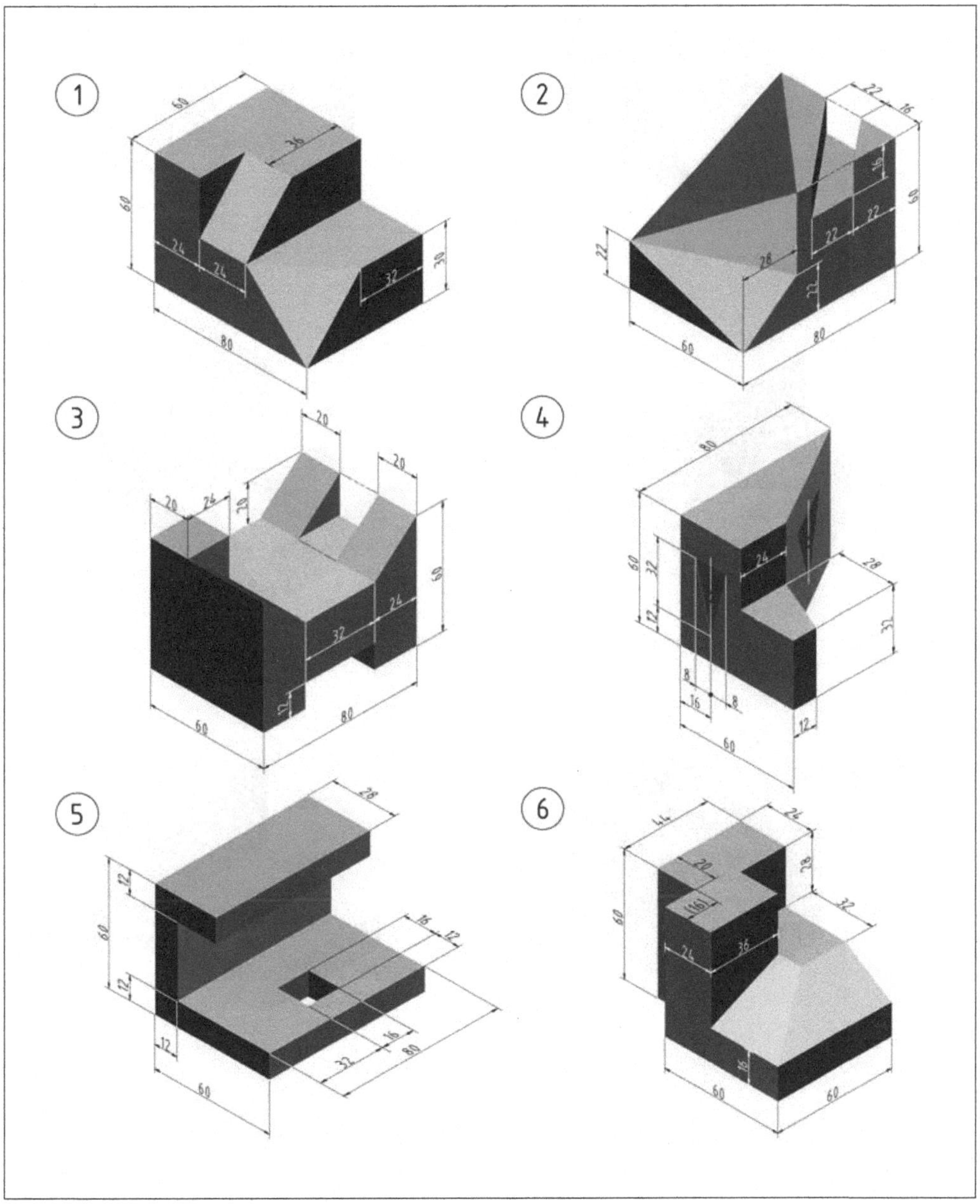

2D 도면작성

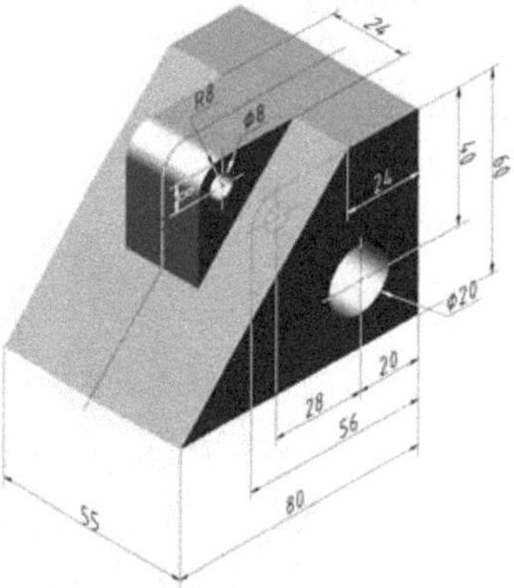

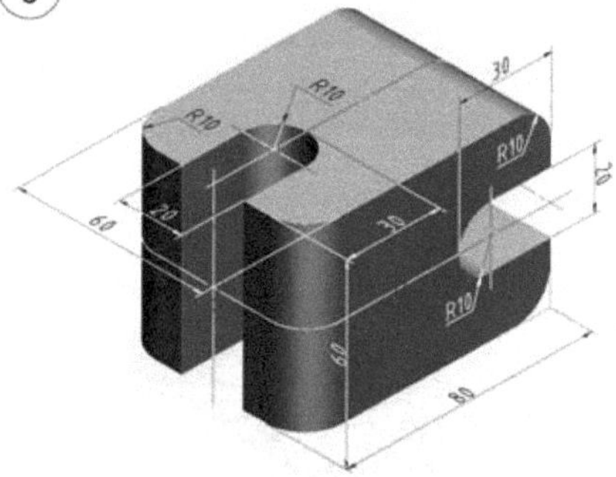

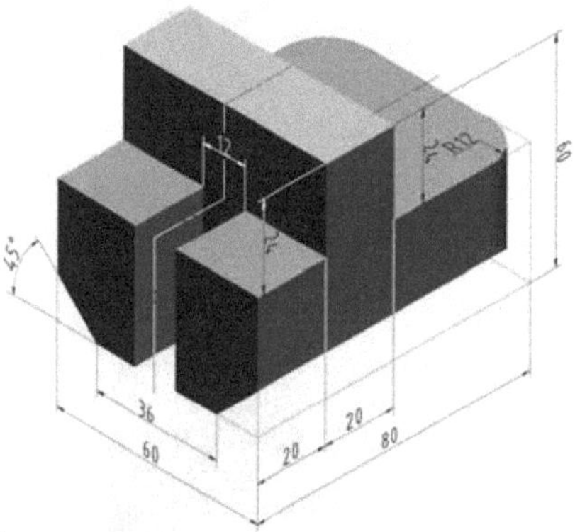

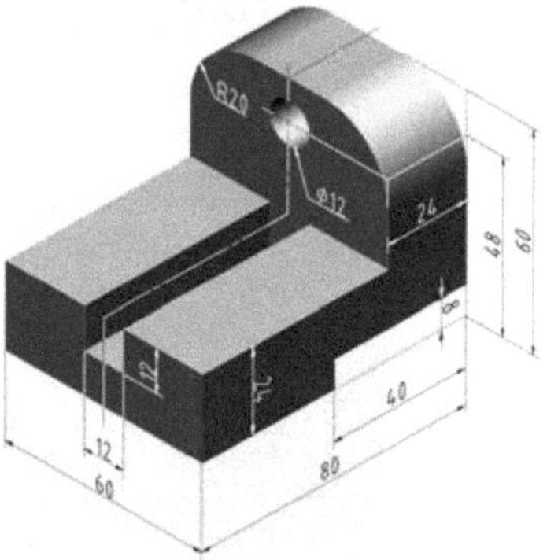

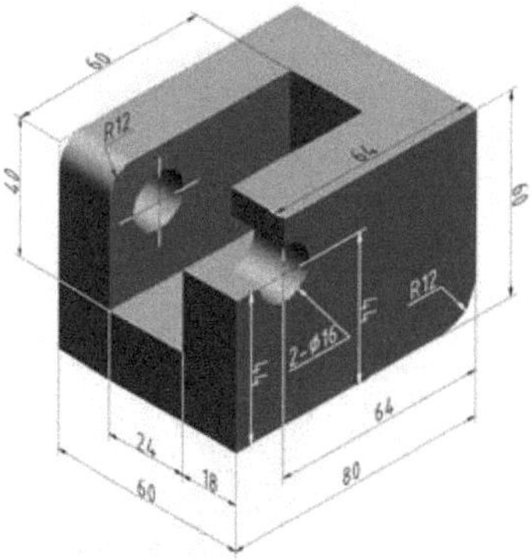

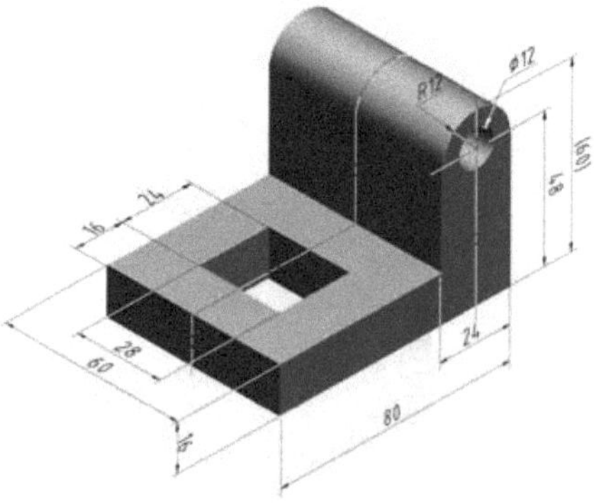

단원명 3 치수 지시하기

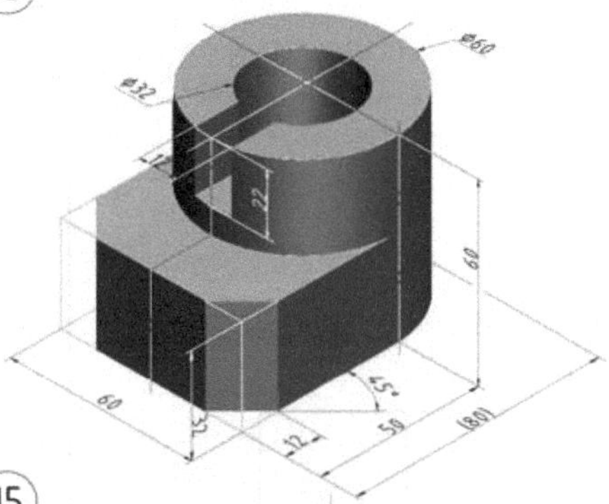

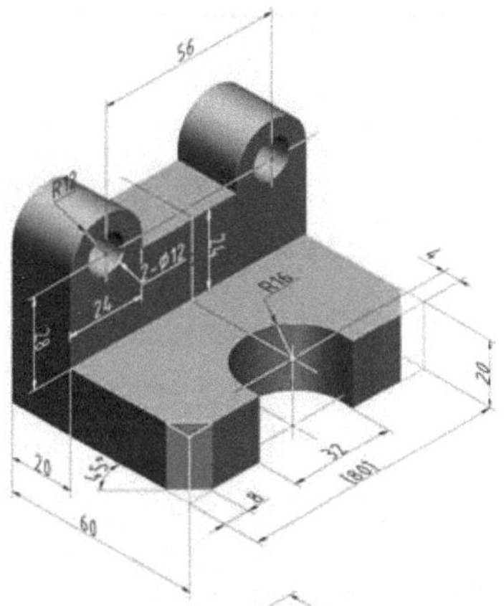

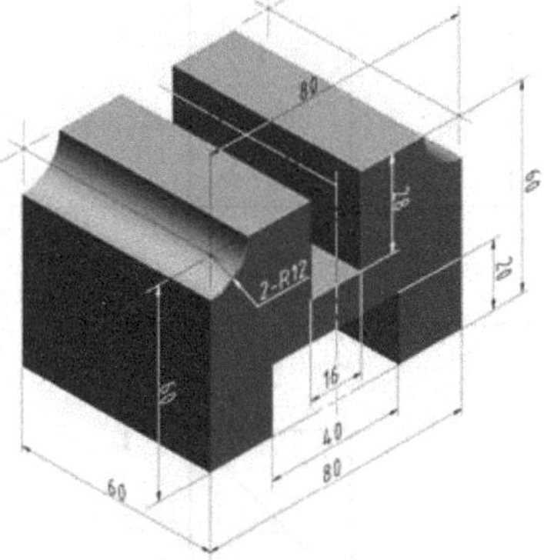

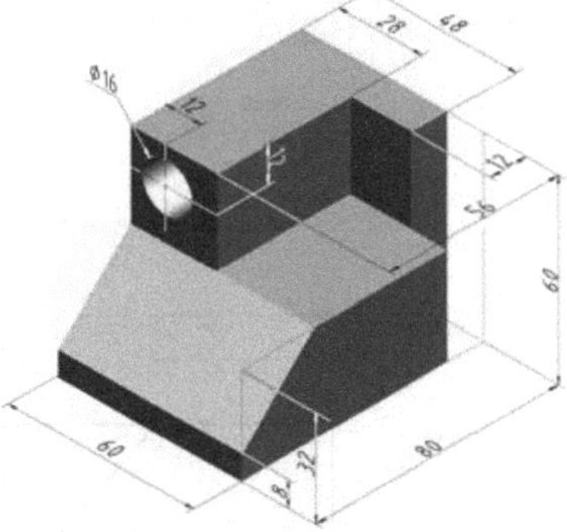

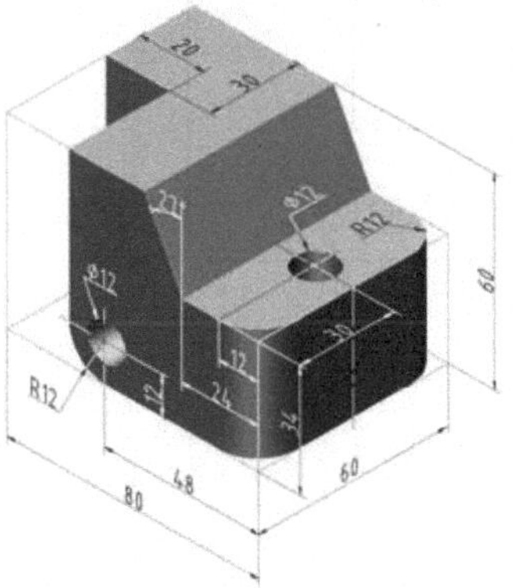

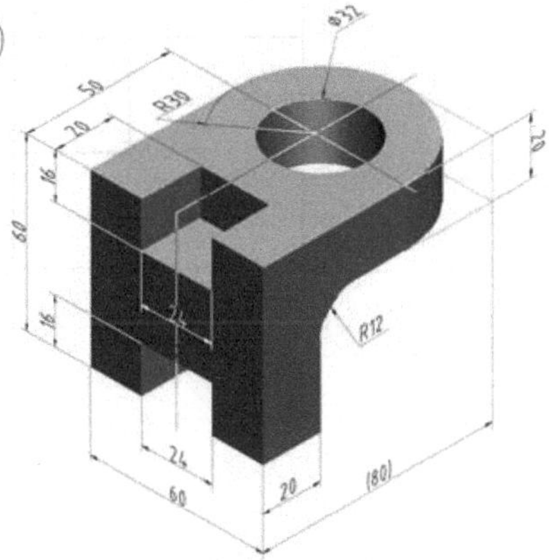

2D 도면작성

모범답안

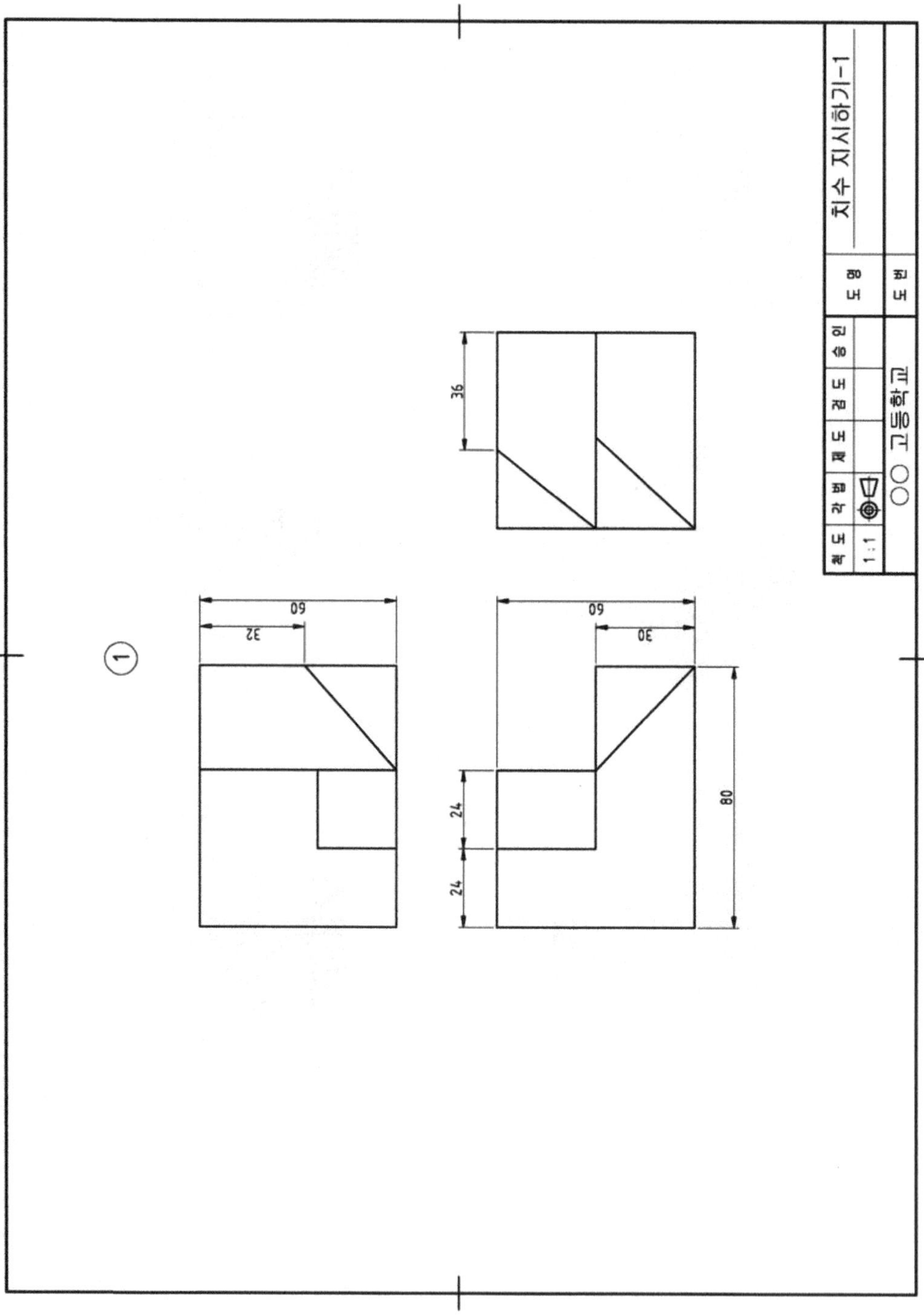

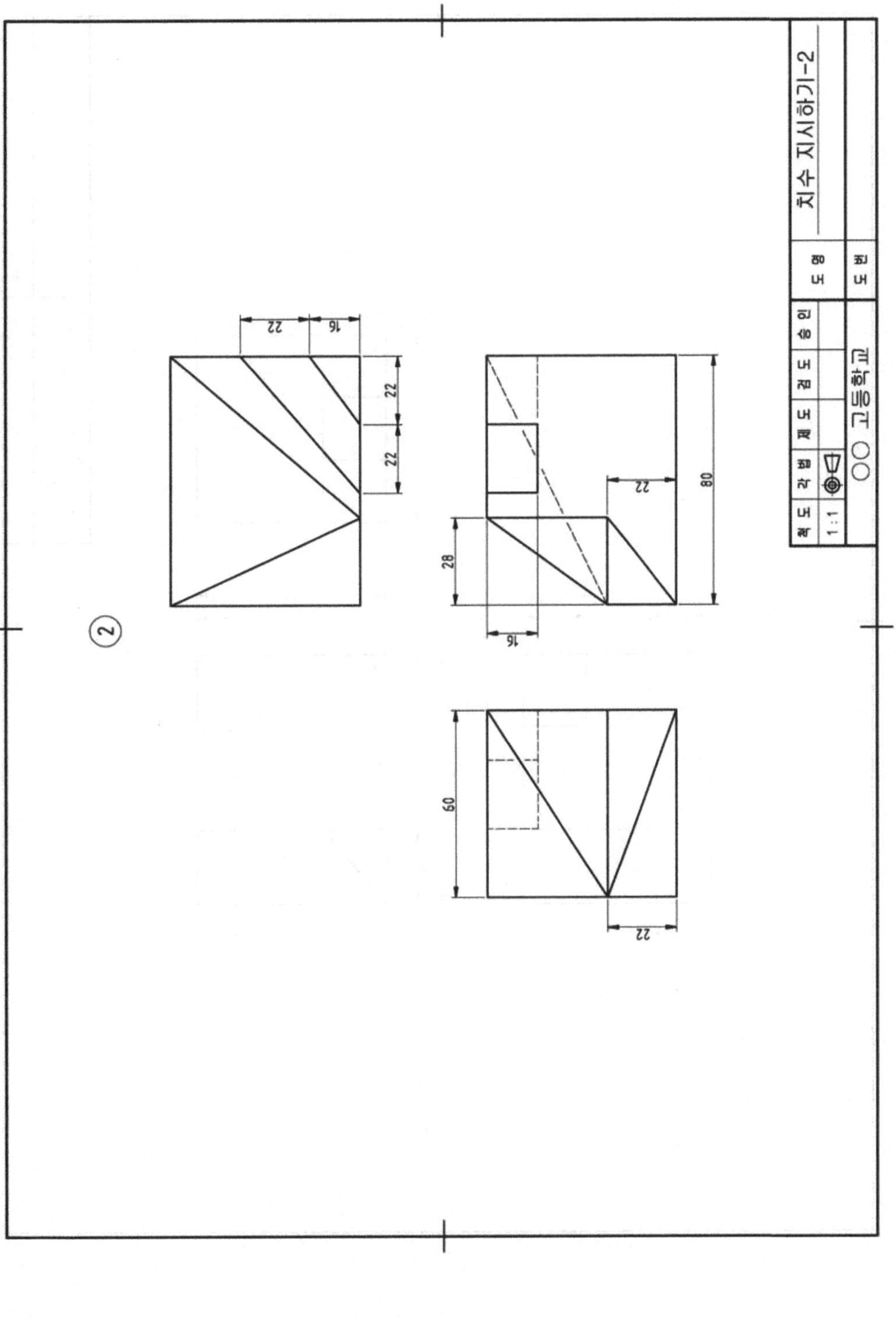

단원명 3 치수 지시하기

2D 도면작성

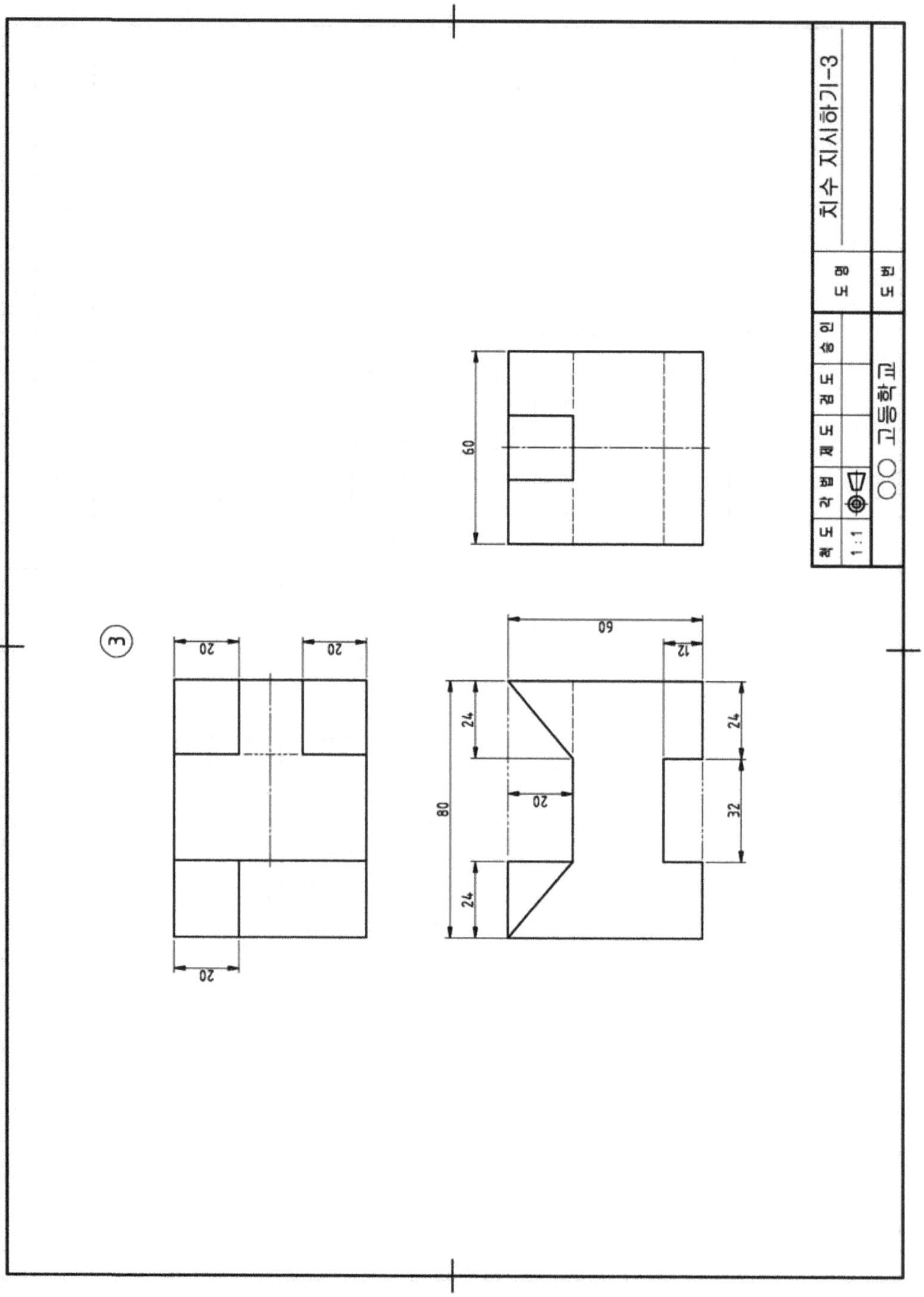

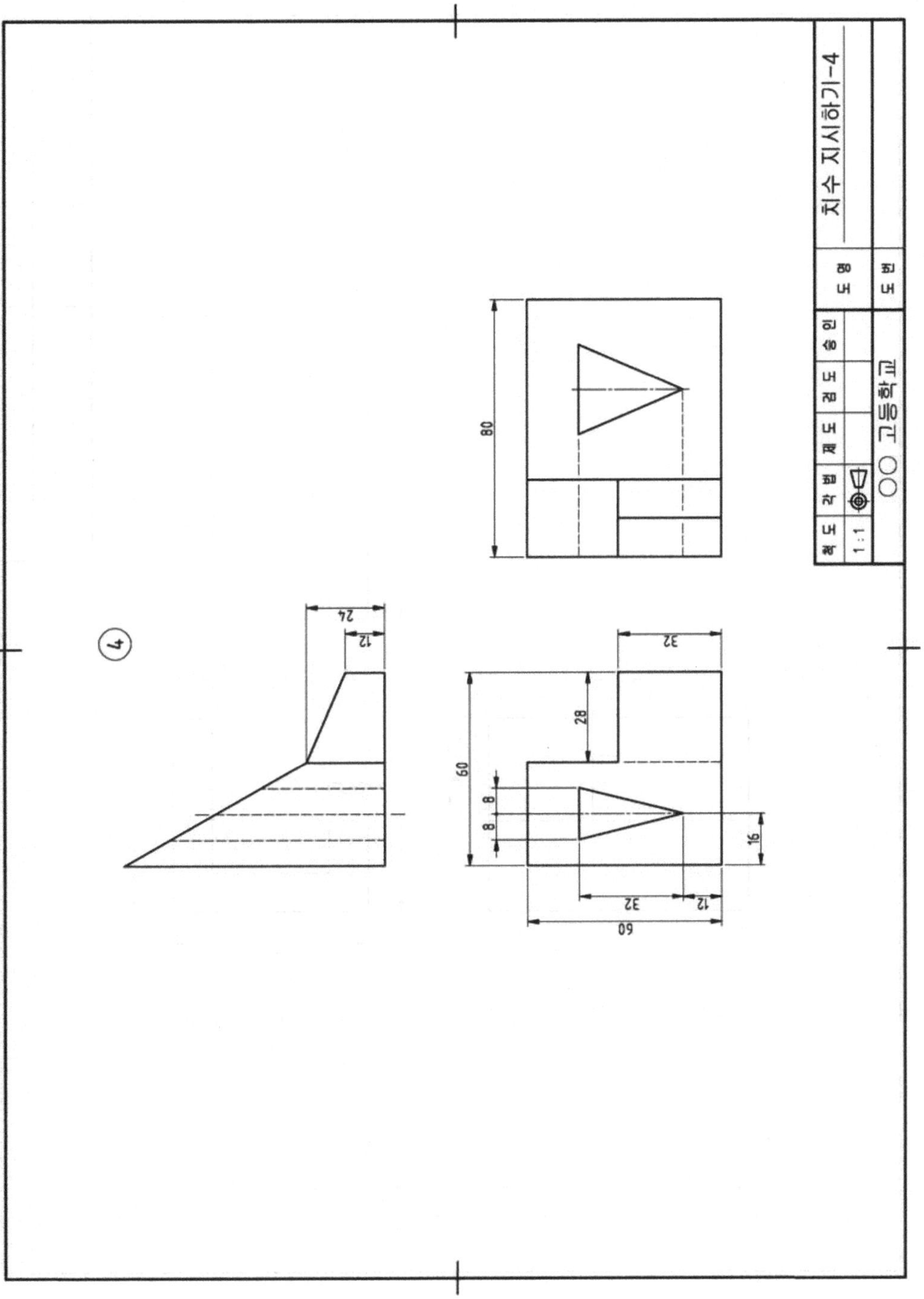

2D 도면작성

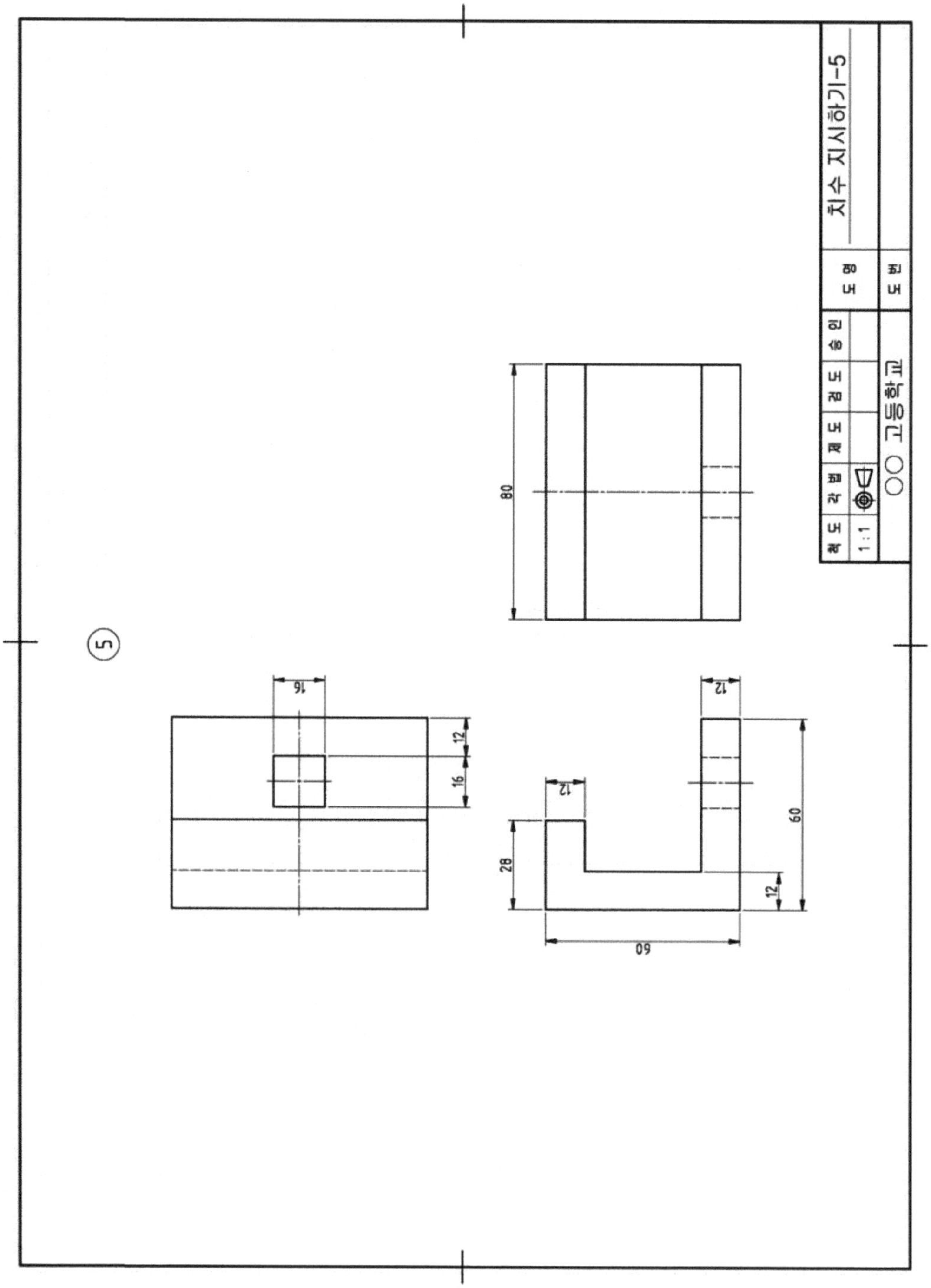

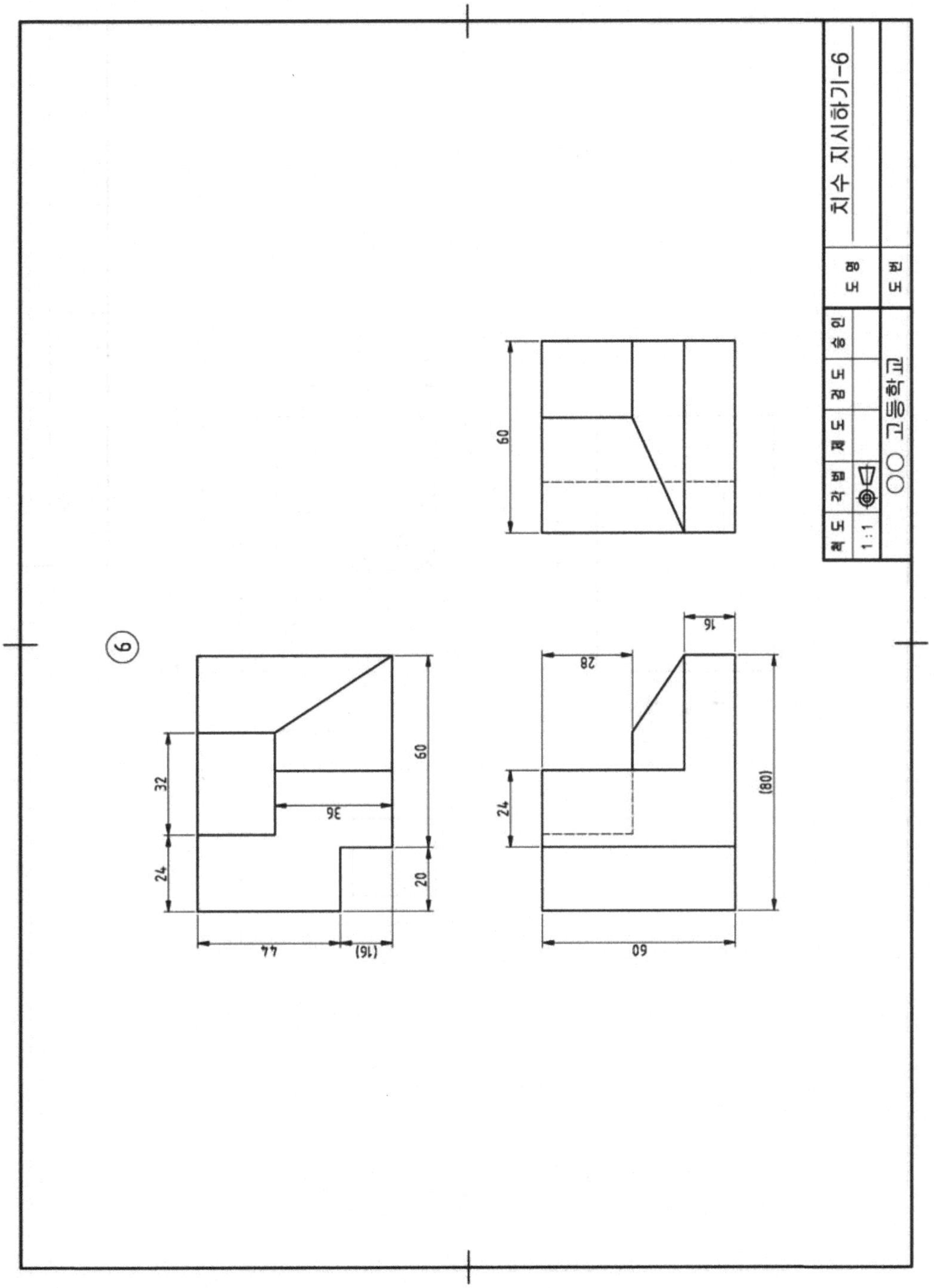

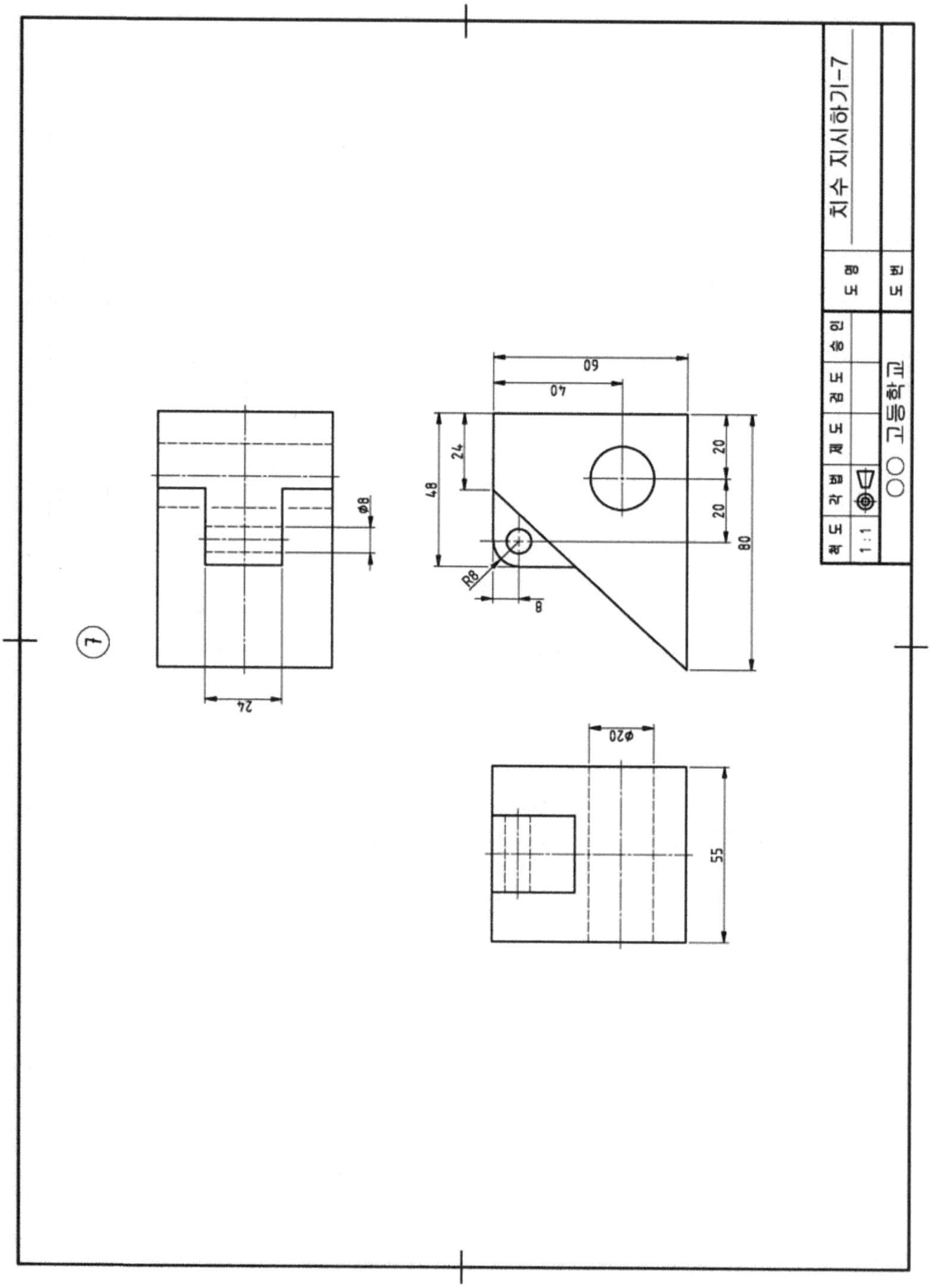

2D 도면작성

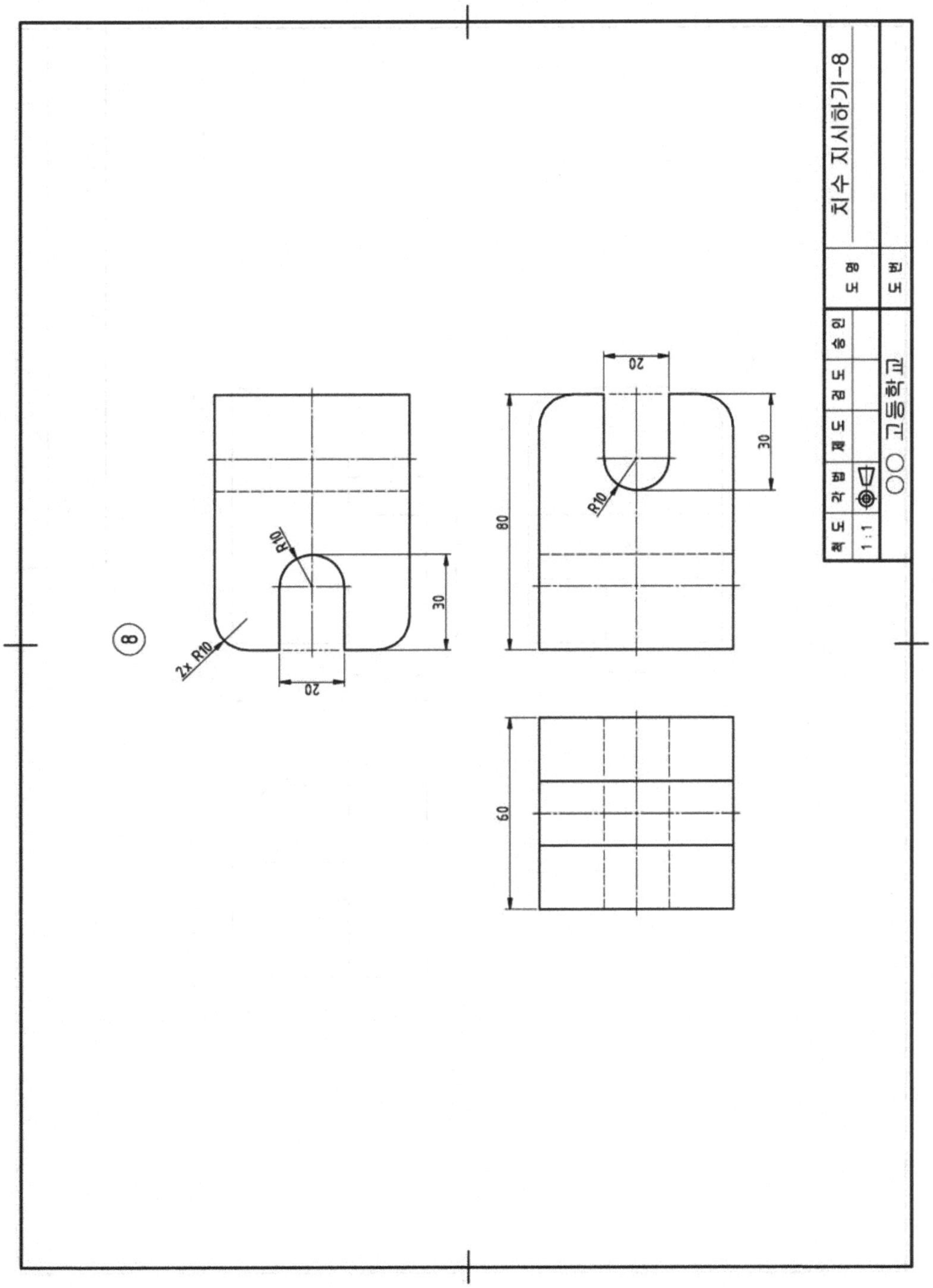

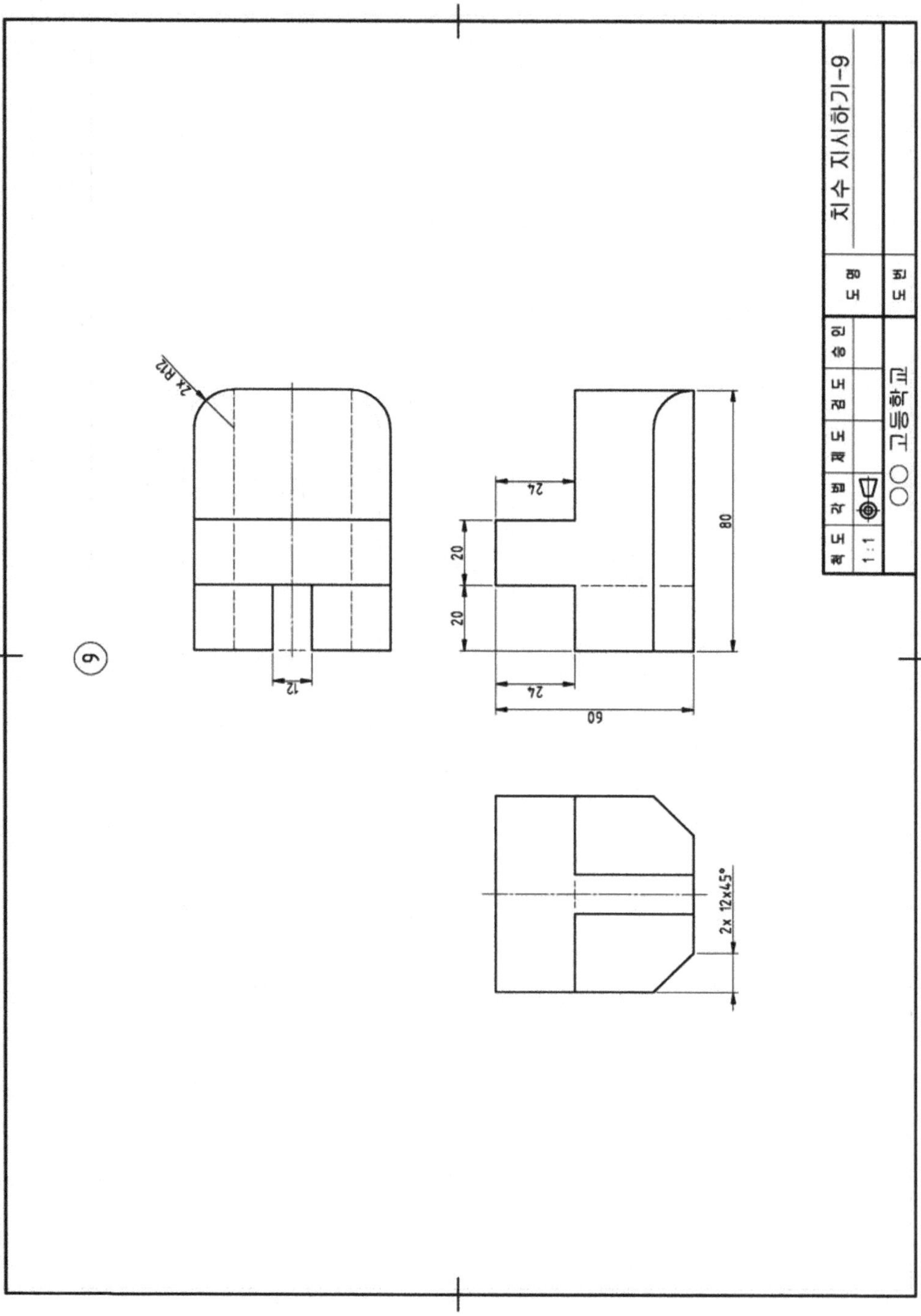

2D 도면작성

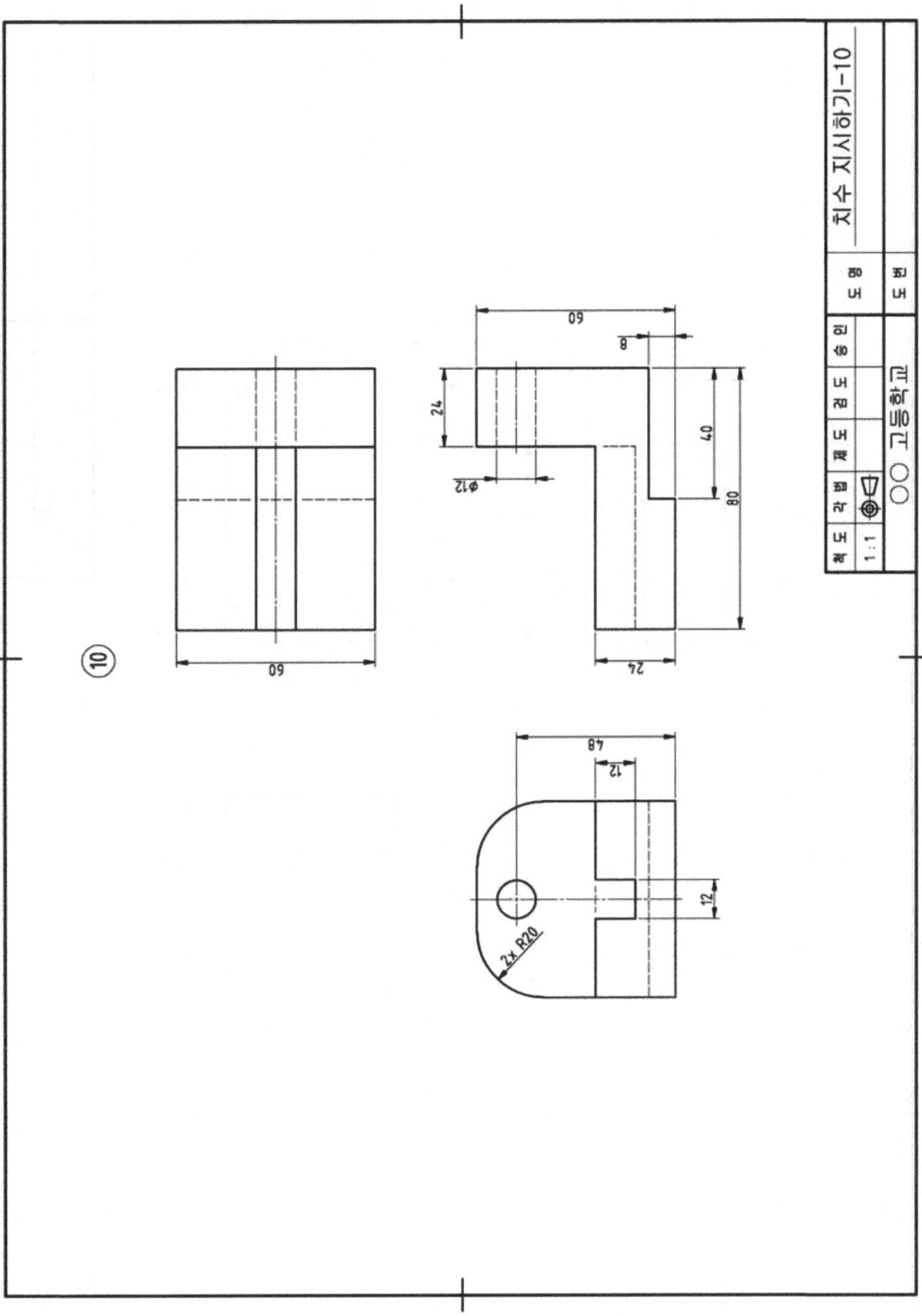

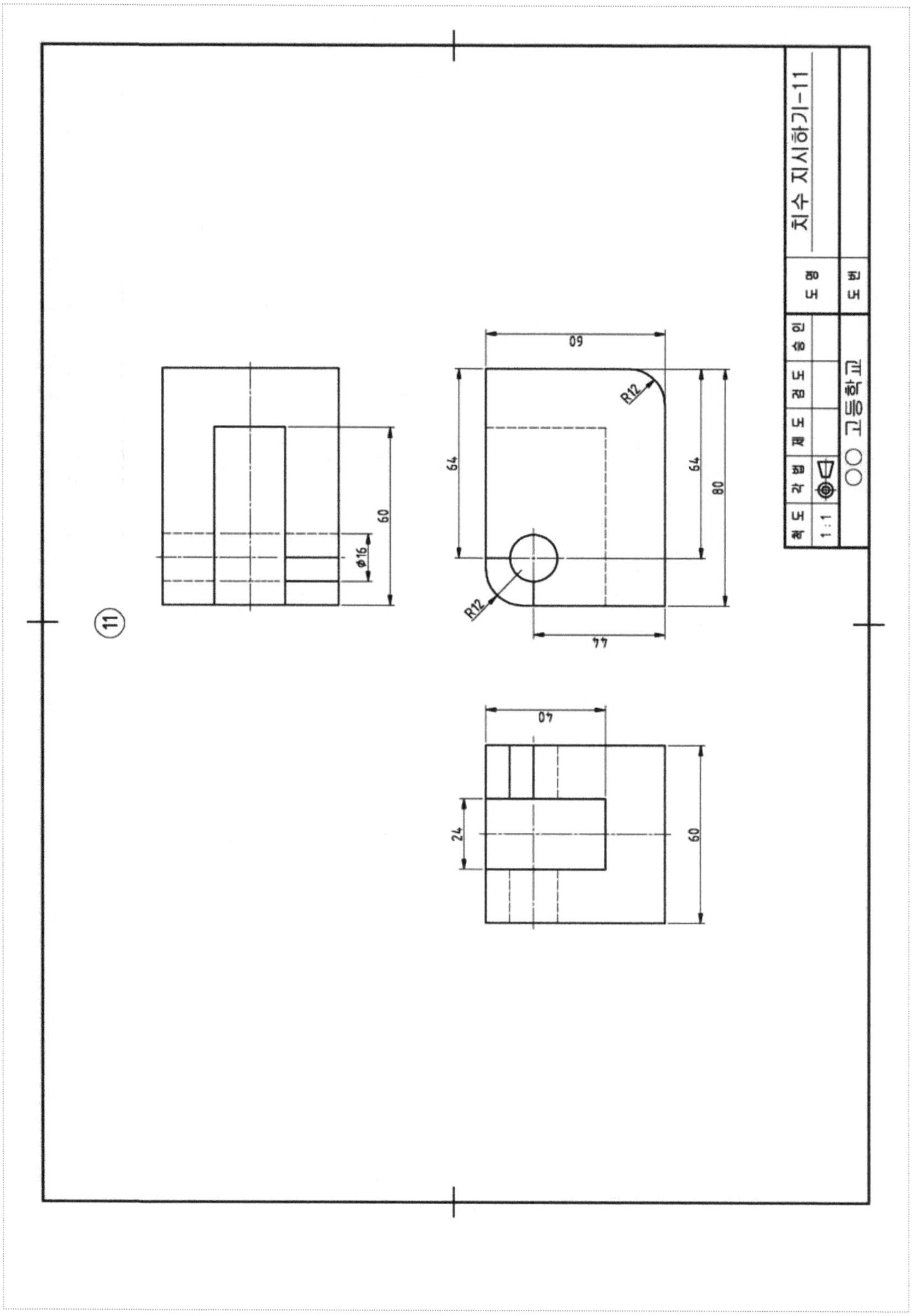

2D 도면작성

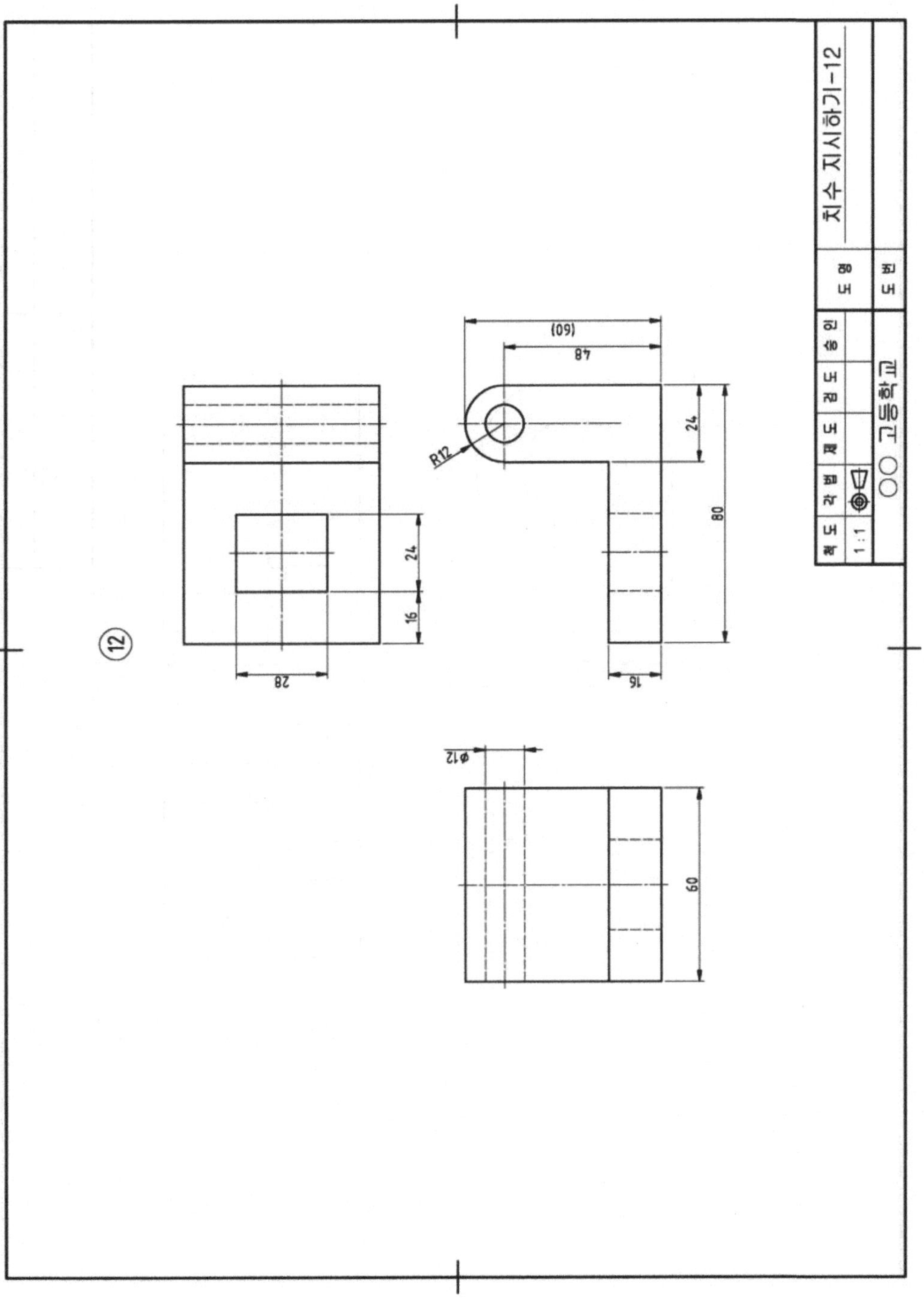

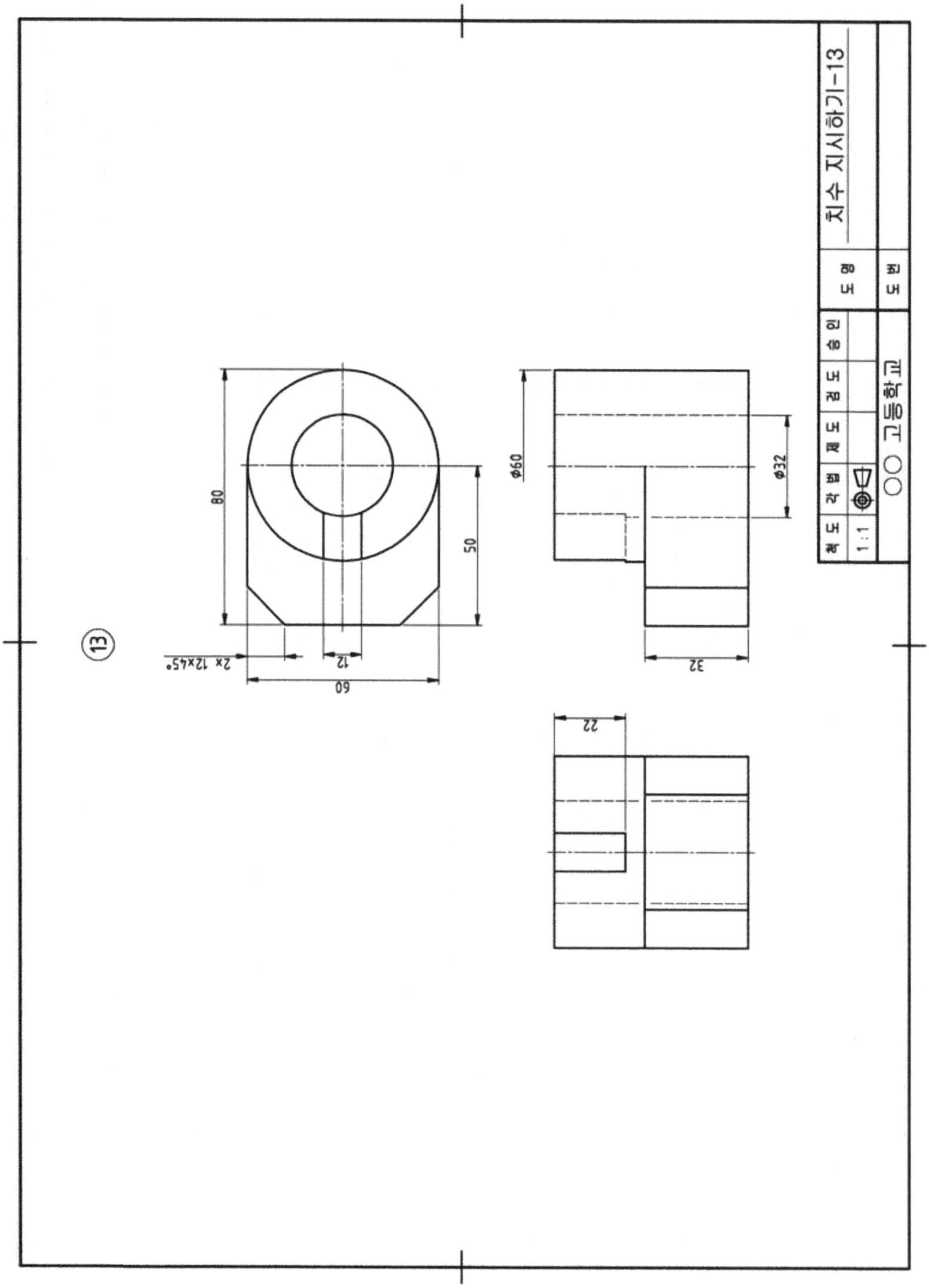

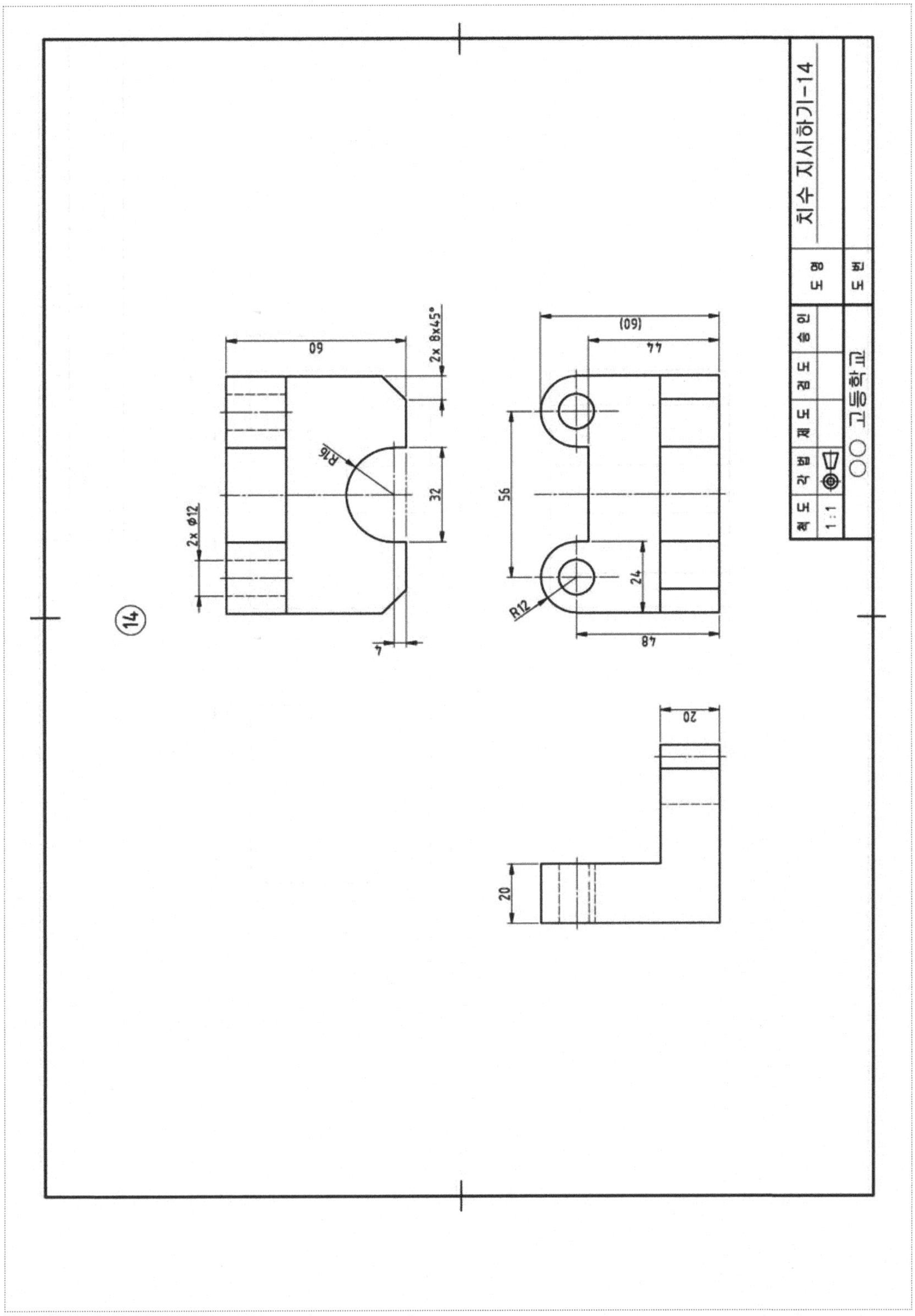

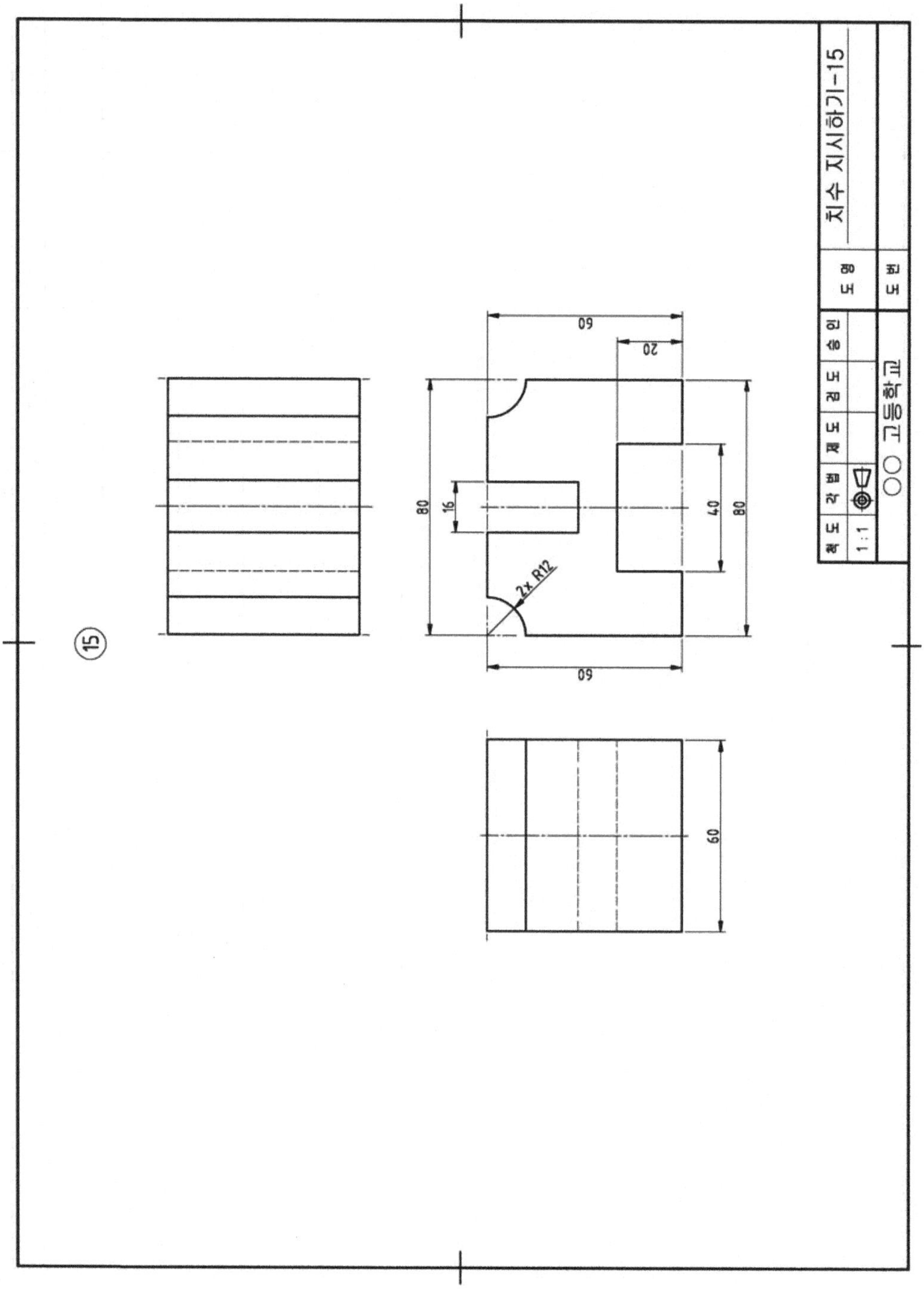

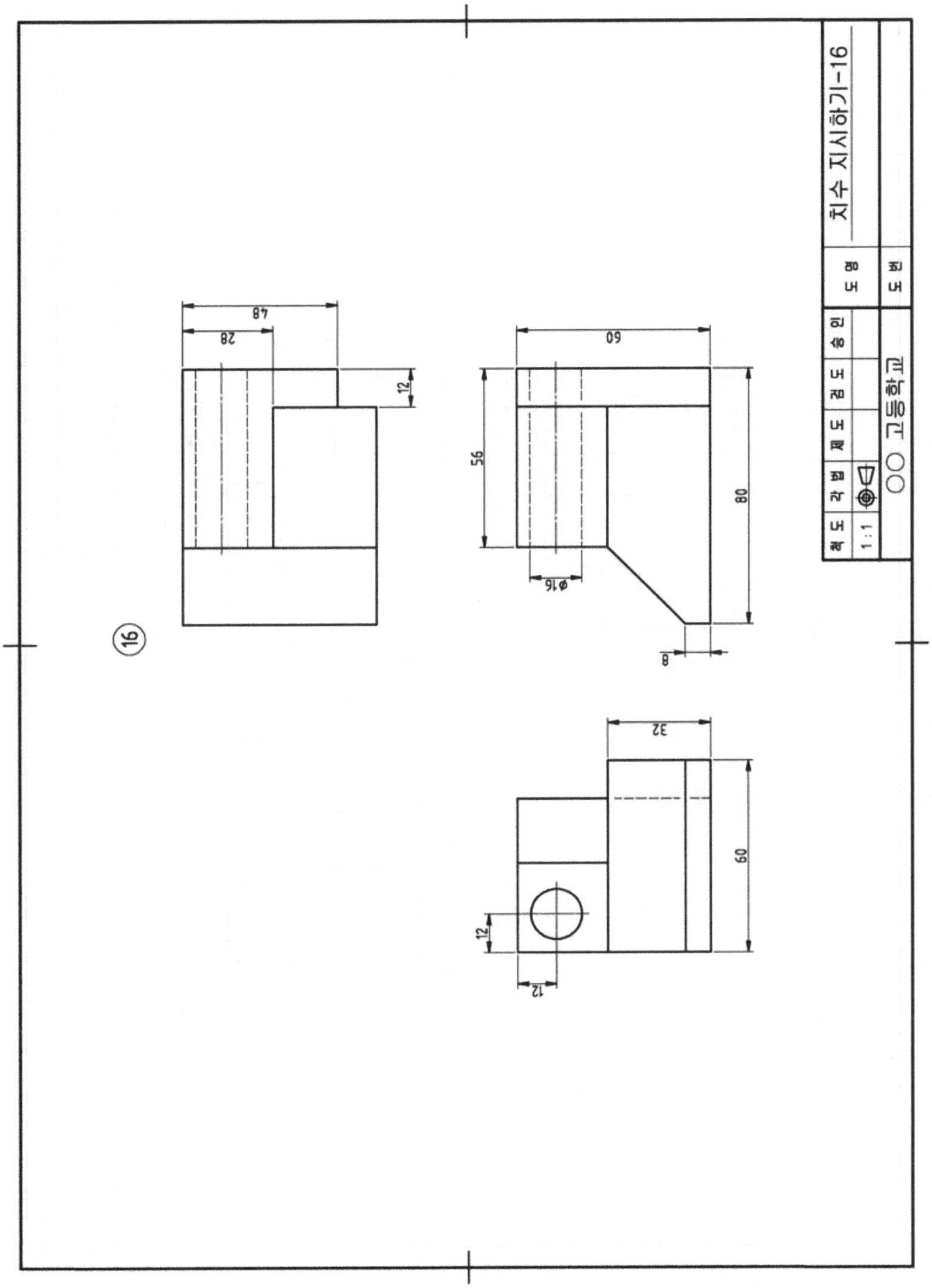

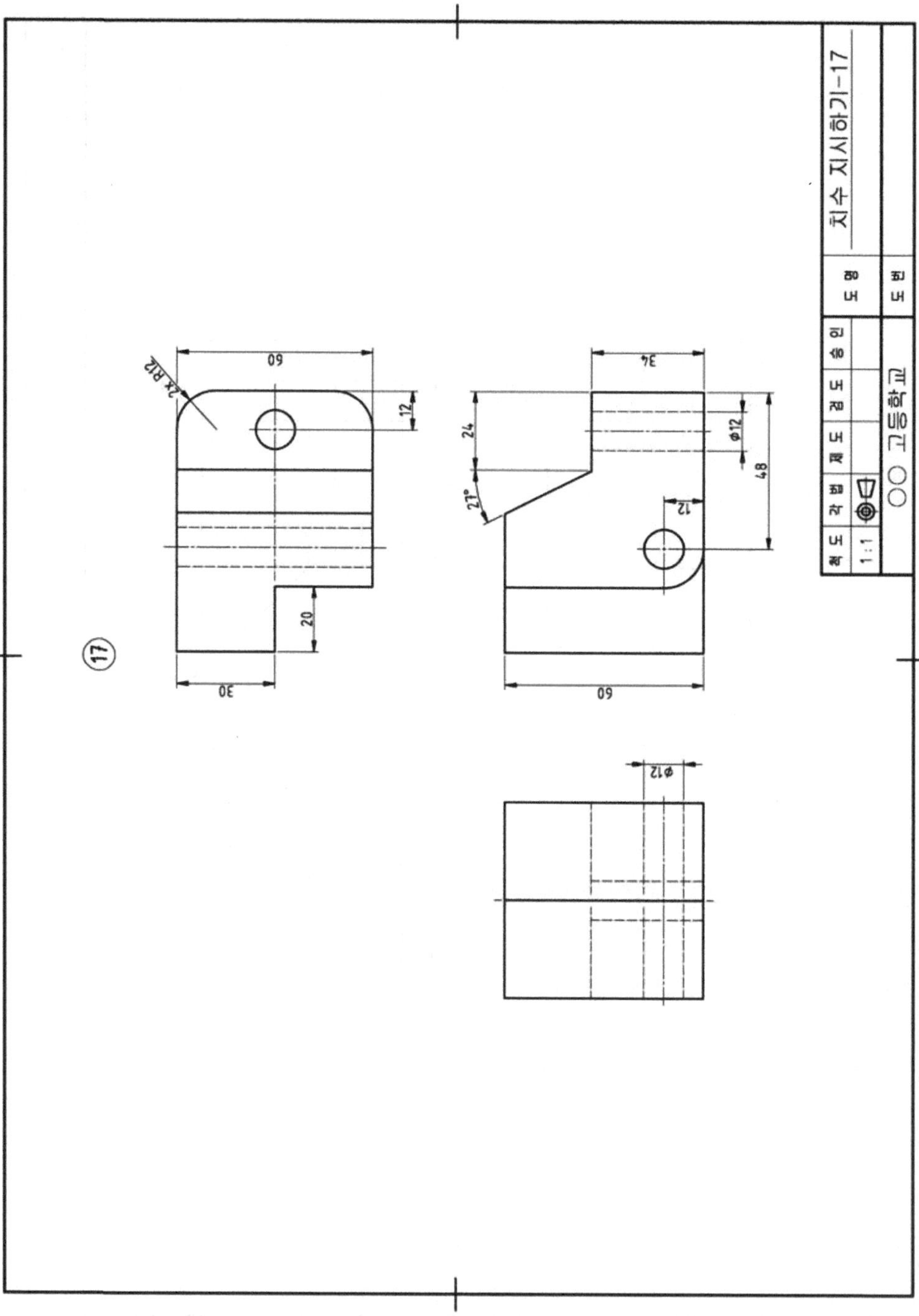

2D 도면작성

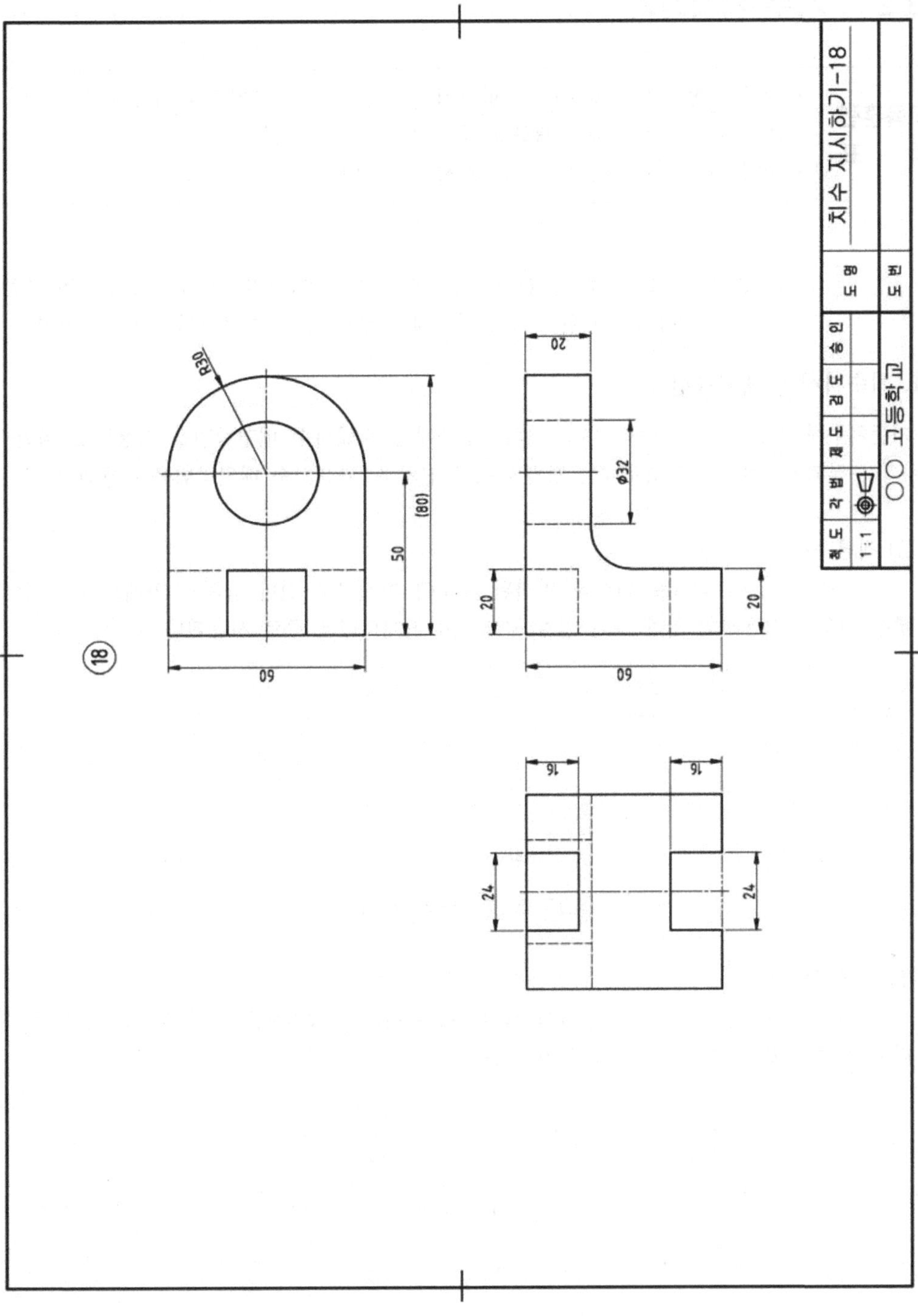

단원명 3 치수 지시하기

2D 도면작성

3-2 치수 지시하기

교육훈련 목표
- 제품의 형상을 이해하고 그 형상에 알맞은 치수 보조기호를 사용할 수 있다.
- 치수의 배열 종류를 이해하고 치수 지시를 할 수 있다.
- 여러 개의 구멍 또는 홈 등을 지시할 수 있다.

필요 지식
2D캐드 프로그램 운용능력, 2D 드로잉에 관한 기초지식, ISO 및 KS 표준지식, 제3각법에 관한지식, 단면도에 관한지식, 치수 보조기호에 관한지식

1. 치수지시의 배열방법

기준치수에 일반 공차가 누적되어도 좋은 경우에는 직렬치수 배열방법을 사용하고 일반 공차가 누적되지 않아야 할 경우에는 병렬치수, 누진치수, 좌표치수 배열방법을 사용한다.

(1) 직렬 치수

그림 3-28과 같이 직렬로 나란히 연결된 치수에 지시하고 일반 공차가 차례로 누적되어도 좋은 경우에 사용하며 철판 재나 철골 구조물의 설계도면에 주로 사용된다.

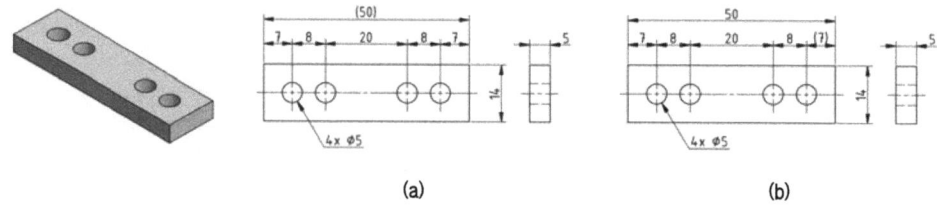

[그림 3-28] 직렬치수 배열

(2) 병렬 치수

그림 3-29와 같이 기준면을 설정하여 개개별로 지시되는 방법으로써 각 치수의 일반 공차는 다른 치수의 일반 공차에 영향을 주지 않는다.

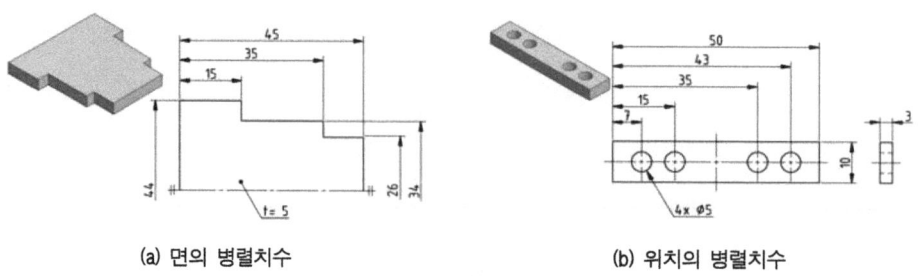

(a) 면의 병렬치수   (b) 위치의 병렬치수

[그림 3-29] 병렬치수 배열

(3) 누진 치수

(가) 치수지시의 기준 점에 기점기호(○)를 지시하고 치수 보조선과 만나는 곳마다 화살표를 붙인다.

(나) 치수는 그림 3-30, 3-31과 같이 치수 보조선과 나란히 지시하거나 치수 보조선 끝에 지시한다.

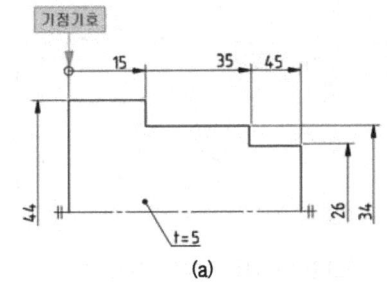
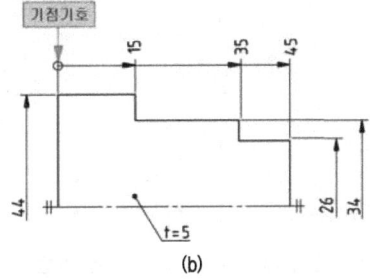

[그림 3-30] 누진치수 배열

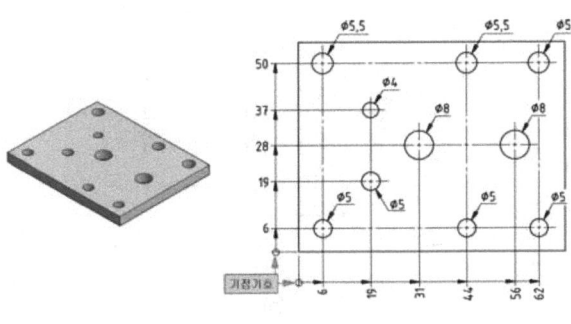
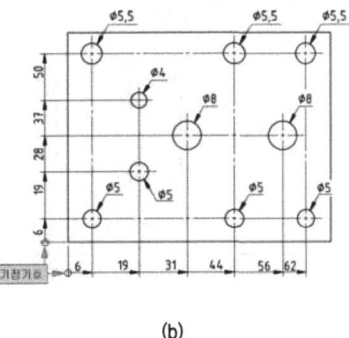

[그림 3-31] 기점기호와 누진치수 배열

(4) 좌표 치수

구멍의 위치나 크기 등의 치수는 좌표를 사용한 표를 사용해도 되며 표에 지시된 그림 3-32의 'X', 'Y'는 기점으로부터의 치수이다.

구분	X	Y	d
A	6	6	ø5
B	44	6	ø5
C	62	6	ø5
D	19	19	ø5
E	31	28	ø8
F	56	28	ø8

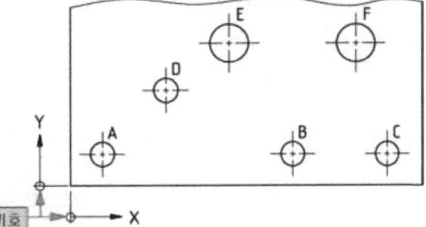

[그림 3-32] 기점·문자기호와 좌표치수

2. 지름과 반지름 치수지시

(1) 지름치수 지시

(가) 물체의 단면이 원형이고 그 원형을 투상을 하지 않을 경우에 치수로서 원형인 것을 표시할 때는 그림 3-33, 3-34와 같이 지름의 치수 앞에 '∅' 보조기호를 붙인다.

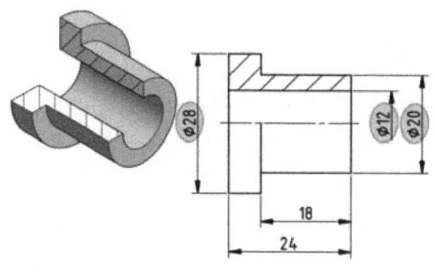
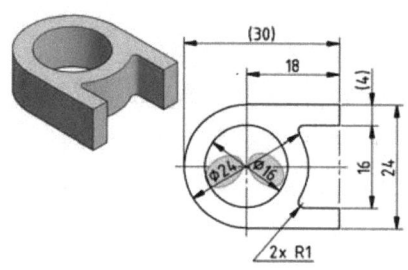

[그림 3-33] 안과 밖의 지름 기호　　　　[그림 3-34] 원형의 지름 기호

(나) 그림 3-35와 같이 치수 지시 공간이 부족한 경우에는 밖으로 이끌어 내거나 투상선을 자르고 지시한다.

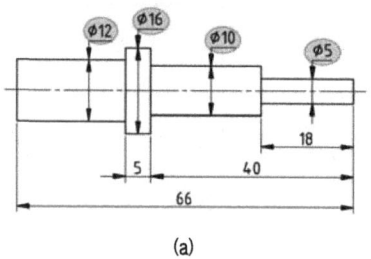
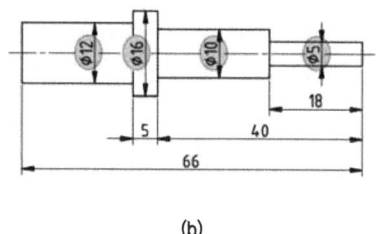

(a)　　　　　　　　　　　　　(b)

[그림 3-35] 치수 지시 공간이 부족한 경우

(다) 지름이 다른 원통으로 연속되고 연속된 원통이 짧아서 치수를 지시할 공간이 적을 경우에는 그림 3-36과 같이 지시한다.

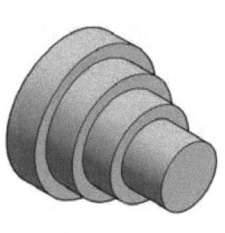
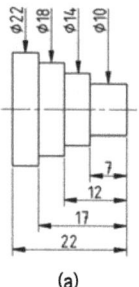
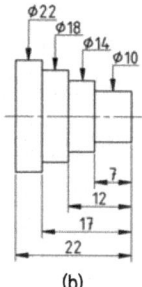

(a)　　　　　　　　(b)

[그림 3-36] 짧은 연속 원통의 지름

(라) 한 면에 같은 크기의 여러 개 구멍에 치수를 지시할 때는 그림 3-37과 같이 구멍의 총 수 다음에 '×'를 붙이고 한 칸을 띄어서 지시한다.

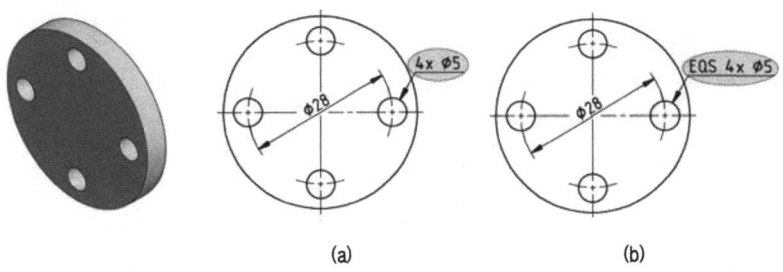

[그림 3-37] 여러 개의 구멍의 지시

(마) 구멍의 위치가 명확하게 투상이 되었더라도 구멍이 원주 상 위치 간격이 같다는 것을 지시할 때는 그림 3-37의 (b)와 같이 'EQS'를 구멍의 총 수 앞에 한 칸을 띄어서 지시한다.

(바) 그림 3-38과 같이 정면도 투상을 생략한 단면도에서는 반드시 등간격 임을 'EQS'를 붙여서 지시한다.

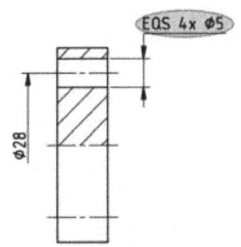

[그림 3-38] 등간격의 지시

(2) 반지름 치수지시

반지름 치수는 제품의 생김새가 원형의 반지름 치수를 지시할 때는 치수선의 화살표를 원호쪽에만 붙이고 치수 앞에 'R' 보조기호를 붙인다.

(가) 원호의 크기가 작은 반지름 치수는 그림 3-39와 같이 둥글기의 중심 방향으로 치수선을 긋고 화살표를 붙이되 (b), (c)의 지시방법은 피한다.

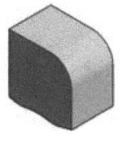 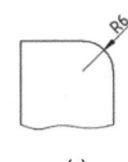 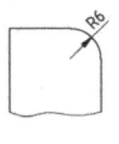 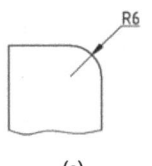 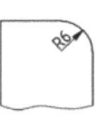

(a)   (b)   (c)   (d)

[그림 3-39] 반지름 치수의 화살표와 치수 위치

(나) 원호의 중심을 명확히 표시할 경우에는 그림 3-40과 같이 가는 실선의 십자(+)나 1mm 이하의 검은 둥근 점(●)으로 표시할 수 있다.

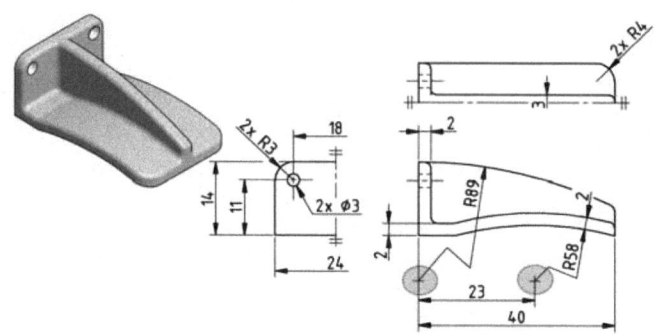

[그림 3-40] 반지름이 큰 치수의 지시

(다) 반지름이 커서 치수선을 긋지 못하거나 도면의 여백을 절약하기 위해서 그림 3-40과 같이 지그재그로 구부려서 긋는다.

(라) 한 투상도에서 같은 둥글기가 여러 개일 경우에는 그림 3-41과 같이 둥글기 총 수에 '×'를 붙이고 한 칸 띄어서 둥글기 크기를 지시한다.

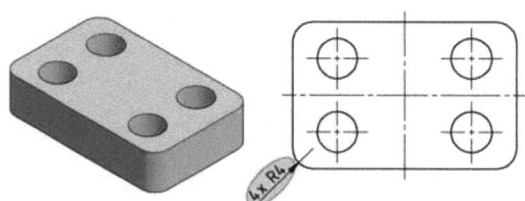

[그림 3-41] 둥글기 수의 지시

(마) 같은 중심을 갖는 반지름 치수가 연속된 경우는 그림 3-42와 같이 기점기호를 사용하여 누진치수 지시방법을 사용한다.

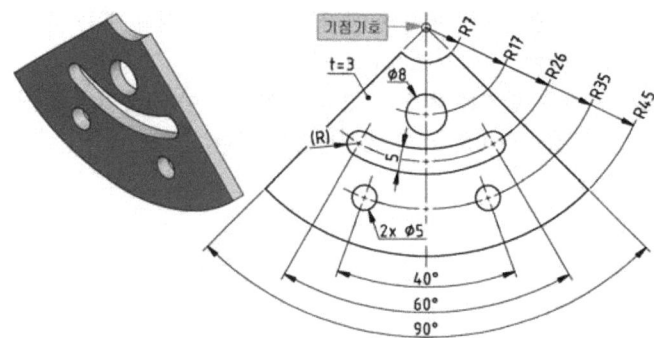

[그림 3-42] 반지름의 누진치수 지시

(바) 실제의 투상도가 아닌 곳에 실제 반지름 치수를 지시할 때는 그림 3-43과 같이 치수 앞에 'TR' 보조기호를 붙인다.

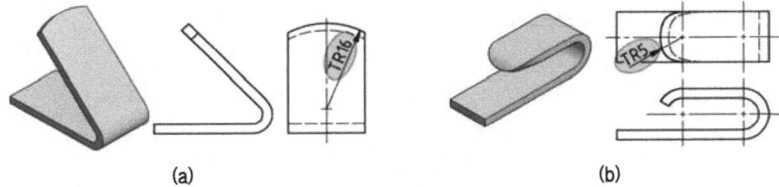

[그림 3-43] 실제 둥글기 치수 지시

(사) 닫힌 홈, 열린 홈 등의 치수지시는 그림 3-44와 같이 지시한다.
① 하나의 공구로 가공하여 전체 치수가 필요한 경우에는 (a), (d)와 같이 지시한다.
② 하나의 공구로 가공하여 중심 거리가 설계에서 필요한 경우에는 (b), (c), (e), (f)와 같이 지시한다.

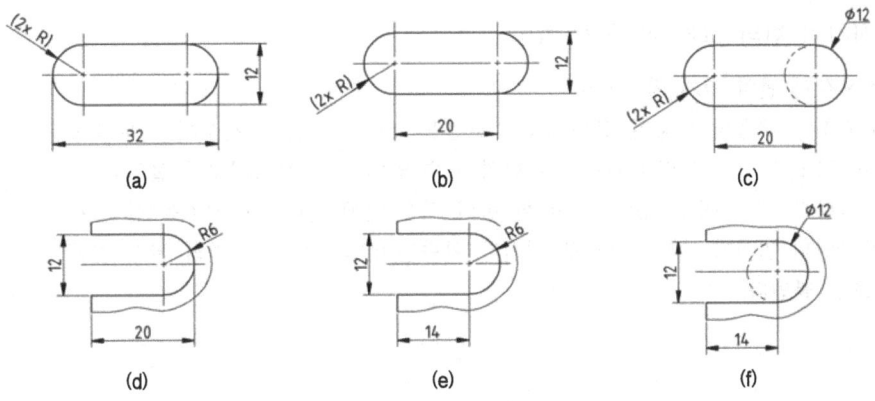

[그림 3-44] 홈의 반지름 치수 지시

(아) 반지름 생김새가 서로 가까이 있는 경우에는 그림3-45와 같이 묶어서 지시하며 이때 구석 둥글기 수의 지시는 생략한다.

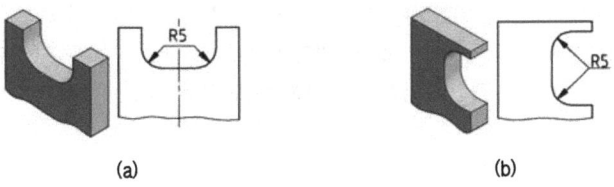

[그림 3-45] 반지름 치수의 동시지시

3. 구의 지름과 구의 반지름치수 지시

구의 지름, 반지름치수를 지시할 때는 그림 3-46과 같이 치수 앞에 구의 지름기호인 'SØ' 나 구의 반지름 기호인 'SR' 보조기호를 붙인다.

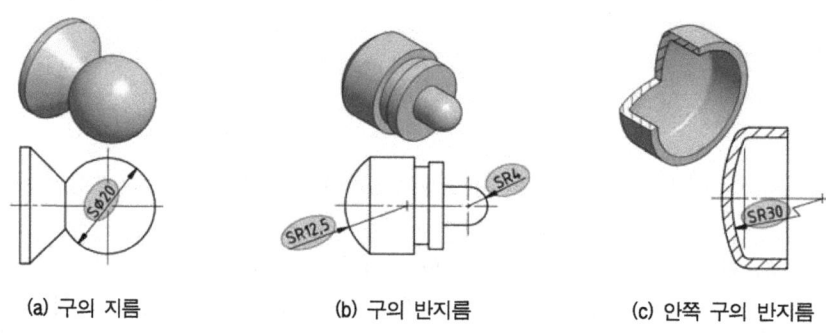

(a) 구의 지름   (b) 구의 반지름   (c) 안쪽 구의 반지름

[그림 3-46] 구의 지름과 반지름 치수 지시

4. 정사각형 변의 크기 및 두께 치수

(1) 정사각형 변의 크기 치수지시

(가) 원형인 제품의 모양이 정사각형의 모양을 포함하고 있는 경우에는 투상도를 따로 그리지 않고 그림 3-47의 (a)와 같이 변의 치수 앞에 '□' 보조기호를 붙인다.
(나) 정사각형의 치수는 (b)와 같이 한 변의 치수 앞에 '□' 보조기호를 붙인다.
(다) 구멍의 위치가 정사각형으로 배치된 치수는 (c)와 같이 한 변의 치수 앞에 '□' 보조기호를 붙인다.

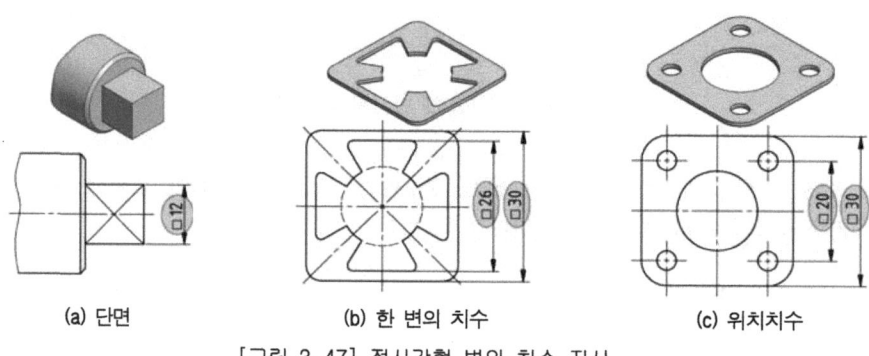

(a) 단면   (b) 한 변의 치수   (c) 위치치수

[그림 3-47] 정사각형 변의 치수 지시

(2) 두께 치수지시

그림 3-48과 같이 치수 앞에 't=' 보조기호를 붙이고 투상도 밖으로 인출하여 지시한다.

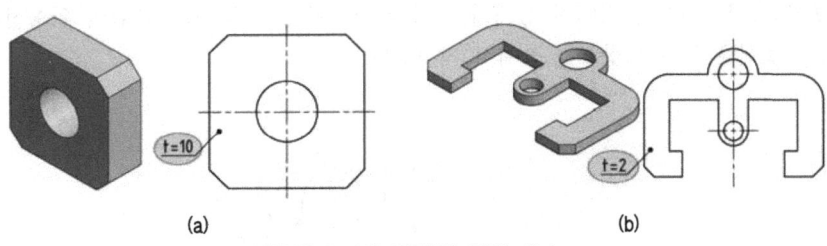

[그림 3-48] 판재의 두께 치수

5. 현 및 원호와 곡선 치수지시

(1) 현의 길이 치수지시

현의 길이치수는 원칙적으로 그림3-49의 (a)와 같이 측정할 방향으로 현의 직각에 치수 보조선을 긋고 현에 평행한 치수선을 그어 치수를 지시한다.

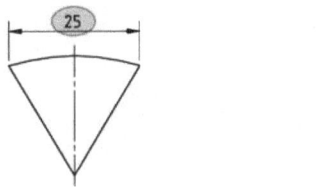

[그림 3-49] 현의 길이치수

(2) 원호의 길이 치수지시

(가) 원호의 길이치수 지시에서 그림 3-50의 (a)와 같이 각도가 클 때나 (b)와 같이 연속적으로 지시할 때는 원호의 중심에서 그어진 치수 보조선에 치수선을 맞춘다.

(나) 원호와 같은 중심의 원호로 치수선을 그어서 치수 앞에 '⌒' 보조기호를 붙인다.

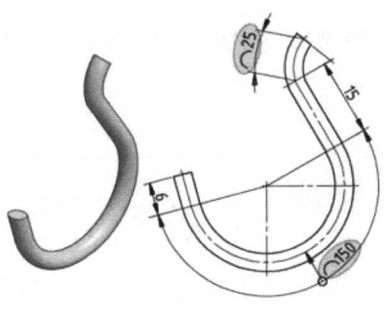
(a) 외형길이

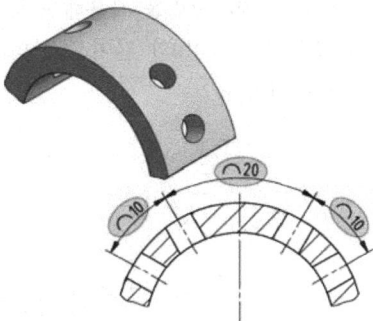
(b) 위치거리

[그림 3-50] 원호의 길이치수

(다) 판재를 구부리거나 접어진 상태에 지시할 경우에는 그림 3-51과 같이 외형선에 인접한 가는 실선을 긋고 화살표를 붙여서 지시한다.

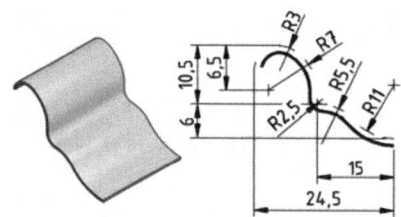

[그림 3-51] 구부러진 판재의 원호치수

(3) 중심을 가진 원호 치수지시

그림 3-52와 같이 원호의 반지름과 그 중심 또는 원호와의 접선 위치까지의 크기를 지시한다.

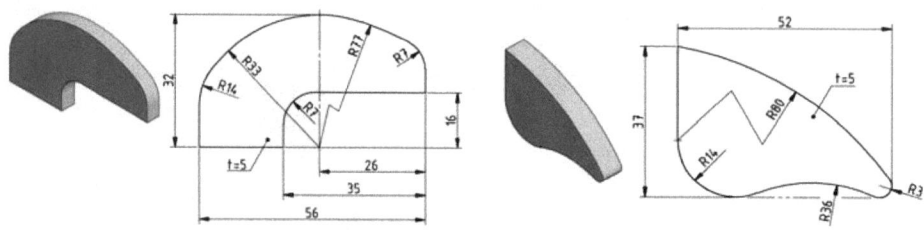

(a) 중심의 위치와 곡선치수   (b) 접선 원호의 곡선치수

[그림 3-52] 원호로 구성된 곡선의 치수 지시

(4) 중심을 가지지 않은 부분 치수지시

(가) 원호로 구성된 곡선도 필요에 따라 그림 3-53의 (a)와 같이 원호로 구성되지 않은 곡선의 치수 지시방법을 사용해도 좋다.

(나) 그림 3-53의 (b)와 같이 곡선의 임의의 점 위치를 기점기호로 표시하고 좌·우로 치수를 지시한다.

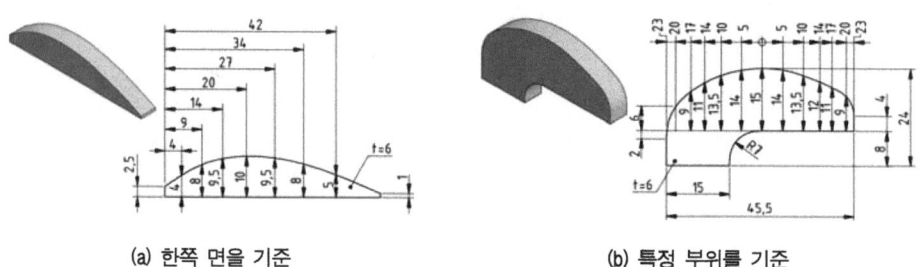

(a) 한쪽 면을 기준   (b) 특정 부위를 기준

[그림 3-53] 원호로 구성되지 않은 곡선의 치수 지시

6. 구멍의 치수 지시

(1) 여러 개의 같은 구멍치수

(가) 1개의 투상도에서 나사, 핀, 리벳 등의 구멍이 여러 개일 경우에는 그림 3-54와 같이 구멍의 총 수 다음에 '×'를 표시하고 한 칸을 띄어서 치수를 지시한다.

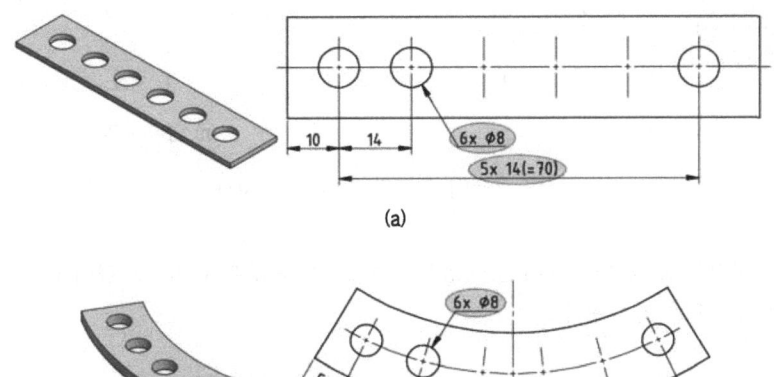

[그림 3-54] 여러 개의 같은 구멍 수의 지시

(나) 같은 크기의 구멍이 여러 개일 때는 그림 3-55와 같이 피치의 총 수 다음에 '×' 기호를 표시하고 한 칸을 띄어서 1개의 피치 치수를 지시하고 괄호 안에 '=' 기호와 피치를 모두 합한 치수를 지시한다.

(다) 양쪽 플랜지, 관이음, 밸브의 몸통, 콕 등과 같이 한쪽 면에 지시된 구멍의 총 수는 그림 3-55와 같이 지시하며 다른 면에는 동일한 치수임을 주서로 지시할 수 있다.

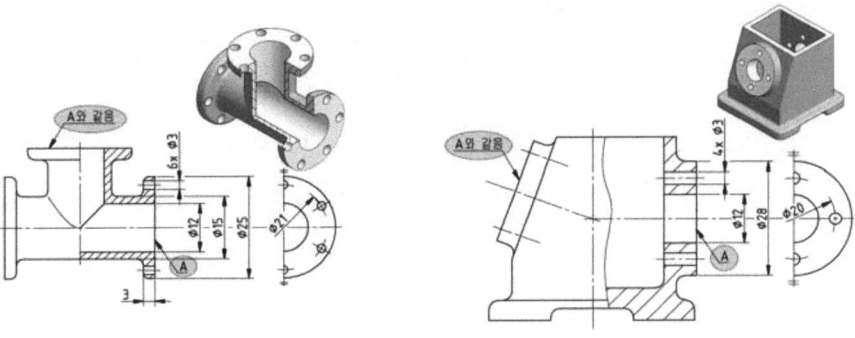

(a) T자형 관의 플랜지 면 (b) 하우징(housing)의 플랜지

[그림 3-55] 플랜지 면의 구멍치수 지시

(2) 구멍의 깊이 치수지시

(가) 원으로 그려져 있는 투상도에 구멍의 깊이 치수를 지시할 때는 그림 3-56과 같이 구멍의 크기 치수 다음에 '↧'를 붙이고 깊이 치수를 지시한다.

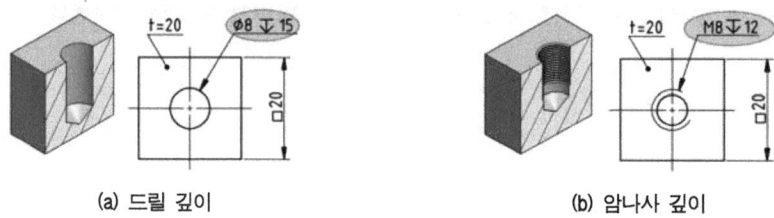

(a) 드릴 깊이　　　　　　　　　(b) 암나사 깊이

[그림 3-56] 구멍의 깊이 치수 지시

(나) 관통 구멍이 원형으로 표시된 투상도에는 그림 3-57과 같이 그 깊이를 지시하지 않으면 '관통'으로 해석된다.

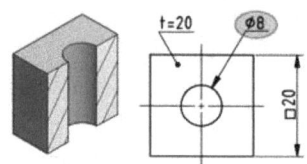

[그림 3-2-57] 관통 구멍의 지시

(다) 구멍 깊이는 그림 3-58의 'H'로 표시한 것과 같이 드릴 끝의 원추 부, 리머 끝의 모따기를 포함하지 않는 원통 부의 깊이를 말한다.

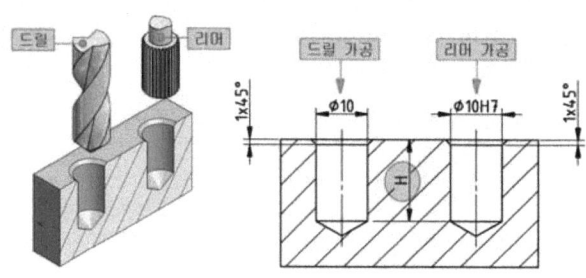

[그림 3-58] 드릴과 리머의 깊이 한계

(3) 자리파기의 구멍 치수지시

볼트, 너트, 와셔 등과 같이 반제품에서 흑피를 깎는 정도의 자리파기는 그림 3-59와 같이 드릴지름 치수 앞에 '⌴' 보조기호를 표시하고 그 깊이는 지시하지 않는다.

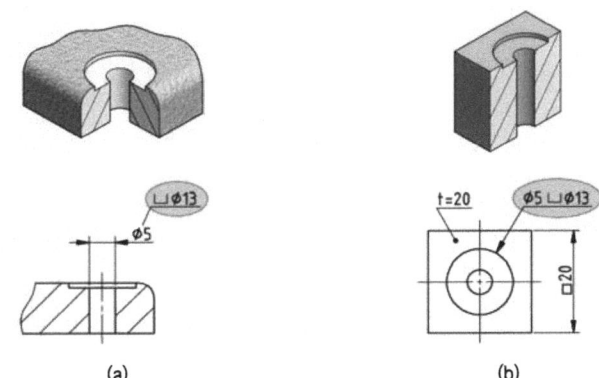

[그림 3-59] 자리 파기 구멍치수 지시

(4) 볼트 머리 등을 잠기게 하는 구멍치수

(가) 단면도에서 자리파기 쪽 면으로부터 치수를 지시할 때는 그림 3-60의 (a), 반대쪽으로부터 지시할 때는 (b)와 같이 지시한다.

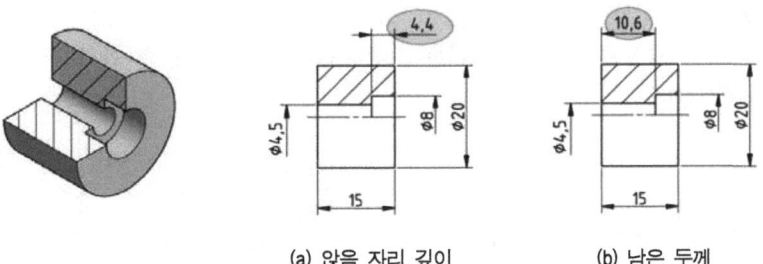

(a) 앉음 자리 깊이   (b) 남은 두께

[그림 3-60] 깊은 자리 파기 구멍치수 지시

(나) 구멍의 원형이 표시된 투상도에 지시할 때는 그림 3-61과 같이 지시한다.

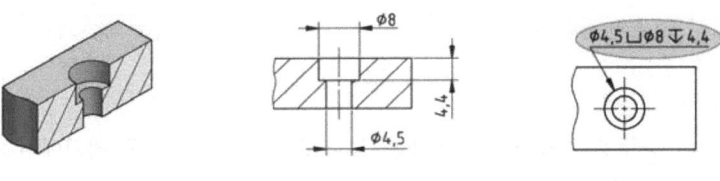

(a) 단면부에 지시   (b) 간략지시

[그림 3-61] 6각 구멍붙이 볼트 구멍치수 지시

(다) 접시머리 볼트 등의 머리가 잠기게 하는 구멍은 그림 3-62와 같이 지시한다.

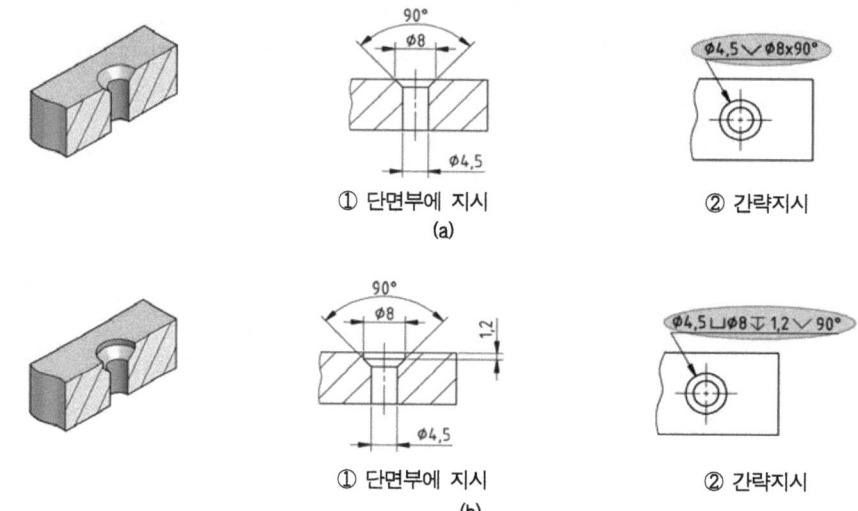

[그림 3-62] 접시머리 볼트 구멍의 치수 지시

7. 키 홈 치수지시

(1) 축의 키 홈

(가) 축 끝까지 가공된 키 홈의 깊이는 그림3-63의 (a)와 같이 축 안의 키 홈 깊이는 (b)와 같이 지시한다.

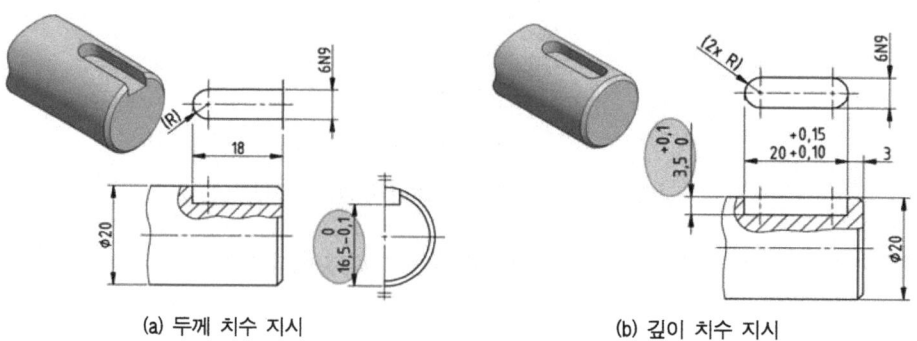

[그림 3-63] 축의 키 홈치수 지시

(나) 밀링 커터 공구로 가공하는 경우에는 그림 3-64와 같이 기준 위치에서 공구의 중심까지의 거리와 공구의 지름치수를 지시한다.

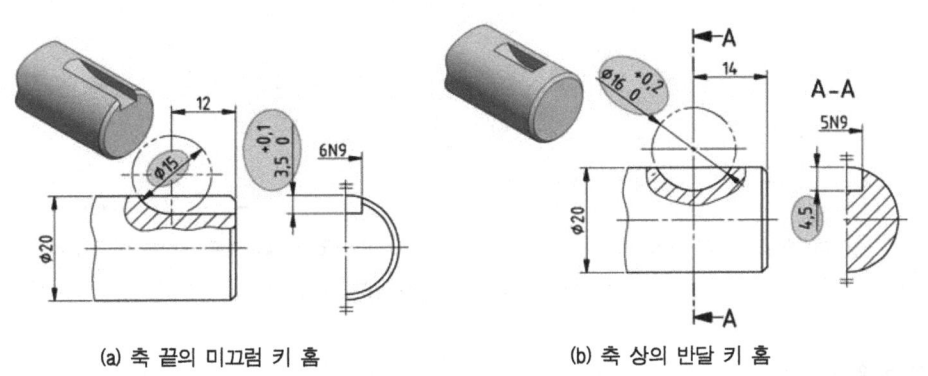

(a) 축 끝의 미끄럼 키 홈   (b) 축 상의 반달 키 홈

[그림 3-64] 공구 중심 거리와 지름 치수 지시

(2) 구멍의 키 홈 치수

(가) 구멍의 키 홈은 그림 3-65와 같이 나비 깊이 치수를 지시한다.

(나) 키 홈 치수는 (a)와 같이 키 홈의 반대쪽 구멍의 지름 면으로부터 키 홈의 면까지를 지시한다.

(다) 키 홈 가공이 된 쪽 면으로부터 키 홈의 깊이를 지시하고자 할 때는 (b)와 같이 지시한다.

(라) 경사 키 홈 치수는 (c)와 같이 구멍의 지름 면으로부터 먼 쪽의 키 홈 면까지의 치수를 키 홈이 깊은 쪽으로 지시한다.

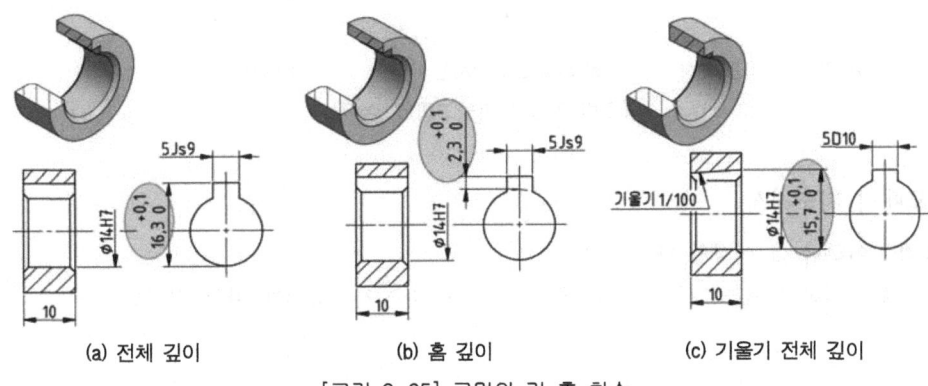

(a) 전체 깊이   (b) 홈 깊이   (c) 기울기 전체 깊이

[그림 3-65] 구멍의 키 홈 치수

8. 테이퍼와 기울기 치수지시

(1) 테이퍼 치수

테이퍼 치수는 그림 3-66의 (a)와 같이 중심선 위에 지시하나 기울기 크기와 방향을 별도로 지시할 때 그림 (b)와 같이 인출선을 사용해 지시한다.

[그림 3-66] 테이퍼의 치수 지시

(2) 기울기 치수
(가) 원칙적으로 기울어진 면의 위로 약간 띄어서 그림 3-67의 (a)와 같이 지시한다.
(나) 특별한 경우에는 (b)와 같이 화살표를 붙인 지시선이나 (c)와 같이 대상 면 지시기호를 사용해서 밖으로 이끌어 내어 지시할 수 있다.

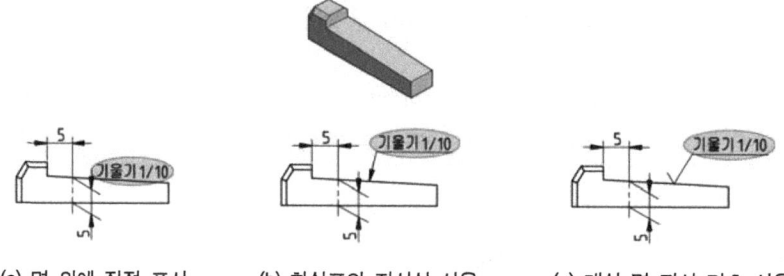

[그림 3-67] 기울기의 치수 지시

9. 모떼기 치수지시
(1) 45° 이하나 그 이상일 때
(가) 45° 이하일 때는 그림 3-68과 같이 보통의 치수 지시방법에 따라 지시한다.

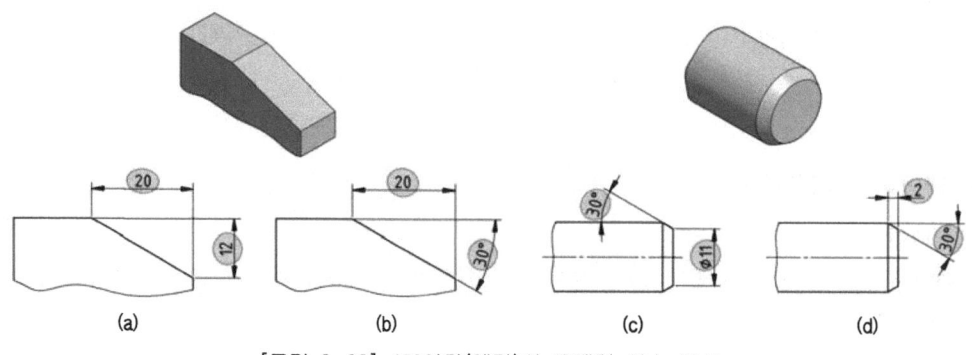

[그림 3-68] 45°이하(예각)의 모떼기 치수 지시

(나) 45° 이상일 때는 그림 3-69와 같이 작도에 필요한 교차선으로부터 치수를 지시한다.

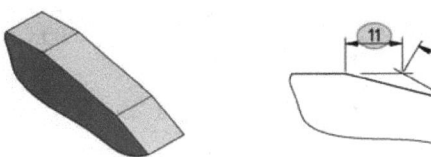

[그림 3-69] 45° (둔각) 이상의 모떼기 치수 지시

(2) 45° 일 때
(가) 축의 모떼기 치수는 그림 3-70과 같이 지시한다.

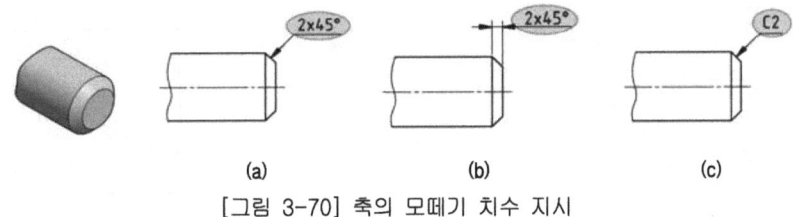

[그림 3-70] 축의 모떼기 치수 지시

(나) 구멍의 모떼기 치수는 그림 3-71과 같이 지시한다.

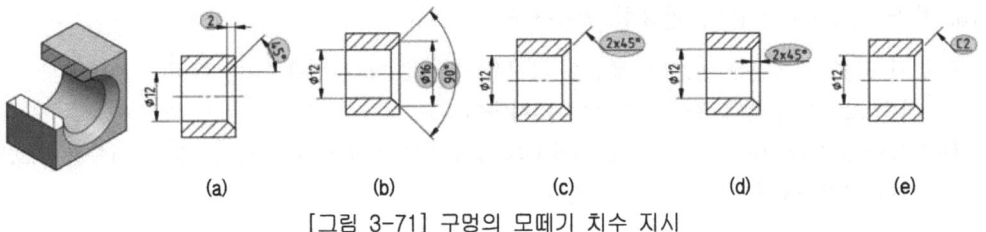

[그림 3-71] 구멍의 모떼기 치수 지시

(다) 축이나 구멍의 모떼기에 있어서 투상도로 나타낼 수 없을 정도로 작은 모떼기는 그림 3-72와 같이 지시한다.

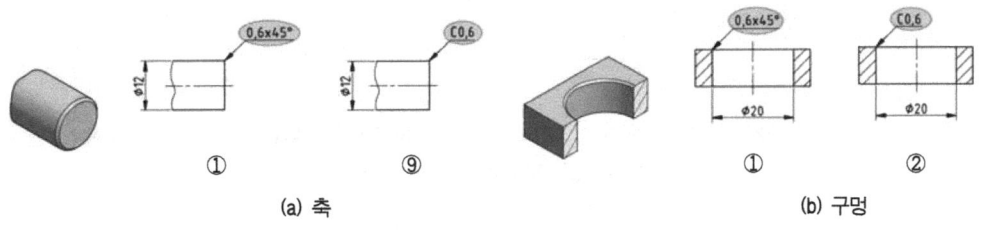

(a) 축 (b) 구멍

[그림 3-72] 아주 작은 모떼기 치수 지시

(라) 큰 모떼기는 그림 3-73과 같이 지시한다.

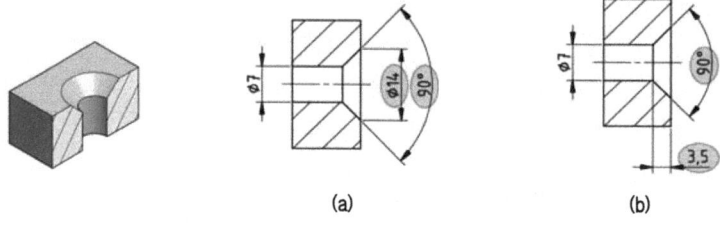

[그림 3-73] 큰 모떼기 치수 지시

(마) 모떼기가 90°를 포함한 경우에는 그림 3-74와 같이 단순화하여 지시한다.

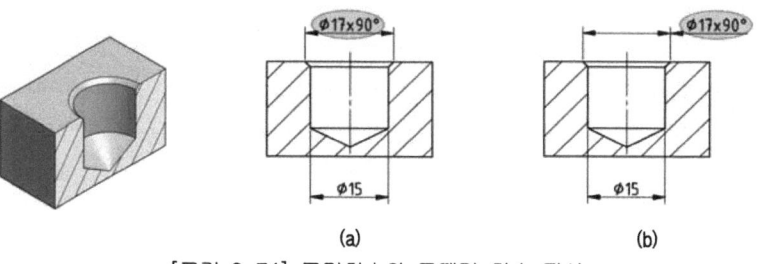

[그림 3-74] 구멍치수와 모떼기 치수 지시

10. 가공 및 조립 기준에 필요한 치수지시

(가) 가공 또는 조립에 필요한 치수를 지시할 때는 그림 3-75의 (a)와 같이 기준면에서 그은 치수 보조선의 양쪽으로 구분하여 지시한다.

(나) 그림 3-75의 (b)와 같이 한쪽 단면도의 경우에는 겉모양 치수와 안 모양 치수를 가공하기에 편리하도록 구분하여 지시한다.

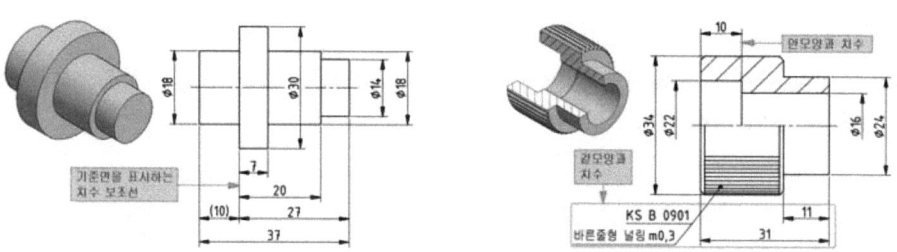

(a) 지름치수 좌우 분리 (b) 안지름과 바깥지름 치수의 상·하 분리

[그림 3-75] 가공이 편리한 치수 지시

(다) 특별히 어느 곳을 강조하고 싶을 때는 그림 3-76의 '조립 기준면'과 같이 그 내용을 지시하고 이를 기준으로 하여 치수를 지시한다.

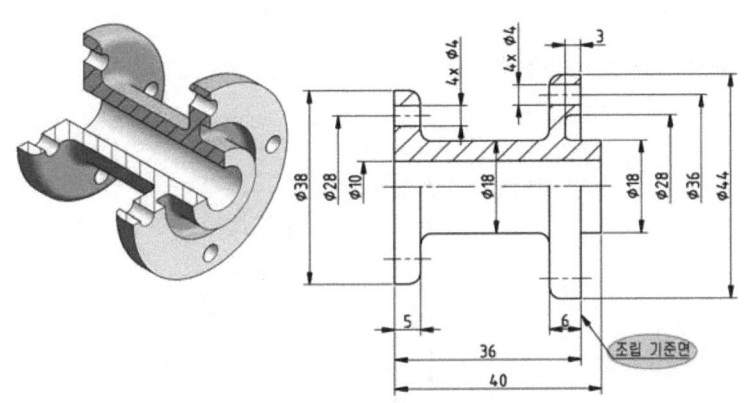

[그림 3-76] 특별히 강조한 내용과 치수 지시

(라) 공정이 다른 경우에는 그림 3-77과 같이 좌·우, 상·하, 안쪽과 바깥쪽으로 구분해서 지시하여 알아보기 쉽도록 한다.

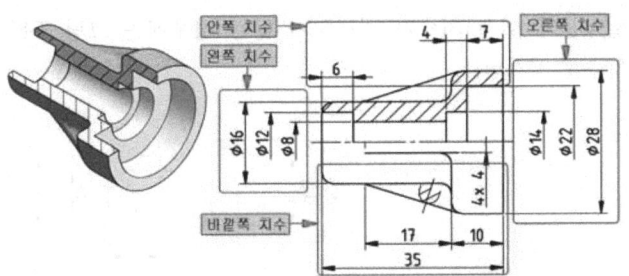

[그림 3-77] 안팎과 좌우를 구분한 치수 지시

11. 펼친 길이 치수지시

(1) 선이나 봉의 펼친 길이

선이나 봉의 펼친 길이는 그림 3-78과 같이 지시한다.

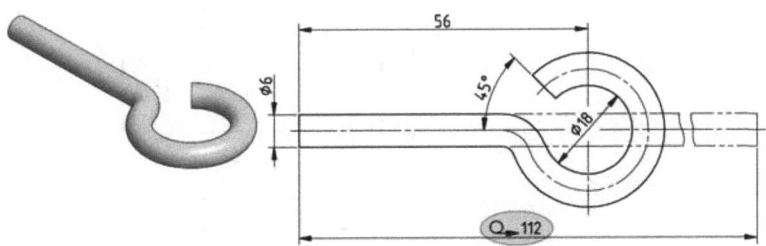

[그림 3-78] 선, 봉의 펼친 길이치수 지시

(2) 판의 펼친 길이
판의 펼친 길이는 그림 3-79와 같이 지시한다.

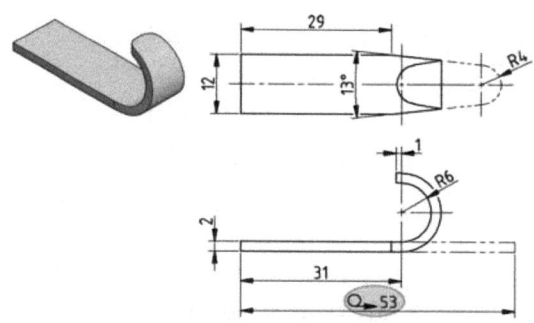

[그림 3-79] 판의 펼친 길이치수 지시

12. 치수 변경(수정)
(1) 투상도와 비례하지 않는 치수
(가) 투상도의 일부분과 실제 치수가 비례하지 않는 경우에는 그림 3-80과 같이 치수 밑에 선을 긋고 치수를 지시한다.

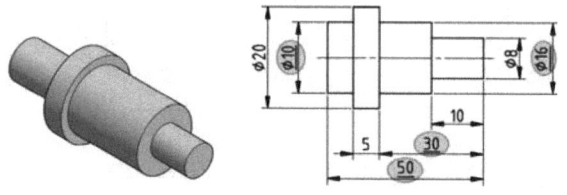

[그림 3-80] 투상도의 실제 크기가 아닌 치수 지시

(나) 출도 후에 변경할 경우에는 그림 3-81과 같이 치수에 가로선을 그은 다음 그 옆에 변경된 치수를 지시한다. 이 때 변경한 가까운 곳에 변경 그림기호를 지시하고 이유, 이름, 년·월·일을 표시한다.

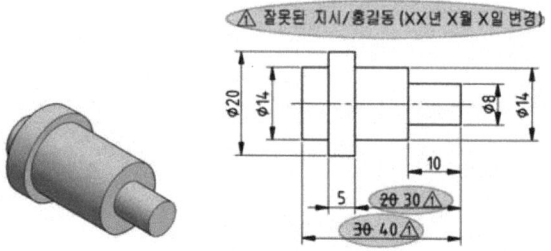

[그림 3-81] 출도가 된 후의 치수변경

단원명 3 치수 지시하기

단원명 3 ｜ 교수방법 및 학습활동

교수 방법

- 치수지시는 컴퓨터에 설치된 CAD 프로그램 사용 매뉴얼에 대해 PPT로 설명 및 시연한 후 학습자가 각각 따라서 실습 보고서(도면)를 작성하도록 한다.
- 치수지시 요소는 ISO 및 KS규격을 PPT로 설명 및 시연한 후 학습자 각각 따라서 실습 보고서(도면)를 작성하도록 한다.
- 치수 지시하기 실습에서 정 투상도, 단면도 등을 설명하고 각각 따라서 실습 보고서(도면)를 작성하도록 한다.
- 실습 보고서(도면) 작성 학습활동이 끝나면 오류사항에 대한 수정 보고서(도면)를 작성하도록 한다.

학습 활동

- 컴퓨터에 설치된 CAD 프로그램 특성을 파악한 후 설명 및 시연에 따라 각자 학습활동을 한 후 출력 결과물(도면)을 조별로 검토하여 오류부분을 발표한다.
- 선의 굵기에 따른 색상지정이 올바르게 되었는지를 출력 결과물(도면)을 검토하여 학습자 스스로 발표한다.
- 올바른 절단면 설치가 되었는지 출력 결과물(도면)을 조별로 검토하여 조별로 검토된 오류부분 내용을 발표한다.
- 주어진 요구사항에 의해 도면의 양식을 마련하고 특정한 부분의 양식 내용에 대한 출력 결과물(도면)을 조별로 검토하여 내용을 발표한다.

2D 도면작성

단원명 3 | 평가

평가 시점

- 캐드 매뉴얼 사용에 대한 이해도는 교육 중 확인한다.
- 정 투상도와 단면도 제도하기, 치수 지시하기, 도면양식 마련하기는 실습 후 각각 평가한다.

평가 준거

평가자는 피평가자가 수행준거 및 평가내용에 제시되어 있는 내용을 성공적으로 수행할 수 있는지를 평가해야 한다. 평가자는 다음 사항을 평가해야 한다.

평가영역	평가항목	성취수준				
		매우 미흡	미흡	보통	잘함	매우 잘함
치수지시의 요소	치수의 개념을 이해하고 설명할 수 있다.					
	치수지시의 기본원칙을 이해하고 설명할 수 있다.					
	치수지시의 요소 종류를 이해하고 설명할 수 있다.					
	치수지시 보조기호의 종류를 이해하고 도면작성에 지시할 수 있다.					
치수지시방법	치수지시의 배열방법 종류를 이해하고 도면작성을 할 수 있다.					
	지름과 반지름치수, 구의 지름과 구의 반지름치수, 현과 호의 치수지시 방법에 대해 이해하고 지시할 수 있다.					
	여러 개의 구멍치수나 깊이치수, 자리파기 치수 지시방법을 이해하고 지시할 수 있다.					
	키 홈 치수, 테이퍼 및 기울기치수, 펼친 길이치수 지시방법을 이해하고 지시할 수 있다.					

단원명 3 치수 지시하기

평가 방법

평가영역	평가항목	평가방법
치수지시의 요소	치수의 개념을 이해하고 설명할 수 있다.	실습실 평가
	치수지시의 기본원칙을 이해하고 설명할 수 있다.	
	치수지시의 요소 종류를 이해하고 설명할 수 있다.	
	치수지시 보조기호의 종류를 이해하고 도면작성에 지시할 수 있다.	
치수지시방법	치수지시의 배열방법 종류를 이해하고 도면작성을 할 수 있다.	실습실 평가
	지름과 반지름치수, 구의 지름과 구의 반지름치수, 현과 호의 치수지시 방법에 대해 이해하고 지시할 수 있다.	
	여러 개의 구멍치수나 깊이치수, 자리파기 치수지시방법을 이해하고 지시할 수 있다.	
	키 홈 치수, 테이퍼 및 기울기치수, 펼친 길이치수 지시 방법을 이해하고 지시할 수 있다.	

단원 평가

① 아래에 주어진 과제는 연결 판(Link plate)이다. 제3각법에 의해 1:1의 척도로 A3용지에 투상을 하고 치수를 지시하시오. 등각 투상도에 지시가 없는 구석과 모서리의 라운드는 R2이다.

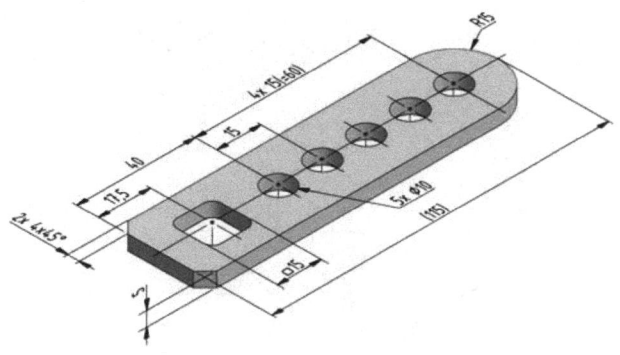

135

2D 도면작성

② 아래에 주어진 과제는 원심 링크(Centrifugal link)이다. 제3각법에 의해 1:1의 척도로 A3용지에 투상을 하고 치수를 지시하시오. 등각 투상도에 지시가 없는 구석과 모서리의 라운드는 R2이다.

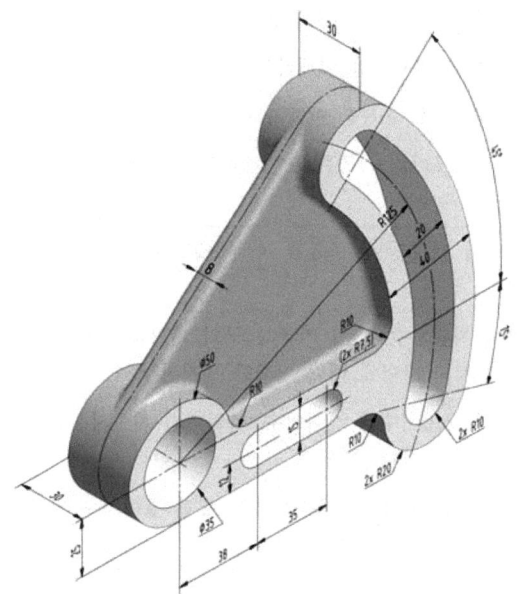

③ 아래에 주어진 과제는 커버(Cover)이다. 제3각법에 의해 1:1의 척도로 A3용지에 필요한 단면을 하여 투상을 하고 치수를 지시하시오. 등각 투상도에 지시가 없는 구석과 모서리의 라운드는 R2이다.

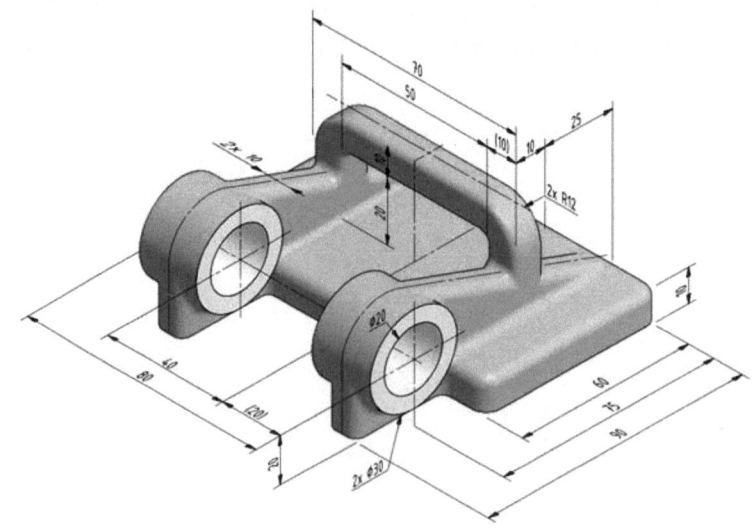

④ 아래에 주어진 과제는 베어링 블록(Bearing Block)이다. 제3각 방법에 의해 1:1의 척도로 A3 용지에 투상하고 치수 지시를 하시오. 등각 투상도에 지시가 없는 구석과 모서리의 라운드는 R3, 도시되고 지시없는 모떼기는 1x45° 이다.

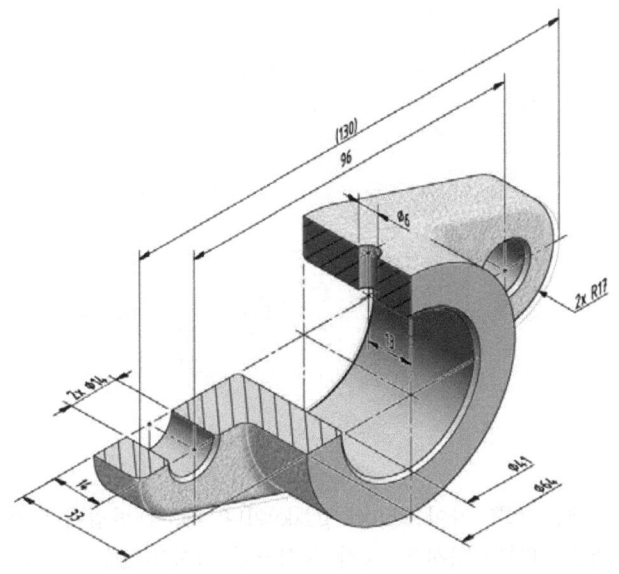

⑤ 아래에 주어진 과제는 소켓 베어링(Socket Bearing)이다. 제3각 방법에 의해 1:1의 척도로 A3 용지에 투상하고 치수 지시를 하시오. 등각 투상도에 지시가 없는 구석과 모서리의 라운드는 R2, 도시되고 지시없는 모떼기는 1x45° 이다.

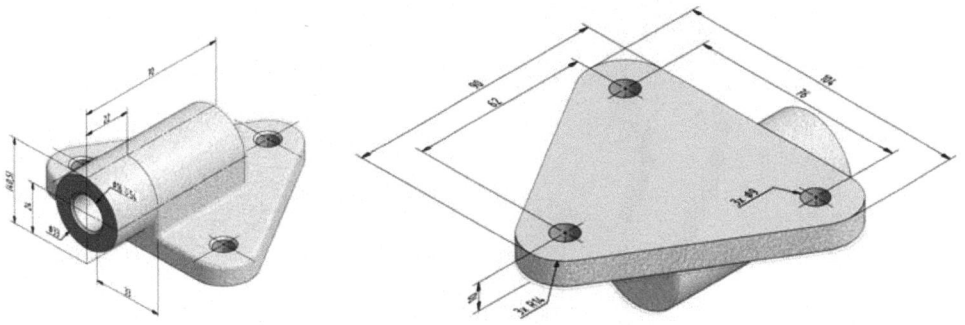

⑥ 아래에 주어진 과제는 트럭 휠(Truck wheel)이다. 제3각 방법에 의해 1:1의 척도로 A3용지에 투상하고 치수 지시를 하시오. 등각 투상도에 지시가 없는 구석과 모서리의 라운드는 R3, 도시되고 지시없는 모떼기는 1x45° 이다.

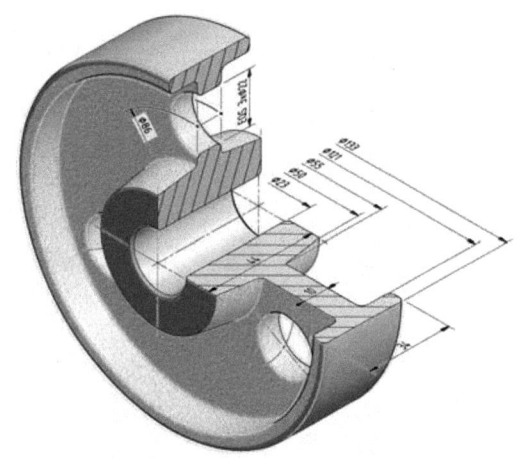

⑦ 아래에 주어진 과제는 스톡 가이드(Stock guide)이다. 제3각 방법에 의해 1:1의 척도로 A3용지에 투상하고 치수 지시를 하시오. 등각 투상도에 지시가 없는 구석과 모서리의 라운드는 R3, 도시되고 지시없는 모떼기는 1x45° 이다.

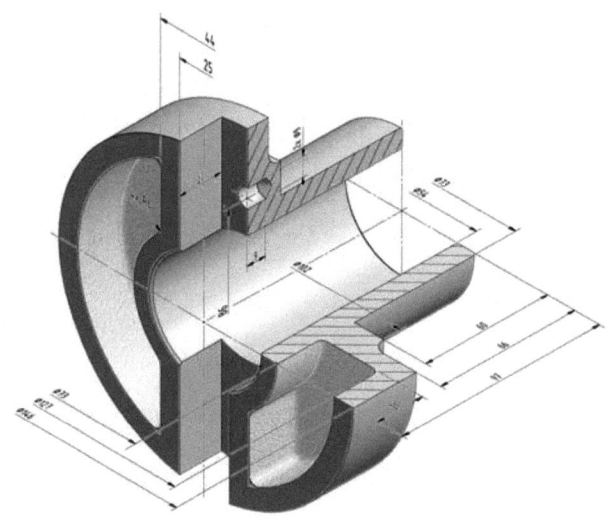

단원명 3 치수 지시하기

장비 및 도구, 소요재료

1. 장비 및 공구

   컴퓨터, CAD 프로그램, 복사기, 프린터 또는 플로터

2. 소요재료
   - 소요 재료명 : A4용지, A3용지
   - 준비물 : 원형판, 삼각스케일 150mm(또는 눈금자)

안전유의사항

- 컴퓨터 및 주변기기의 조작은 매뉴얼에 따라 실시한다.
- 요구하는 데이터 형식으로 변환할 수 있는 분석적 태도
- 도면 형식에 관한 자료요청 및 수집을 위한 분석적 태도
- 단순화, 균일화, 규격화에 관한 책임감

관련 자료

- CAD 프로그램 매뉴얼, KS데이터 북

2D 도면작성

단원 평가

모범 답안

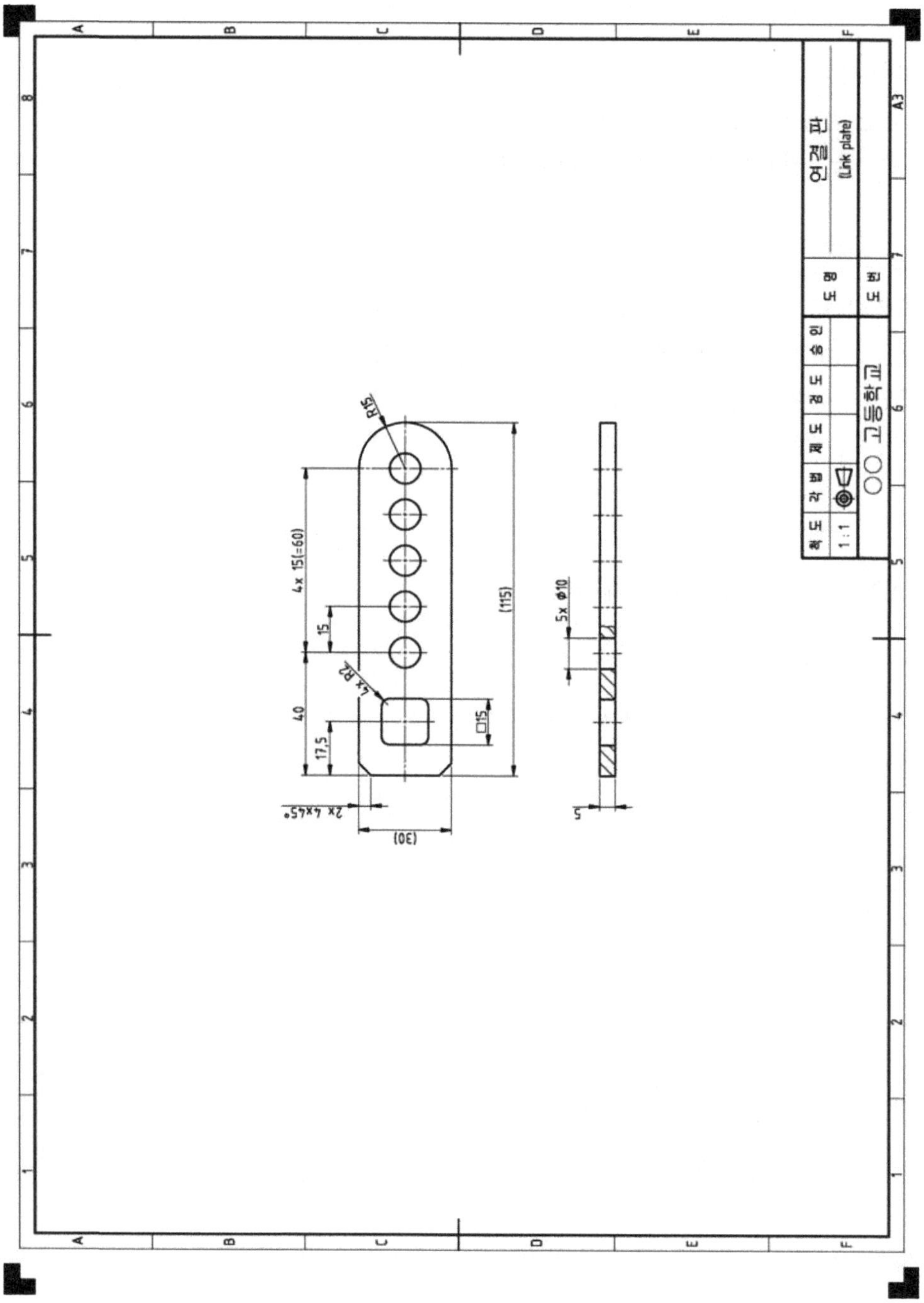

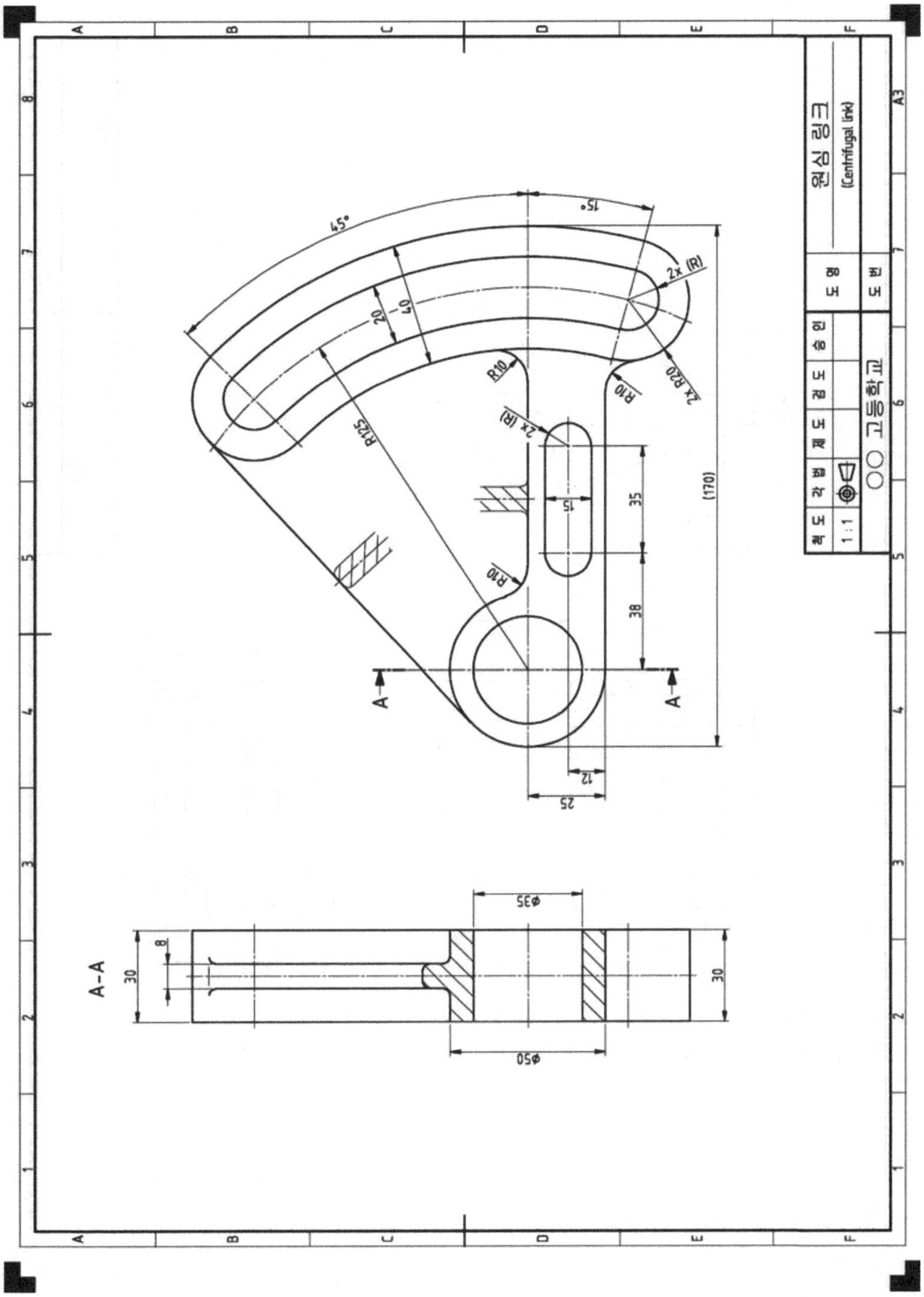

2D 도면작성

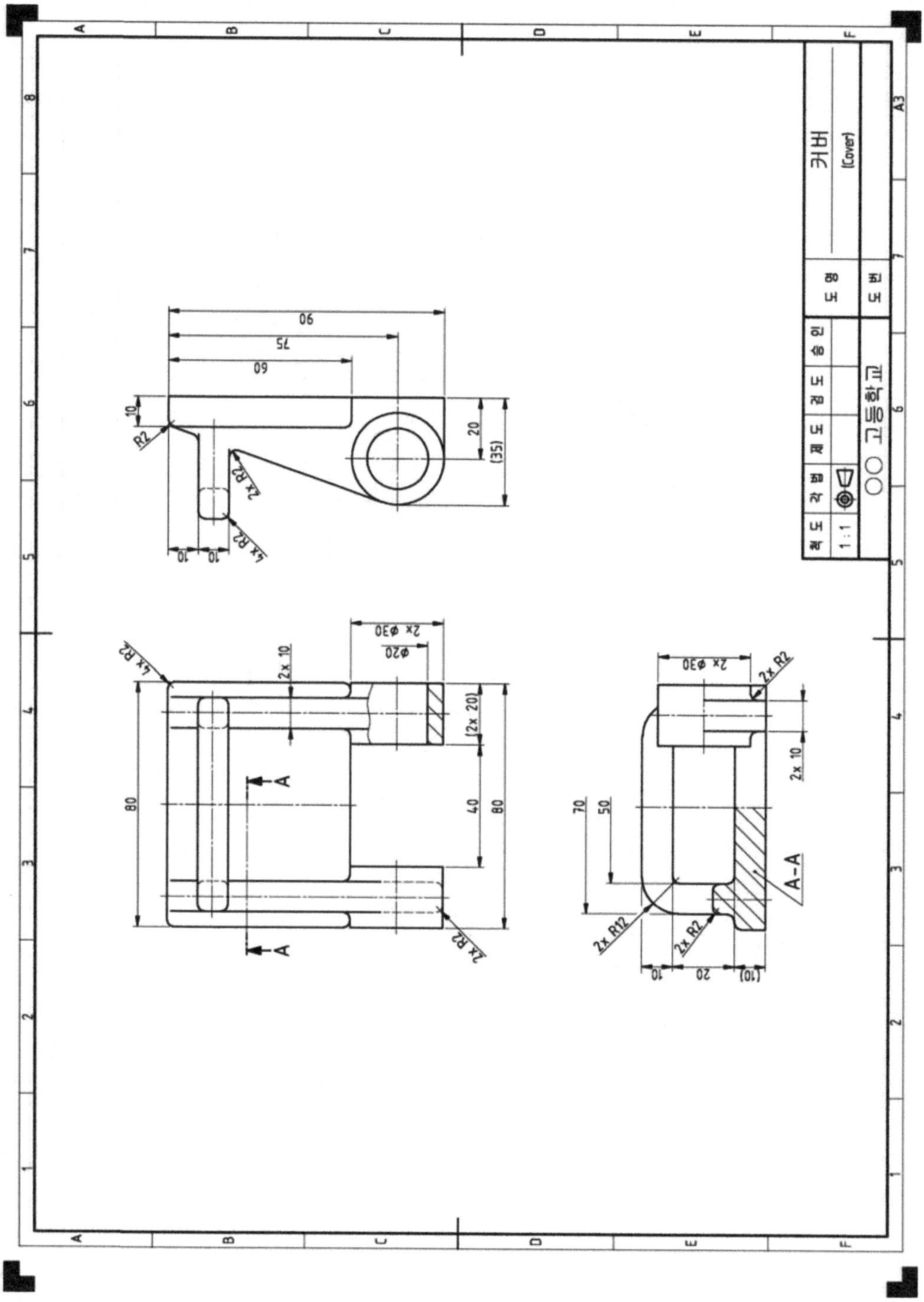

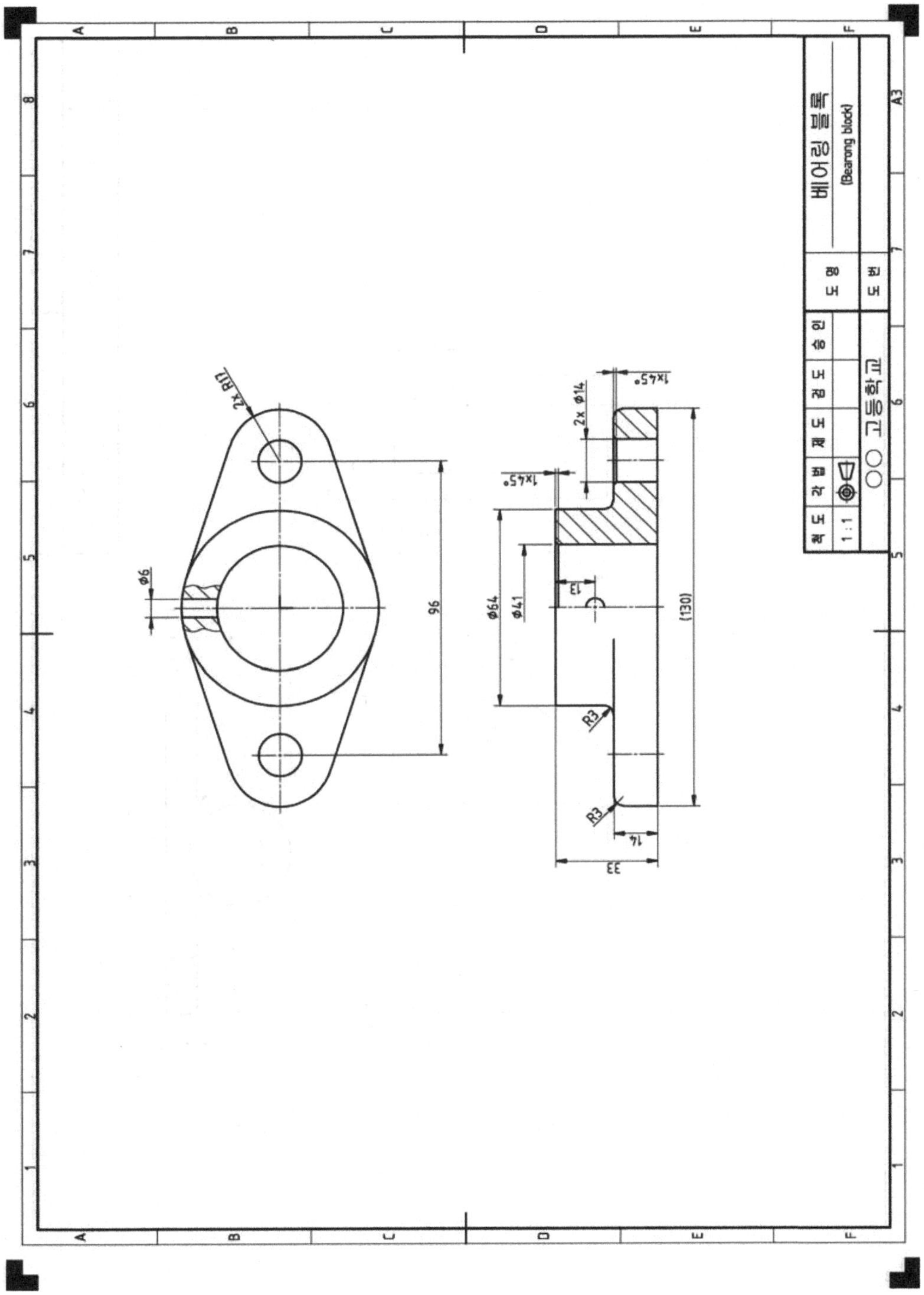

단원명 3 치수 지시하기

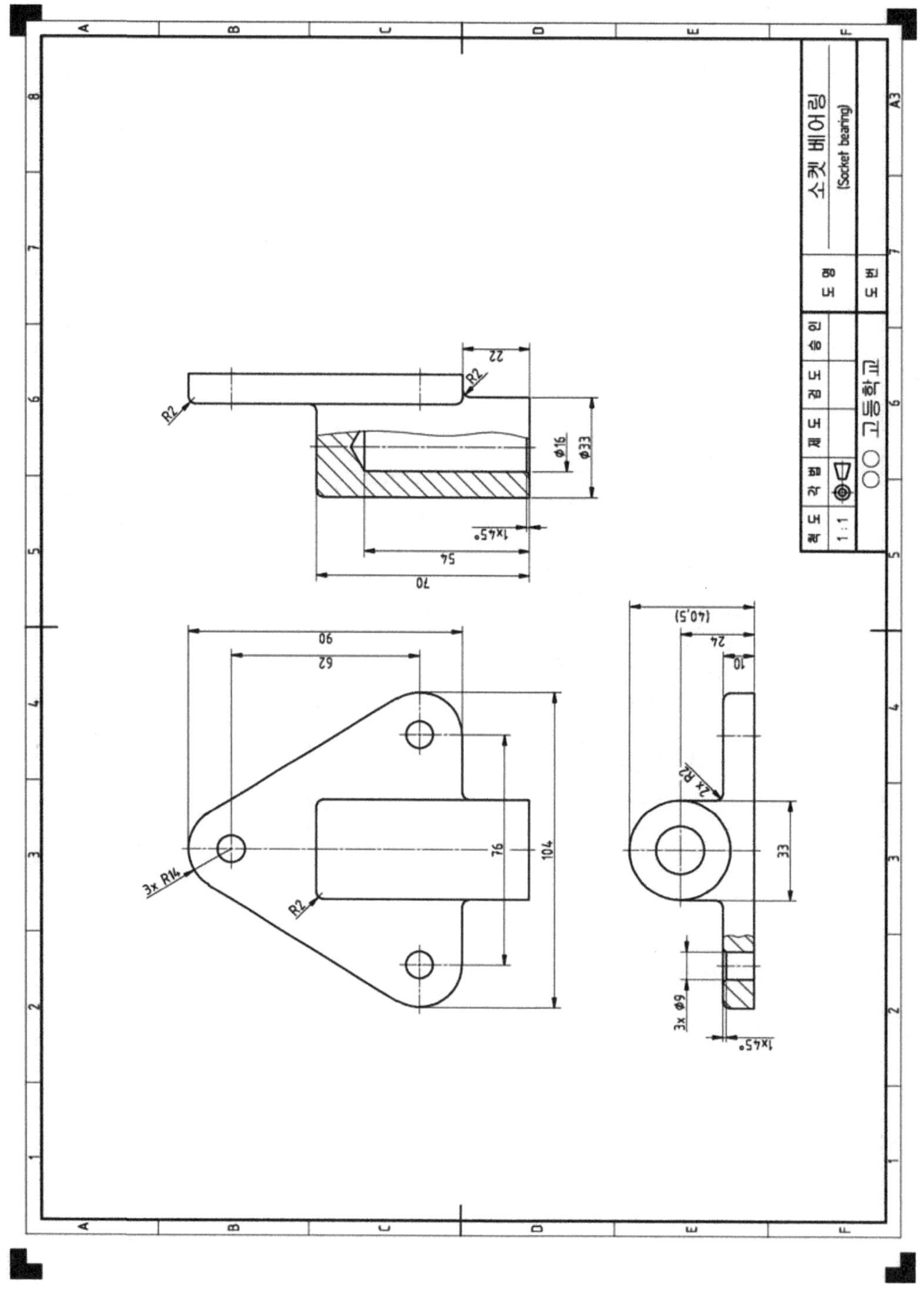

2D 도면작성

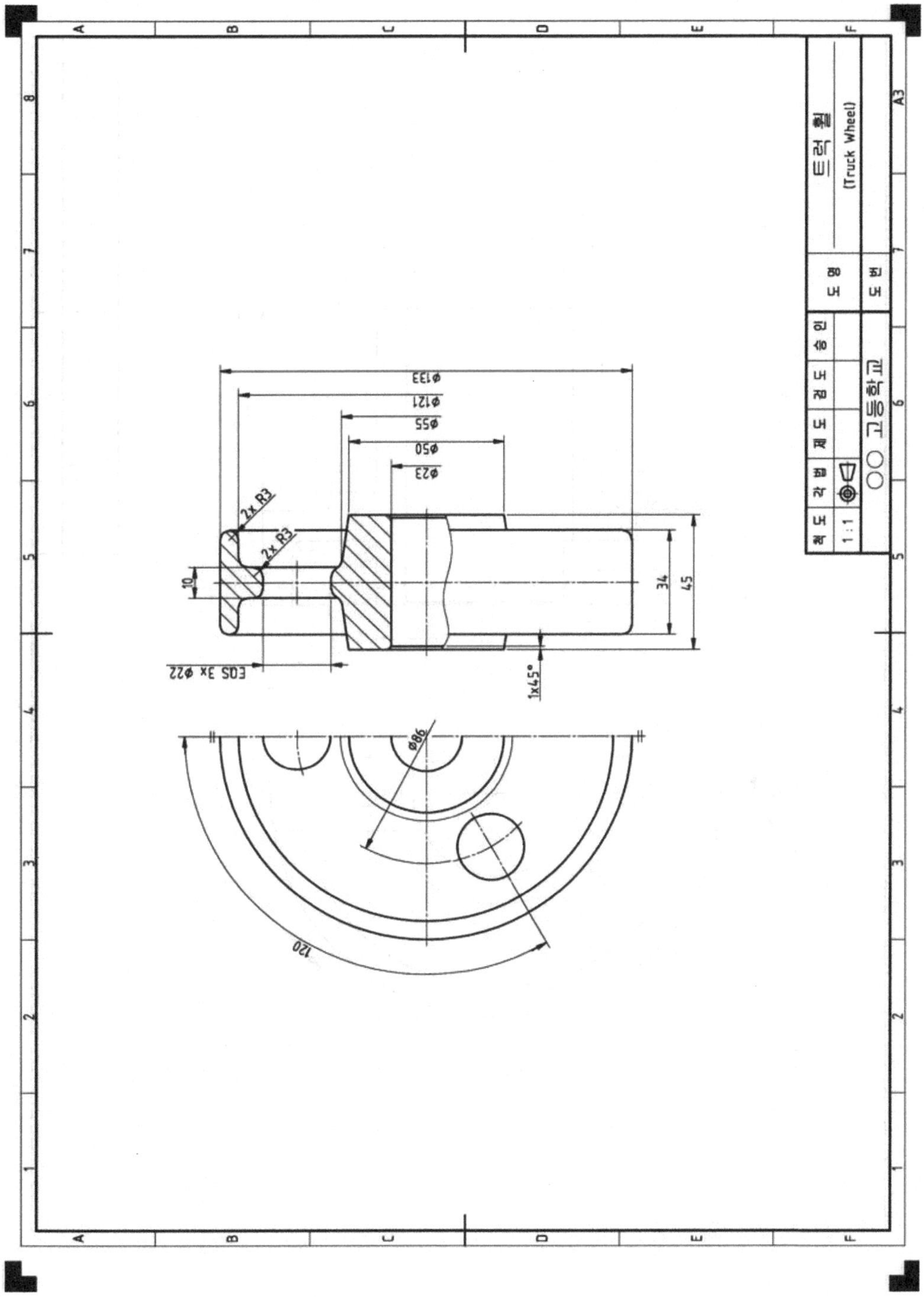

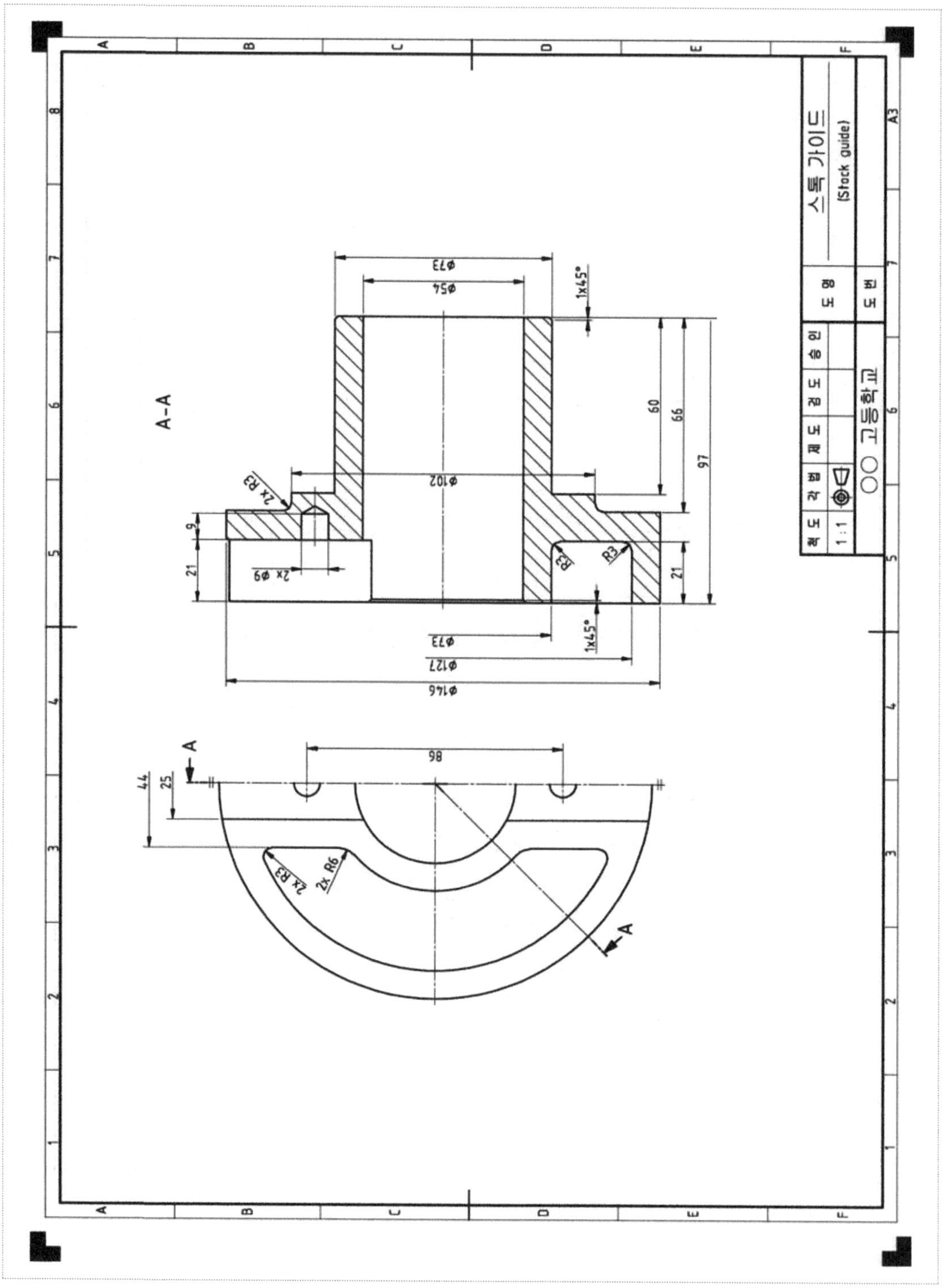

단원명 4 공차, 거칠기, 재료 지시하기

단원명 4   공차, 거칠기, 재료 지시하기 1501020101_14v2.4

4-1   치수공차, 끼워 맞춤 공차 지시하기

교육훈련 목표
- 기준치수의 허용차를 계산하여 가공 정밀도를 파악할 수 있다.
- 표준으로 규정한 표를 찾아서 치수공차를 도면에 지시할 수 있다.
- 부품의 기능과 작동을 파악하여 끼워 맞춤을 결정할 수 있다.
- 끼워 맞춤의 종류를 이해하여 부품의 기능과 작동에 맞는 끼워 맞춤 공차 기호를 지시할 수 있다.
- CAD 도면 작도에 필요한 부가 명령을 설정할 수 있다.

필요 지식   2D캐드 프로그램 환경설정 능력, 2D 드로잉에 관한 기초지식, ISO 및 KS 표준에 관한지식, 치수공차와 끼워 맞춤에 관한 지식

1. 치수공차

부품이 조립되어 원활한 기능을 발휘하도록 지시되는 공차는 공작기계의 정밀도와 생산방법에 따라 측정된 값이 그 기준치수보다 크거나 작게 공차 결과가 나오게 되는데 이것을 치수공차라고 한다.

(1) 제거 가공을 하는 기준치수에 대한 허용차

기계 가공을 하는 모든 기준치수에는 도면의 주서에서 지시하는 정밀도에 따라 표 4-1에서 규정한 값을 적용한다.

<표 4-1> 제거 가공을 하는 길이 치수에 대한 허용차(KS A ISO 2768)

(단위:mm)

공차의 등급		기준치수 구분							
기호	구 분	0.5이상 3이하	3초과 6이하	6초과 30이하	30초과 120이하	120초과 400이하	400초과 1 000이하	1 000초과 2 000이하	2 000초과 4 000이하
		허 용 차(±)							
f	정밀 급	0.05	0.05	0.10	0.15	0.2	0.3	0.5	―
m	보통 급	0.10	0.10	0.20	0.30	0.5	0.8	1.2	2.0
c	거친 급	0.20	0.30	0.50	0.80	1.2	2.0	3.0	4.0
v	아주 거친 급	―	0.50	1.00	1.50	2.5	4.0	6.0	8.0

(2) 주조품의 기준치수에 대한 허용차

주조에 의해 생산되는 제품의 기준치수에는 도면의 주서에서 지시하는 정밀도에 따라 표 4-2에서 규정한 값을 적용한다.

<표 4-2> 주조품의 기준치수에 대한 허용차(KS B 0250)

(단위:mm)

기준 치수의 구분		주조 공차등급(CT)															
초과	이하	1	2	3	4	5	6	7	8	9	10	11	12	13	14	15	16
—	10	0.09	0.13	0.18	0.26	0.36	0.52	0.74	1.0	1.5	2.0	2.8	4.2	—	—	—	—
10	16	0.10	0.14	0.2	0.28	0.38	0.54	0.78	1.1	1.6	2.2	3.0	4.4	—	—	—	—
16	25	0.11	0.15	0.22	0.30	0.42	0.58	0.82	1.2	1.7	2.4	3.2	4.6	6.0	8.0	10.0	12.0
25	40	0.12	0.17	0.24	0.32	0.46	0.64	0.90	1.3	1.8	2.6	3.6	5.0	7.0	9.0	11.0	14.0
40	63	0.13	0.18	0.26	0.36	0.50	0.70	1.00	1.4	2.0	2.8	4.0	5.6	8.0	10.0	12.0	16.0
63	100	0.14	0.2	0.28	0.40	0.56	0.78	1.10	1.6	2.2	3.2	4.4	6.0	9.0	11.0	14.0	18.0
100	160	0.15	0.22	0.30	0.44	0.62	0.88	1.20	1.8	2.5	3.6	5.0	7.0	10.0	12.0	16.0	20.0
160	250	-	0.24	0.34	0.50	0.70	1.00	1.40	2.0	2.8	4.0	5.6	8.0	11.0	14.0	18.0	22.0
250	400	-	-	0.40	0.56	0.78	1.10	1.60	2.2	3.2	4.4	6.2	9.0	12.0	16.0	20.0	25.0

(3) IT(International tolerance) 기본공차

기본공차는 치수공차와 끼워 맞춤의 기준치수를 구분하여 공차 값을 적용하는 것으로써 표 4-3과 같이 IT 01급부터 IT 18급까지 20등급으로 구분하고 있다.

<표 4-3> IT 기본공차

구분 등급		IT 01	IT 0	IT 1	IT 2	IT 3	IT 4	IT 5	IT 6	IT 7	IT 8	IT 9	IT 10	IT 11	IT 12	IT 13	IT 14	IT 15	IT 16	IT 17	IT 18
초과	이하	기본공차의 수치(μm)												기본공차의 수치(mm)							
-	3	0.3	0.5	0.8	1.2	2.0	3.0	4.0	6.0	10	14	25	40	60	0.10	0.14	0.26	0.40	0.60	1.00	1.40
3	6	0.4	0.6	1.0	1.5	2.5	4.0	5.0	8.0	12	18	30	48	75	0.12	0.18	0.30	0.48	0.75	1.20	1.80
6	10	0.4	0.6	1.0	1.5	2.5	4.0	6.0	9.0	15	22	36	58	90	0.15	0.22	0.36	0.58	0.90	1.50	2.20
10	18	0.5	0.8	1.2	2.0	3.0	5.0	8.0	11	18	27	43	70	110	0.18	0.27	0.43	0.70	1.10	1.80	2.27
18	30	0.6	1.0	1.5	2.5	4.0	6.0	9.0	13	21	33	52	84	130	0.21	0.33	0.52	0.84	1.30	2.10	3.30
30	50	0.6	1.0	1.5	2.5	4.0	7.0	11	16	25	39	62	100	160	0.25	0.39	0.62	1.00	1.60	2.50	3.90
50	80	0.8	1.2	2.0	3.0	5.0	8.0	13	19	30	46	74	120	190	0.30	0.46	0.74	1.20	1.90	3.00	4.60
80	120	1.0	1.5	2.5	4.0	6.0	10	15	22	35	54	87	140	220	0.35	0.54	0.87	1.40	2.20	3.50	5.40
120	180	1.2	2.0	3.5	5.0	8.0	12	18	25	40	63	100	160	250	0.40	0.63	1.00	1.60	2.50	4.00	6.30
180	250	2.0	3.0	4.5	7.0	10	14	20	29	46	72	115	185	290	0.46	0.72	1.15	1.85	2.90	4.60	7.20

(4) IT 기본공차의 등급 적용 예

제품의 수명과 기능, 생산기계의 정밀도와 제작 난이도 등을 고려하여 구멍에는 IT n, 축에는 IT n-1을 적용하며 표 4-4와 같다.

<표 4-4> 기본공차의 등급 적용 예

용 도	게이지 제작 공차	끼워 맞춤 공차	끼워 맞춤 이외 공차
구 멍	IT 01~IT 5	IT 6~IT 10	IT 11~IT 18
축	IT 01~IT 4	IT 5~IT 9	IT 10~IT 18

2. 끼워 맞춤 공차

기계 부품을 조립할 때 원형, 각형 구멍(홈) 등과 원형, 각형 축 등이 미끄럼 운동, 회전 운동 및 고정 상태에 있는 경우가 대부분인데 구멍과 축이 조립되는 관계를 끼워 맞춤이라 한다. 그림 4-1의 (a)와 같이 구멍의 지름이 축의 지름보다 큰 경우의 두 지름 차를 틈새, (b)와 같이 축지름이 구멍 지름보다 큰 경우 두 지름 차를 죔새라고 한다.

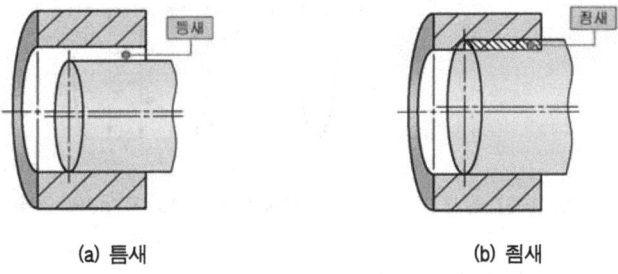

(a) 틈새   (b) 죔새

[그림 4-1] 끼워 맞춤의 틈새와 죔새

(1) 끼워 맞춤의 기준

(가) 구멍 기준식 끼워 맞춤은 아래 치수 허용차가 0인 H 기호의 구멍을 기준 구멍으로 하고 이에 적당한 축을 선정하여 필요로 하는 죔새나 틈새를 얻는 끼워 맞춤 방식이다.

(나) 축 기준식 끼워 맞춤은 위 치수 허용차가 0인 h 기호의 축을 기준으로 하고 이에 적당한 구멍을 선정하여 필요한 죔새나 틈새를 얻는 끼워 맞춤 방식이다.

(2) 끼워 맞춤 상태의 종류

(가) 헐거운 끼워 맞춤은 구멍의 최소치수가 축의 최대치수보다 큰 경우로써 죔새가 없이 항상 틈새가 생기는 상태를 말하며 미끄럼 운동이나 회전 운동이 필요한 부품에 적용한다.

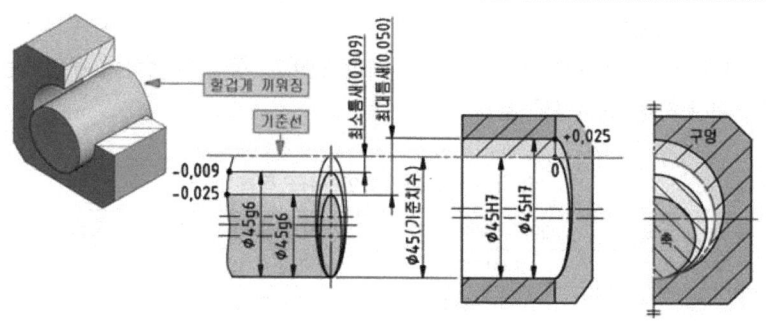

[그림 4-2] 틈새가 있는 헐거운 끼워 맞춤(⌀45 H7/p6의 경우)

(나) 억지 끼워 맞춤은 구멍의 최대 치수가 축의 최소 치수보다 작은 경우로써 틈새가 없이 항상 죔새가 생기는 끼워 맞춤을 말하며 분해·조립을 하지 않는 부품에 적용한다.

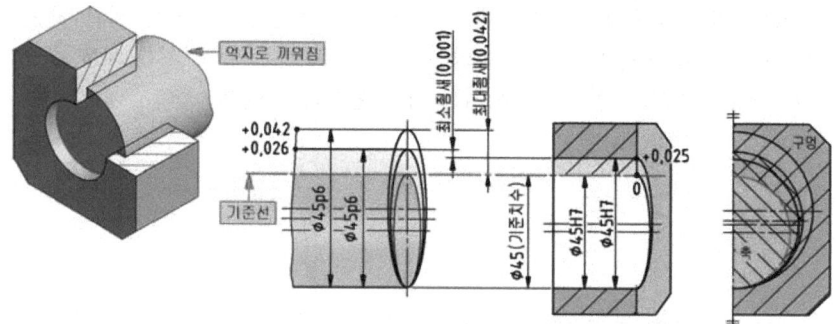

[그림 4-3] 죔새가 있는 억지 끼워 맞춤(⌀45 H7/p6의 경우)

(다) 중간 끼워 맞춤은 부품의 기능과 역할에 따라 틈새 또는 죔새가 생기게 하는 끼워 맞춤으로서 헐거운 끼워 맞춤이나 억지 끼워 맞춤으로 얻을 수 없는 더욱 작은 틈새나 죔새를 얻는 부품에 적용한다.

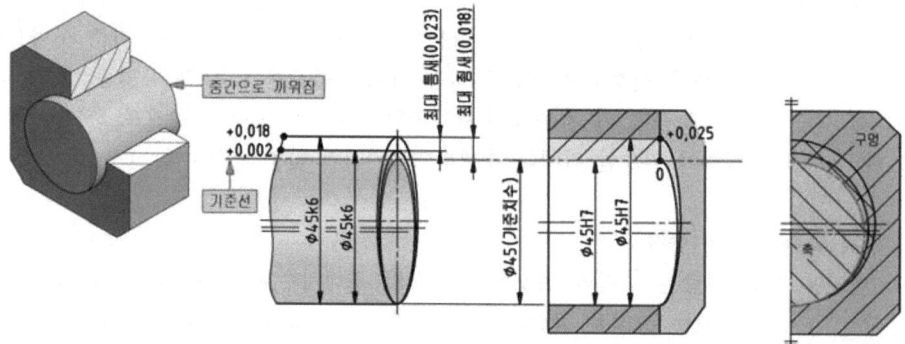

[그림 4-4] 틈새와 죔새가 있는 중간 끼워 맞춤(⌀45 H7/k6의 경우)

(3) 끼워 맞춤 방식의 적용

부품의 기능과 작동상태를 고려하고 가공 방법과 표준품의 사용 여부에 따라 구멍 기준식 끼워 맞춤이나 축 기준식 끼워 맞춤으로 선택한다.

(가) 구멍 기준식 끼워 맞춤이나 축 기준식 끼워 맞춤을 같이 적용하는 것이 편리할 때에는 다음의 '나'와 '다'의 방식을 혼용할 수도 있다.

(나) 구멍이 축보다 가공하거나 검사하기가 어려우므로 구멍 기준식 끼워 맞춤을 선택하는 것이 편리하며 일반적인 기계설계 도면에 적용한다.

(다) 구멍 기준식 끼워 맞춤이나 축 기준식 끼워 맞춤을 같이 적용하는 것이 편리 할 때는 다음 보기의 '1)'과 '2)'의 방식을 혼용할 수 있다.

[보기] 1) 평행 핀(m6, h8, h11)과 테이퍼 핀(h10)을 사용할 경우
        2) 기어 펌프의 기어 외경(h6)과 펌프 내경(G7)의 경우

(4) 치수공차와 끼워 맞춤 공차의 지시

(가) 기준치수의 허용 한계를 수치에 의하여 치수 공차를 지시하는 경우

① 기준치수 다음에 치수 허용차(위 치수 허용차 및 아래 치수 허용차)의 수치를 기준치수와 같은 크기로 그림 4-5와 같이 지시한다.

② 허용한계 치수(최대 허용치수 및 최소 허용치수)에 의하여 그림 4-6과 같이 지시하며 최대 허용 치수는 위에, 최소 허용 치수는 아래에 지시한다.

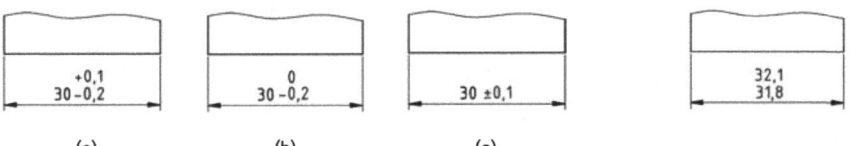

[그림 4-5] 허용한계를 허용차 값으로 지시   [그림 4-6] 허용한계 치수로 지시

(나) 허용 한계를 끼워 맞춤 공차 기호에 의하여 지시하는 경우

그림 4-7과 같이 기준치수 뒤에 끼워 맞춤 공차의 기호를 지시하거나 그 위·아래 치수 허용차를 기호 다음의 괄호 안에 덧붙여 지시하는 어느 한 가지 방법에 따른다. 이때, 기호 크기의 호칭은 기준치수의 숫자와 같게 하고 허용한계 치수는 기준치수의 크기로 한다.

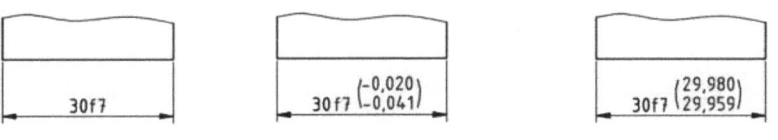

(a) 기호로 지시   (b) 기호와 허용차를 동시지시   (c) 기호와 허용 한계 치수

[그림 4-7] 끼워 맞춤 공차 지시

2D 도면작성

(다) 각도 치수의 허용 한계를 지시하는 경우

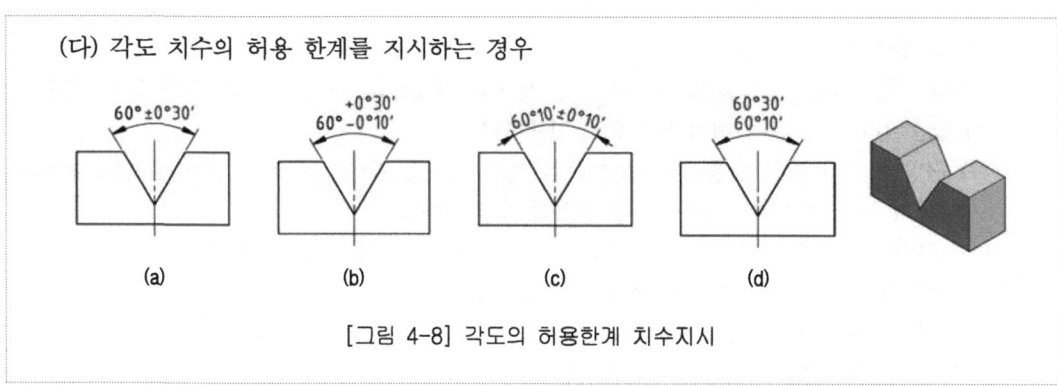

[그림 4-8] 각도의 허용한계 치수지시

단원명 4 공차, 거칠기, 재료 지시하기

실기 과제

다음 등각도에 의해 제3각법에 의해 1:1의 척도로 각각의 A3용지에 부품도, 치수, 치수공차, 끼워 맞춤 공차기호를 지시하시오.

① 브래킷(Bracket) (지시하지 않은 모서리 R4)

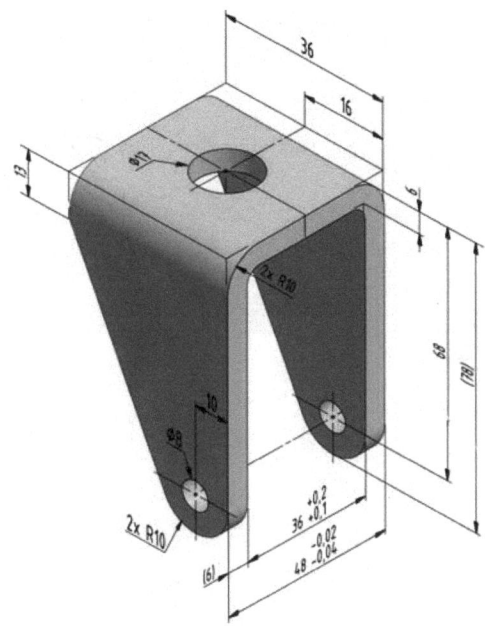

② 샤프트 베이스(Shaft base) (지시하지 않은 모서리 R4)

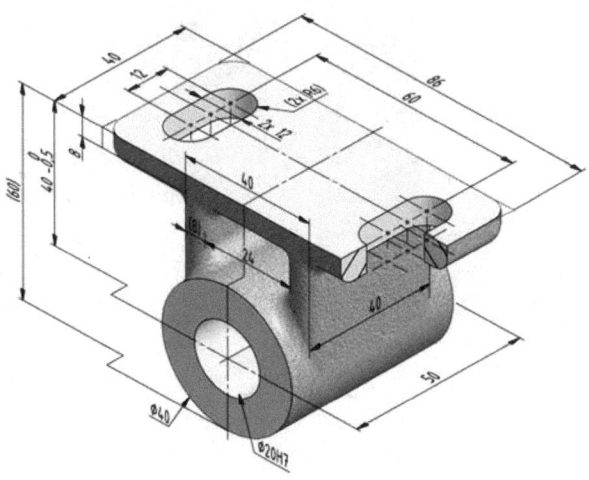

2D 도면작성

③ 본체(Body) (지시하지 않은 모서리 R3)

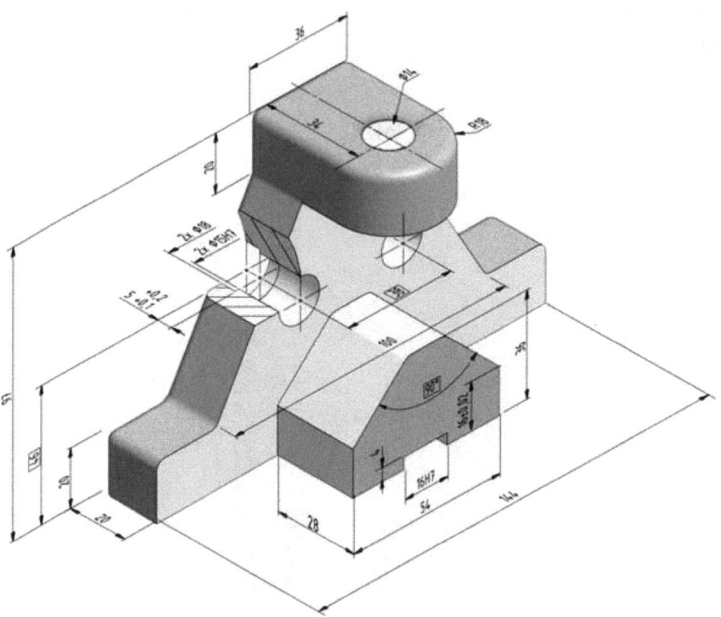

④ 축 지지대(Rod support)

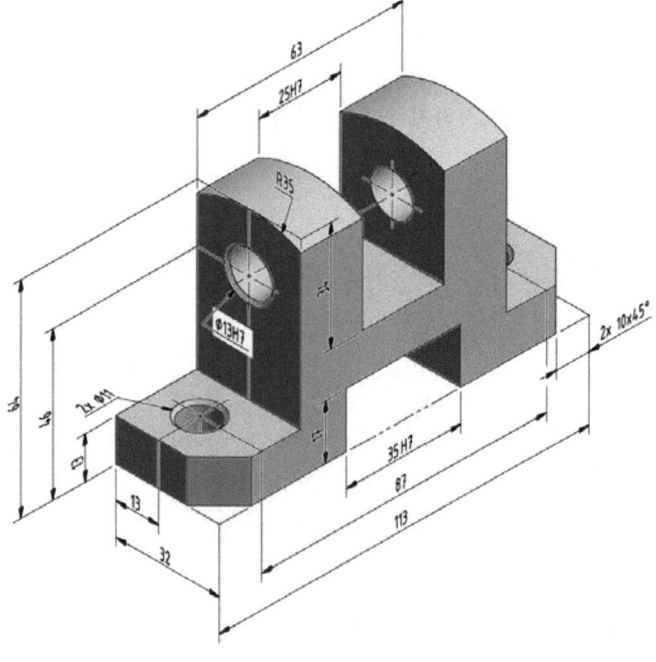

⑤ 조정 브래킷(Adjustable Bracket) (지시하지 않은 모서리 R2)

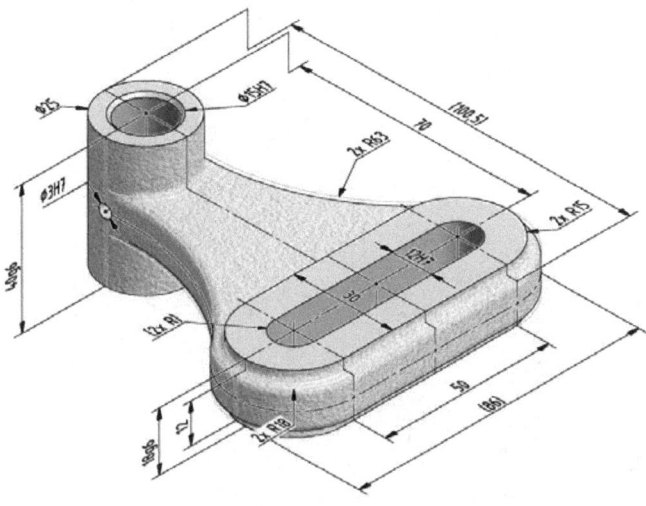

⑥ 프레임 가이드(Frame Guide) (지시하지 않은 모서리 R2)

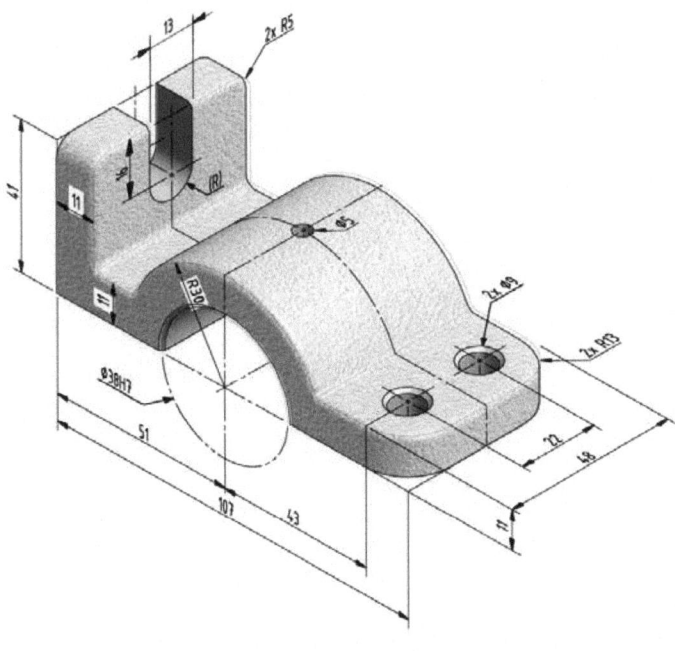

2D 도면작성

⑦ 기둥 지지대(Column Support) (지시하지 않은 모서리 R2)

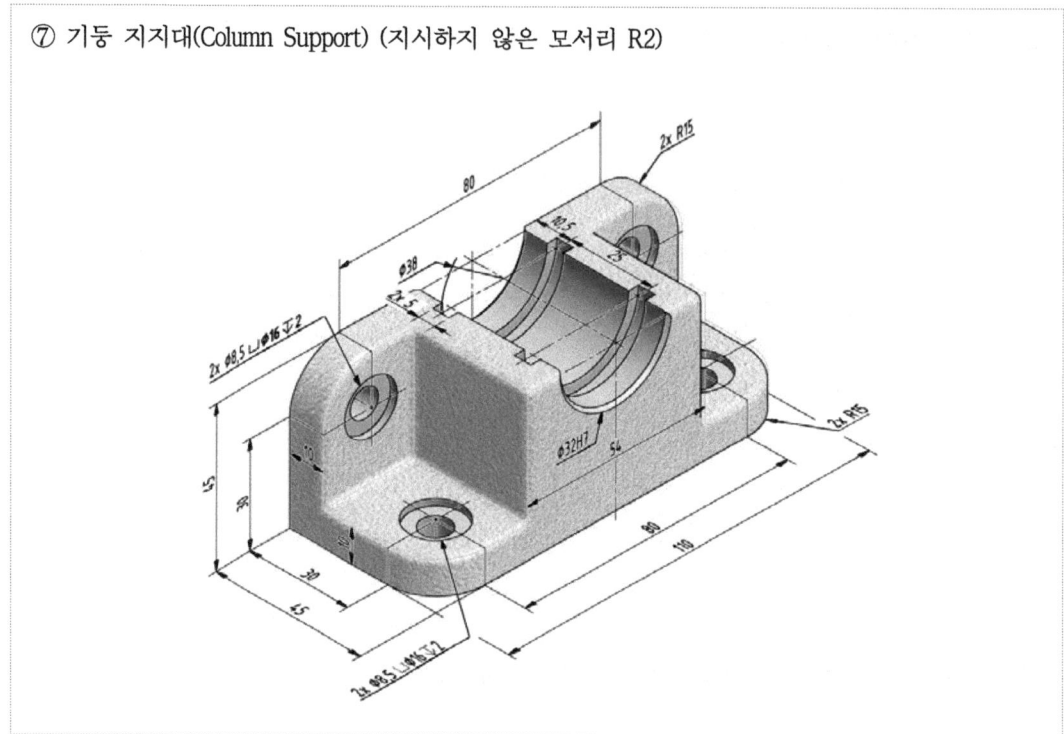

단원명 4 공차, 거칠기, 재료 지시하기

실기 과제

모범 답안

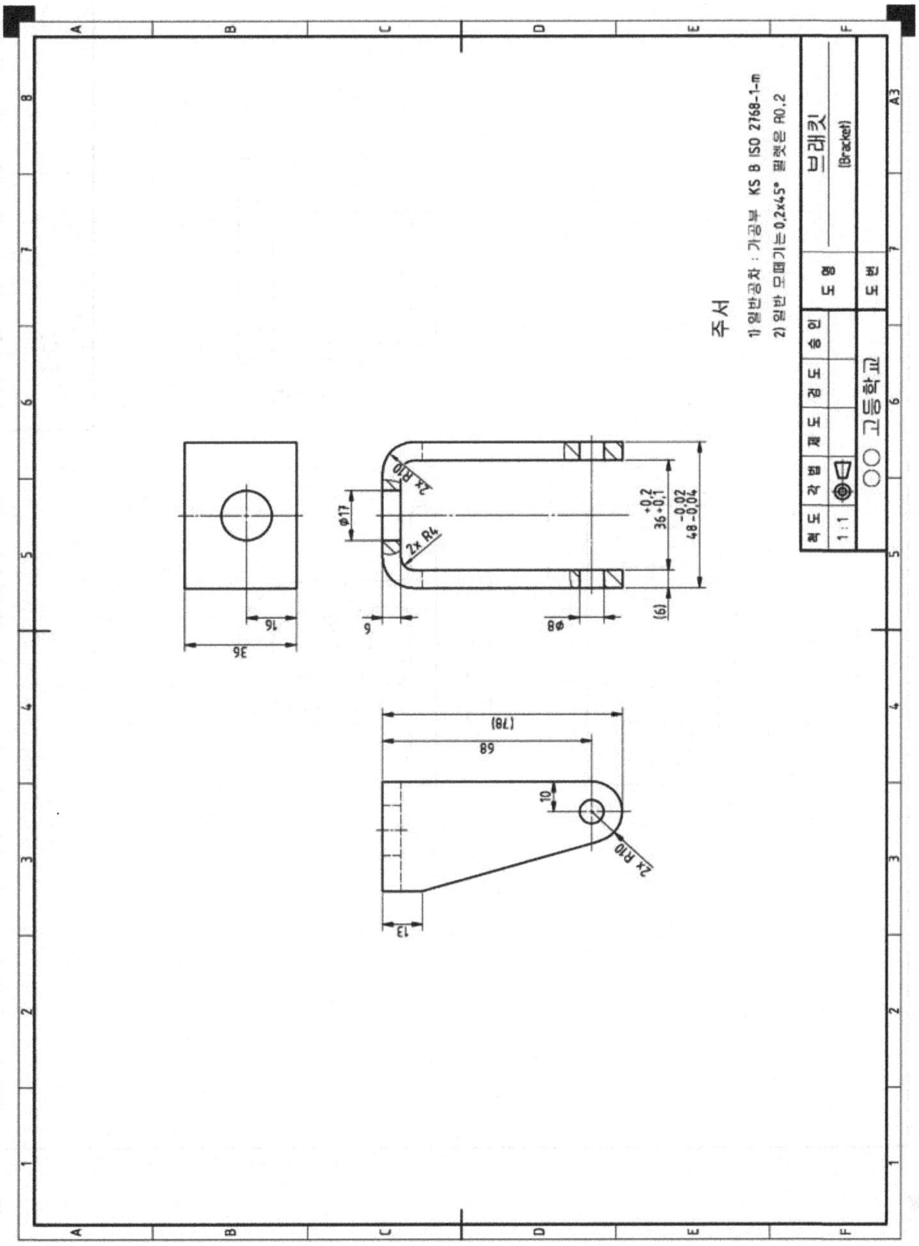

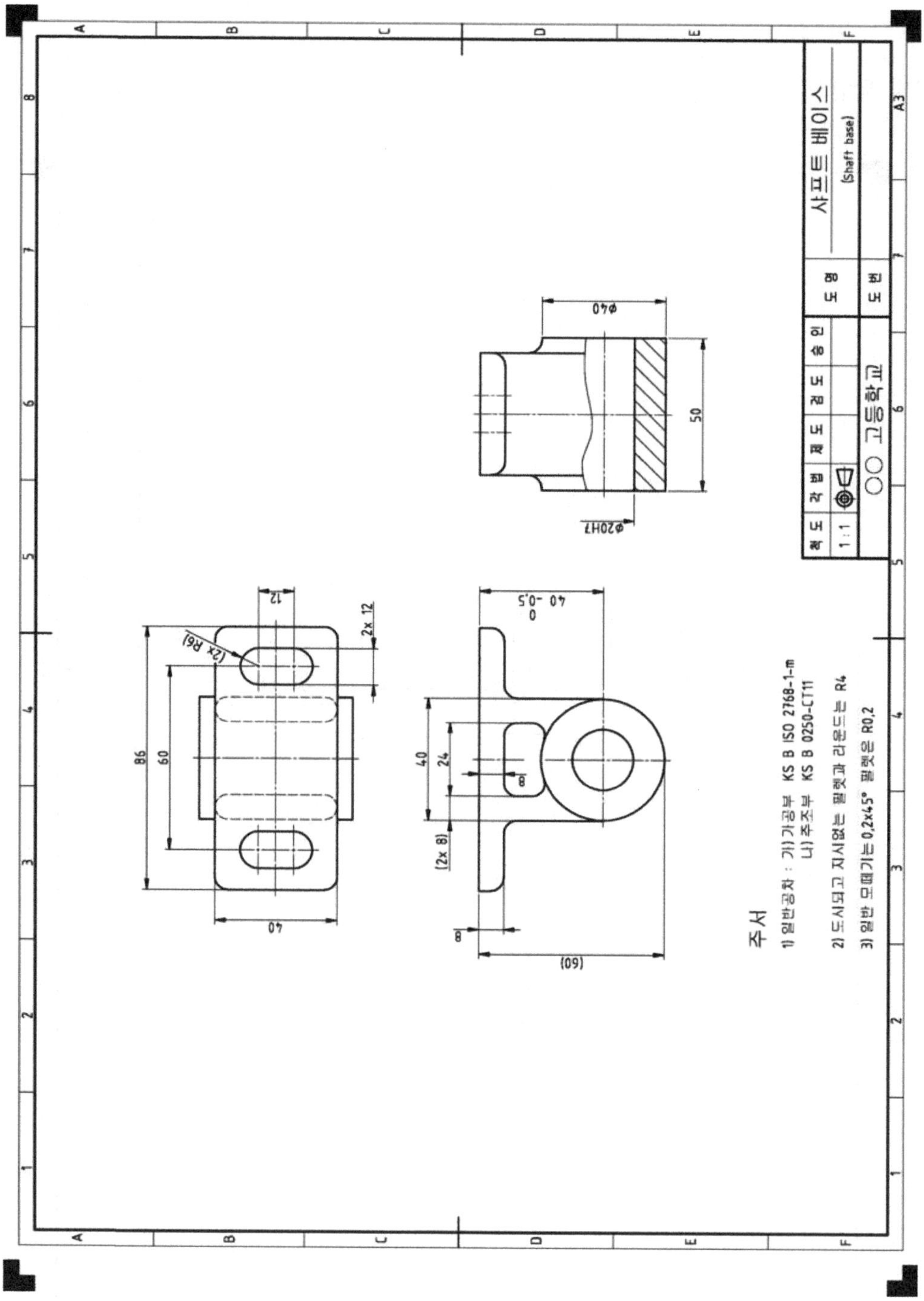

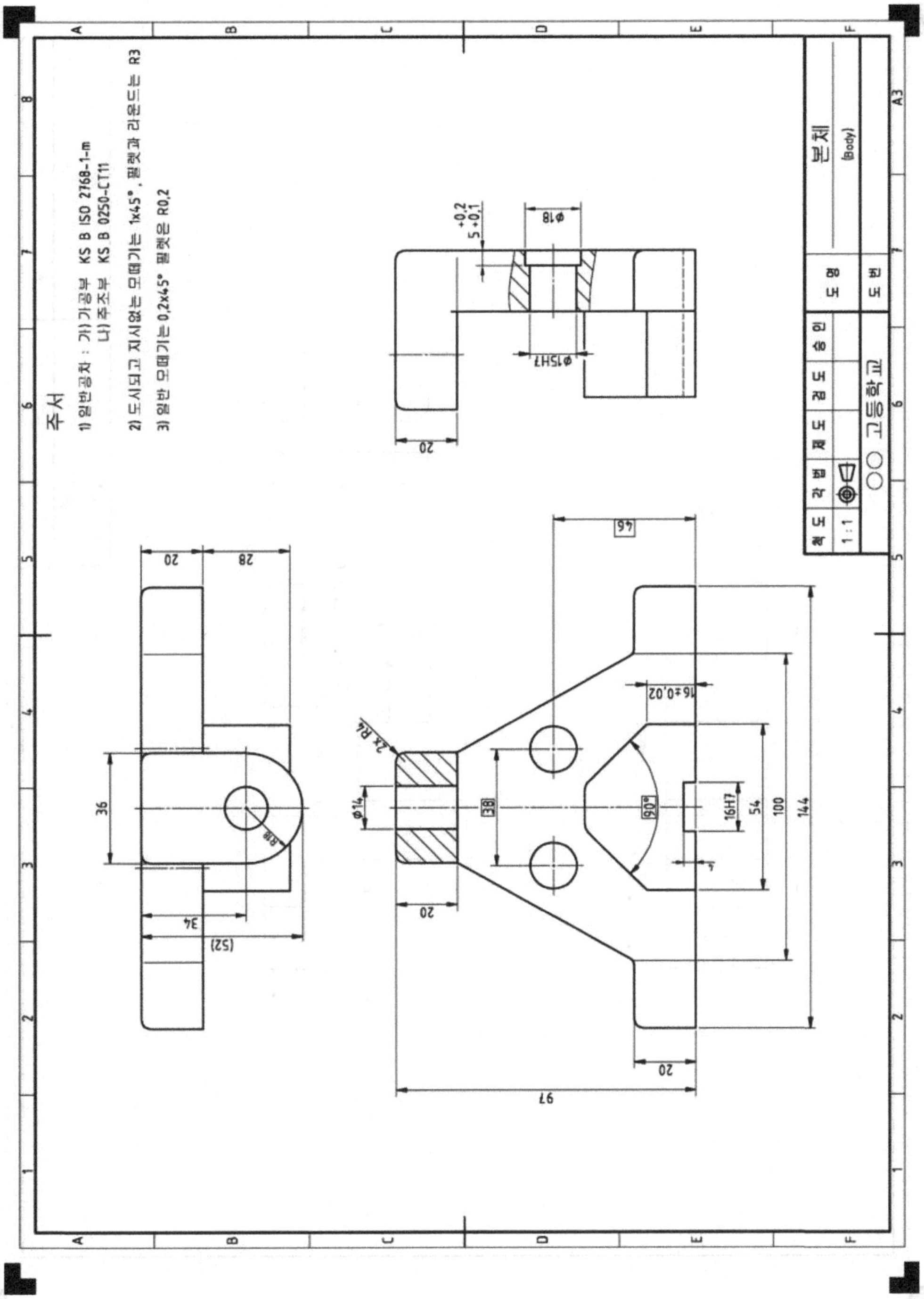

2D 도면작성

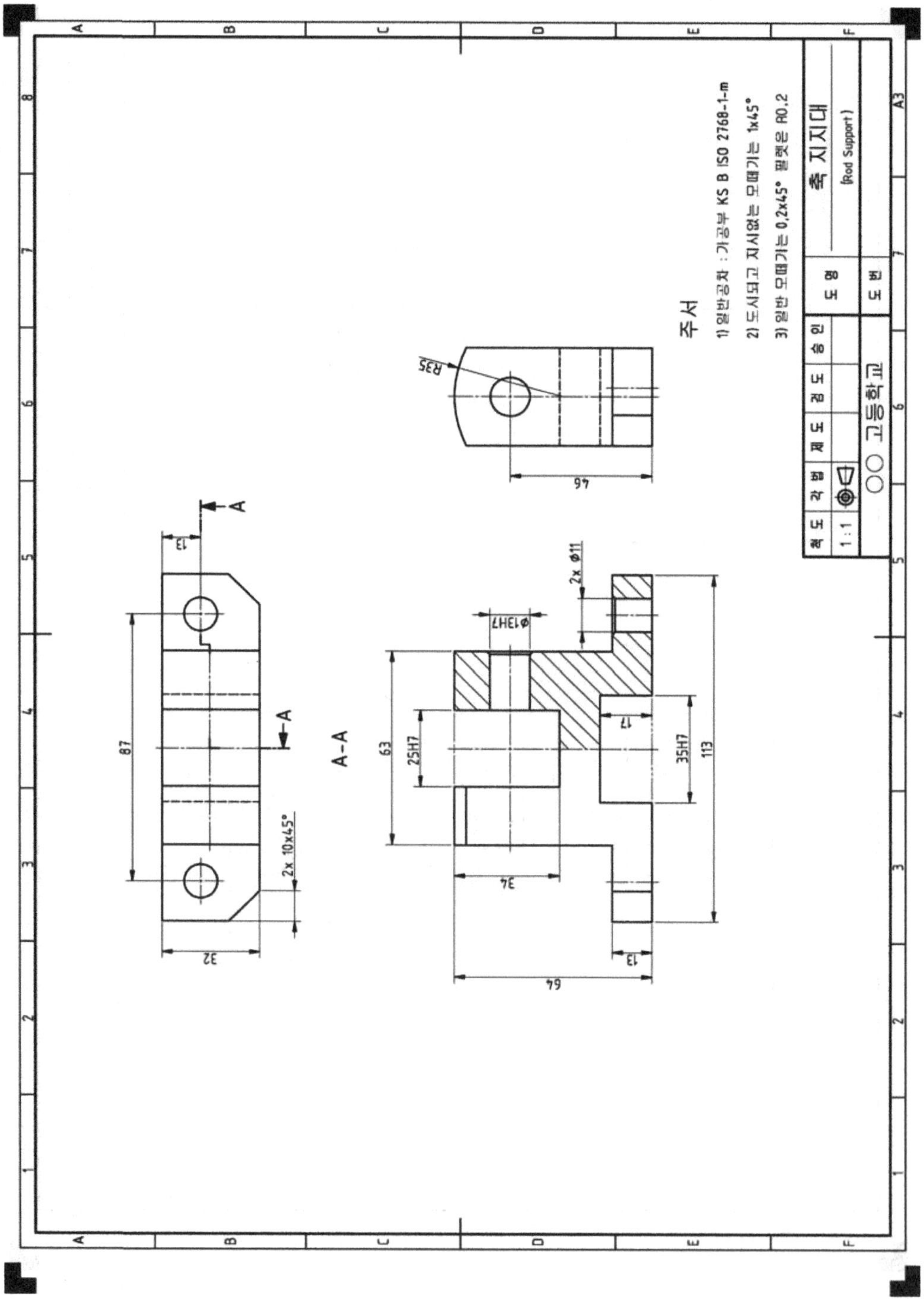

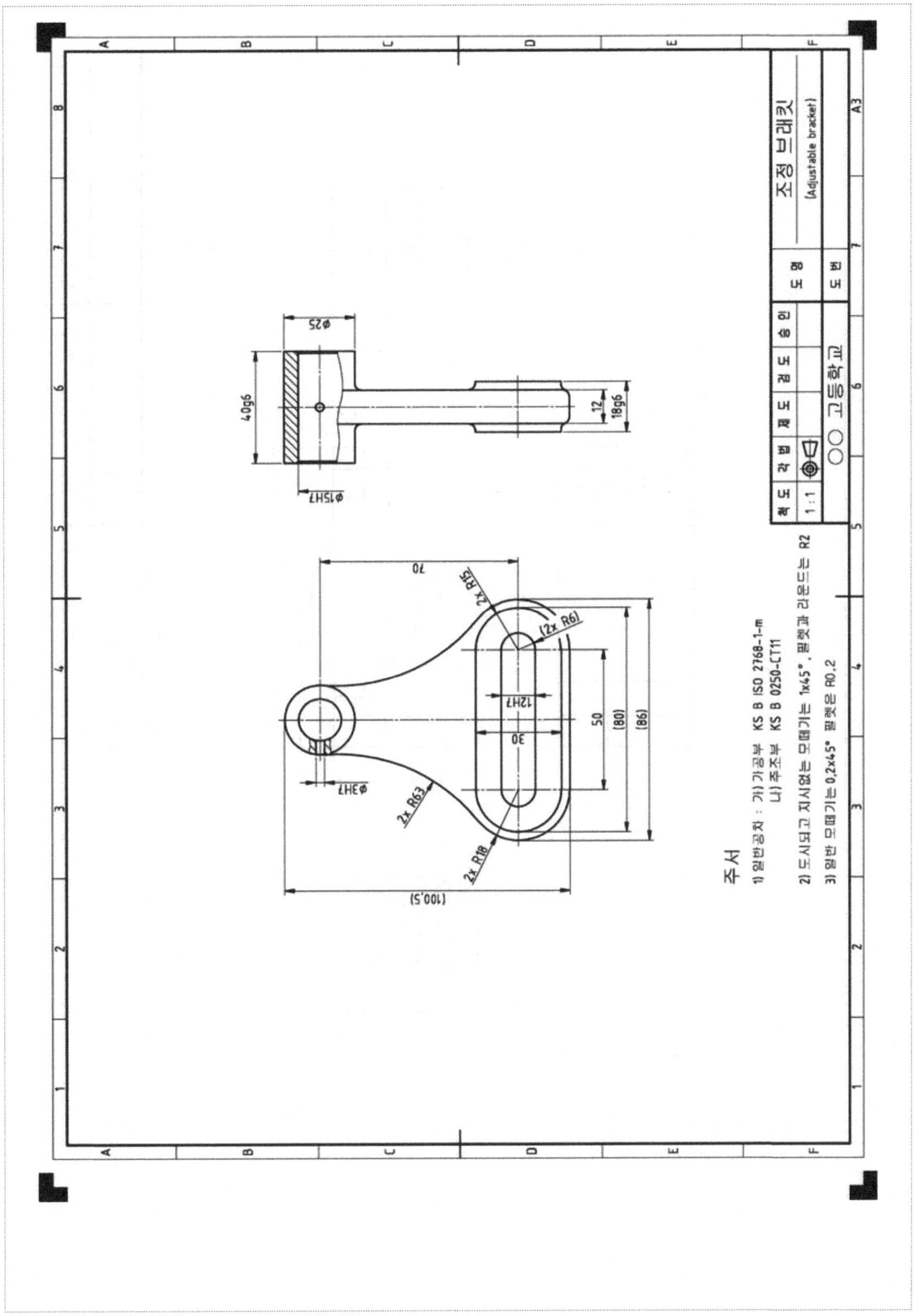

2D 도면작성

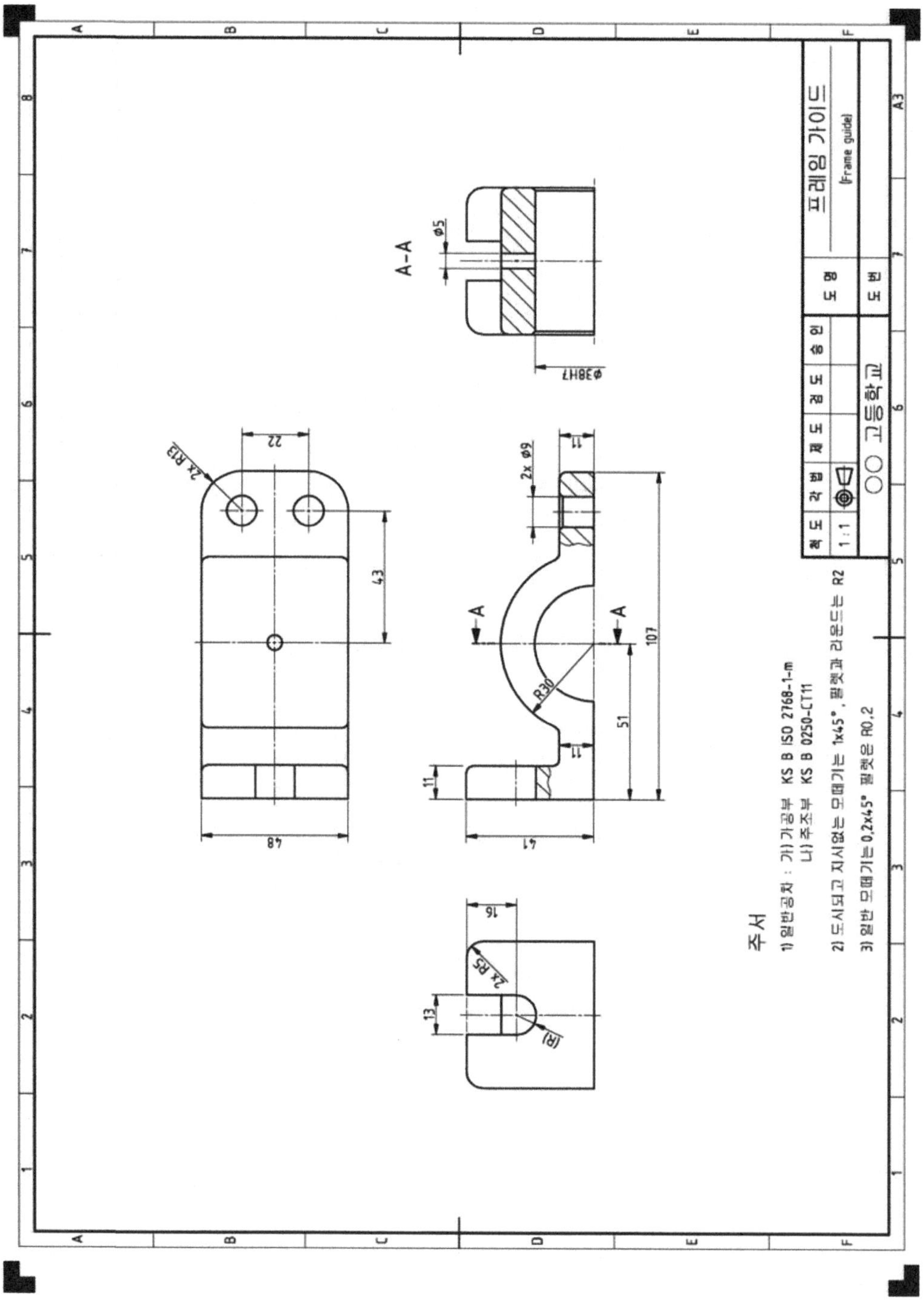

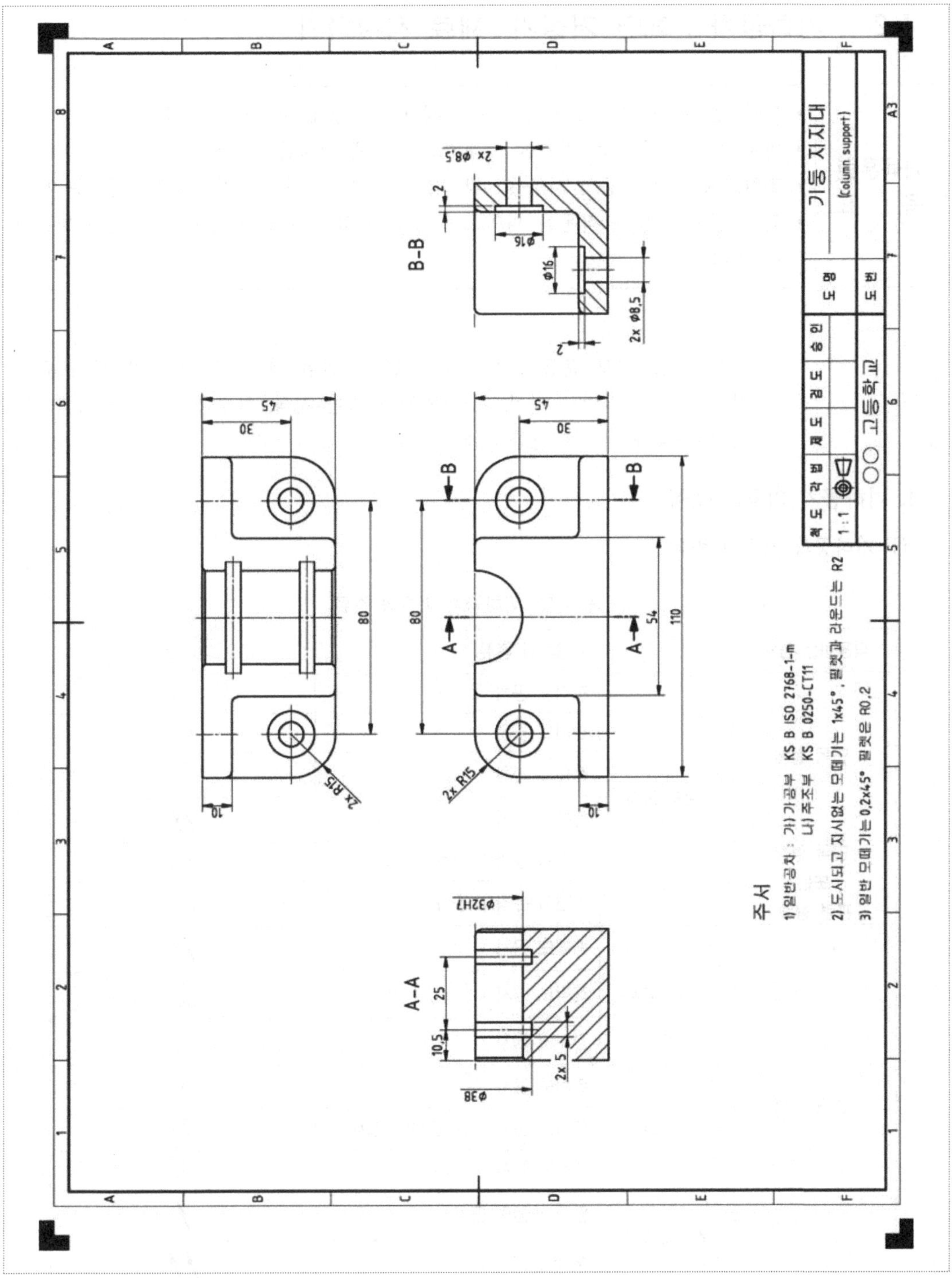

단원명 4 공차, 거칠기, 재료 지시하기

2D 도면작성

4-2 기하공차 , 표면 거칠기, 재료 지시하기

교육훈련 목 표	• 모양 및 자세공차 기호의 종류를 이해하고 도면에 지시할 수 있다. • 위치 및 흔들림 공차 기호를 이해하고 도면에 지시할 수 있다. • 조립도에서 각 부품의 기능을 이해하고 도면에 기하공차 기호를 지시할 수 있다. • 각 부품의 기능과 작동을 파악하여 도면에 표면 거칠기 기호와 재료를 지시할 수 있다.

필요 지식	2D캐드 프로그램 운용 능력, 2D 드로잉에 관한 기초지식, ISO 및 KS 표준지식, 투상도와 단면도 지식, 치수 지시에 관한 지식, 치수공차와 끼워 맞춤 지식, 기하공차 기호에 관한 지식

1. 기하공차 기호의 종류

(1) 기하공차 기호의 종류

<표 4-5> 기하공차 기호의 종류

적용하는 형체	공차의 종류		기 호
단독 형체	모양 공차	진직도 공차	—
		평면도 공차	▱
		진원도 공차	○
		원통도 공차	⌭
단독 형체 또는, 관련 형체		선의 윤곽도 공차	⌒
		면의 윤곽도 공차	⌓
관련 형체	자세 공차	평행도 공차	//
		직각도 공차	⊥
		경사도 공차	∠
	위치 공차	위치도 공차	⌖
		동축도 공차 또는 동심도 공차	◎
		대칭도 공차	⌯
	흔들림 공차	원주 흔들림 공차	↗
		온 흔들림 공차	↗↗

164

(2) 기하공차를 지시하는 틀

(가) 기하 공차의 종류 기호, 공차 값, 데이텀(기준)을 지시하는 직사각형의 틀(공차 지시 틀)은 필요에 따라 그림 4-9와 같이 구분한다.

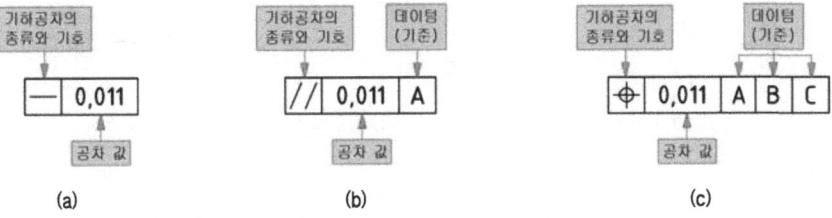

[그림4-9] 공차 지시 틀과 구획

(나) '6 구멍' 및 '4 면 등과 같이 공차가 적용되는 수를 지시하기 위해 개별 주서를 지시할 때는 그림 4-10과 같이 지시한다.

(다) 한 부분에 2개 이상의 종류의 공차를 지시하고자 할 때는 그림 4-11과 같이 이들 공차의 지시 틀을 상하로 겹쳐서 지시한다.

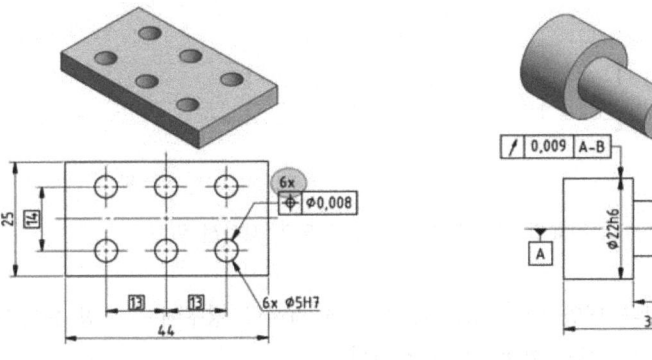

[그림 4-10] 개소 수의 지시   [그림 4-11] 두 개 이상의 지시 틀

(3) 공차로 규제되는 대상 면에의 지시방법

(가) 대상 면의 한 부분만으로 충분한 규제의 공차를 지시하는 경우에는 대상 면의 외형선 위나 외형선에서 연장한 선(주로 치수 보조선)의 치수선 화살표를 명확히 피해서 그림 4-12와 같이 지시한다.

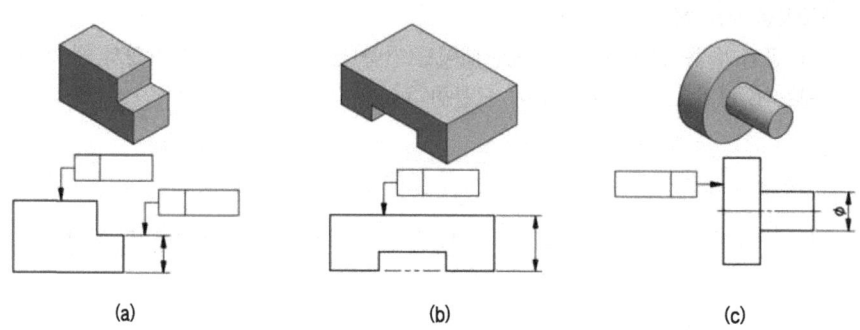

[그림 4-12] 한 부분만으로 충분한 공차의 지시선 위치

(나) 치수가 지시되어 있는 전체의 대상 면에 지시하는 경우에는 그림 4-13과 같이 치수선의 연장선이 지시 틀의 지시 선이 되도록 한다.

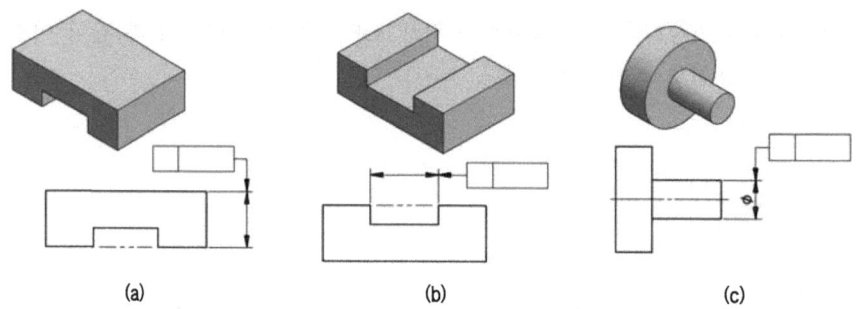

[그림 4-13] 전체의 대상 면에 지시할 경우의 지시선 위치

(다) 공통 축 중심선이나 면일 때의 모든 대상 면에 지시할 경우에는 그림 4-14와 같이 중심선에 지시 틀의 지시선과 화살표를 지시한다.

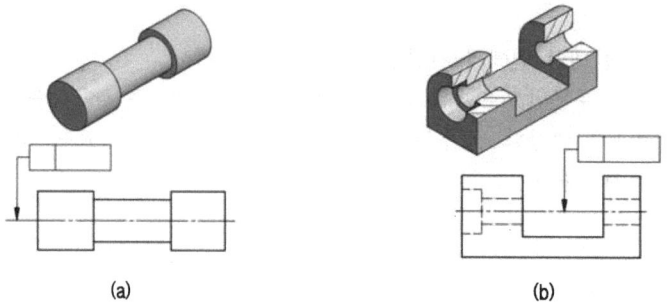

[그림 4-14] 공통의 중심이나 대상 면에 지시할 경우의 지시선 위치

(라) 여러 대상 면에 같은 공차를 지시하는 경우에는 도면의 간략화를 위하여 그림 4-15와 같이 지시할 수 있다.

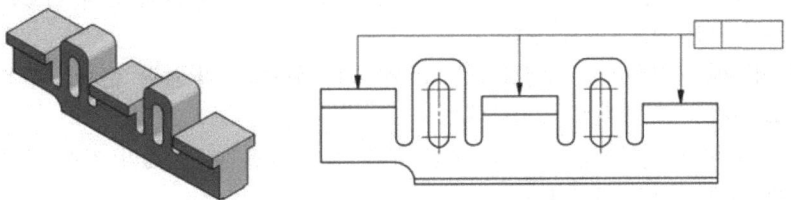

[그림 4-15] 공통으로 지시할 경우의 지시선 위치와 표시

(4) 공차 범위의 관계

(가) 그림 4-16의 (a), (b)와 같이 공차 값 'ø'를 지시하지 않고 지시 틀의 지시선을 댄 경우에는 (c)와 같이 원통 면의 위와 아래에 해당하는 축 선의 평행도만 요구한다.

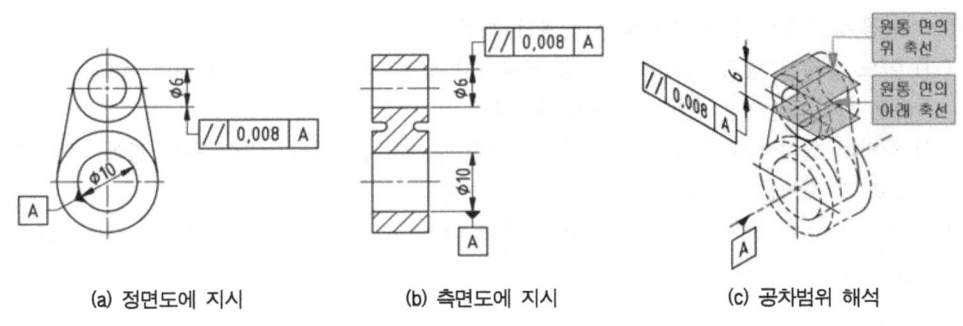

(a) 정면도에 지시   (b) 측면도에 지시   (c) 공차범위 해석

[그림 4-16] ø기호가 없는 경우의 공차범위 해석

(나) 그림 4-17의 (a), (b)와 같이 'ø'를 덧붙여 지시한 경우는 (c)와 같이 원이나 원통 면 전체 내부의 평행도를 요구한다.

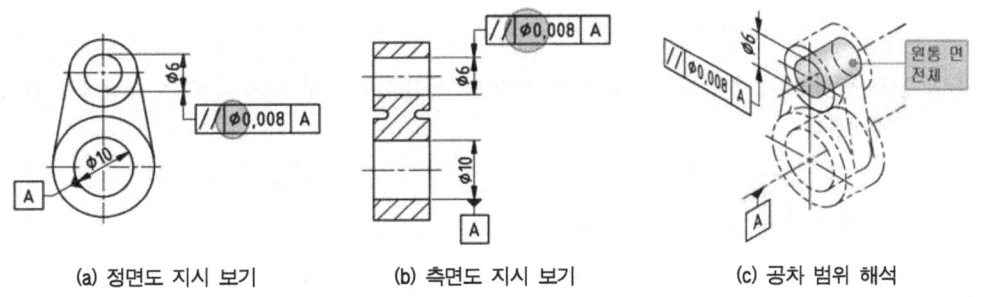

(a) 정면도 지시 보기   (b) 측면도 지시 보기   (c) 공차 범위 해석

[그림 4-17] ø기호가 있는 경우의 공차 범위 해석

(5) 데이텀 지시문자와 기호 틀

(가) 한 개를 설정하는 데이텀은 그림 4-18의 (a)와 같이 한 개의 문자기호로 나타낸다.

(나) 두 개의 데이텀을 설정하는 공통 데이텀은 (b)와 같이 두 개의 문자 기호를 하이픈(-)으로 연결한 기호로 나타낸다.

(다) 데이텀에 우선순위를 지정할 때는 (c)와 같이 우선순위가 높은 순서로 왼쪽에서 오른쪽으로 각각 다른 구획에 지시한다.

(라) 두 개 이상의 데이텀의 우선순위를 문제 삼지 않을 때는 (d)와 같이 문자기호를 같은 구획 내에 나란히 지시한다.

[그림 4-18] 데이텀을 지시하는 문자기호와 지시 틀

(6) 기하공차 기호와 값을 적용하는 범위의 한정

(가) 어느 한정된 범위에만 공차 값을 지시하고 싶을 경우에는 그림 4-19의 (a)와 같이 아주 굵은 일점쇄선으로 한정범위를 나타낸다.

(나) 임의의 위치에서 특정한 길이마다에 대한 공차지시는 (b)와 같이 공차 값에 사선(/)을 긋고 그 길이를 지시한다.

(다) 전체에 대한 공차 값과 어느 길이마다에 대한 공차 값을 동시에 지정할 경우에는 (c)와 같이 상하 가로선으로 나눈다.

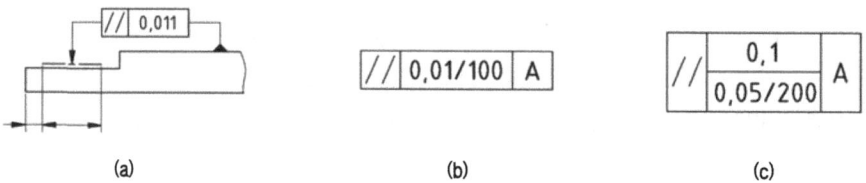

[그림 4-19] 기하 공차기호와 값 지시 적용 범위의 한정

(라) 공차 범위 내에서의 대상으로 하는 선·면의 성질을 특별히 지시할 때는 그림 4-20과 같이 지시한다.

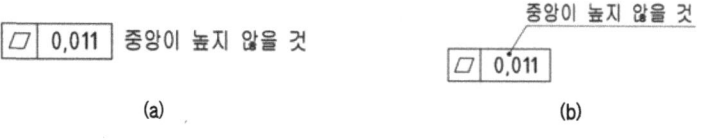

[그림 4-20] 대상으로 하는 선·면의 성질 지시

(마) 위치도·윤곽도나 경사도의 공차를 대상으로 하는 선이나 면에 지시할 때는 그림 4-21과 같이 이론적으로 정확한 위치·윤곽이나 각도를 정하는 치수에 사각형 틀로 둘러싸서 지시한다.

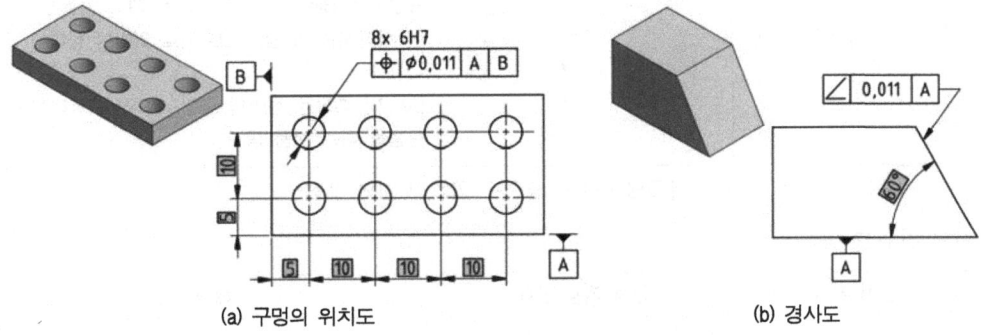

(a) 구멍의 위치도 (b) 경사도

[그림 4-21] 위치도·윤곽도·경사도의 이론적으로 정확한 치수지시

2. 기하공차 기호의 지시와 해석

(1) 모양 공차

(가) 진직도 공차

공차 지시	공차 적용 범위	해석
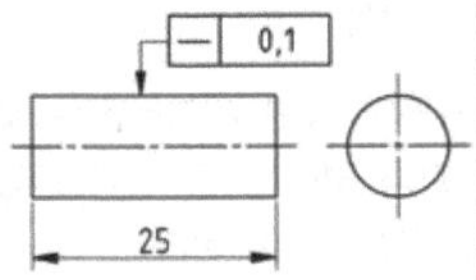 ─ 0.1 25	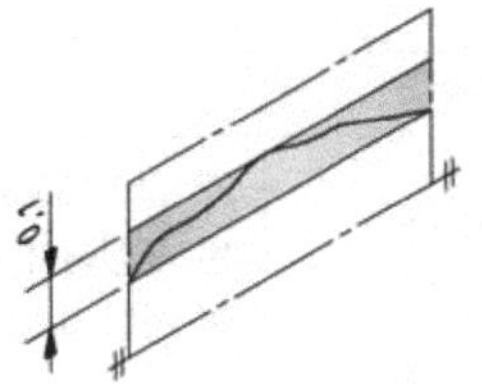	■ 지시선의 화살표로 나타낸 길이 25mm의 원기둥 면 위에 임의의 능선 바르기는 중심에서 한쪽의 바깥 방향으로 0.1mm만큼 떨어진 두 개의 평행한 직선 사이 안에 있어야 한다. [보 기] 평행 핀 등
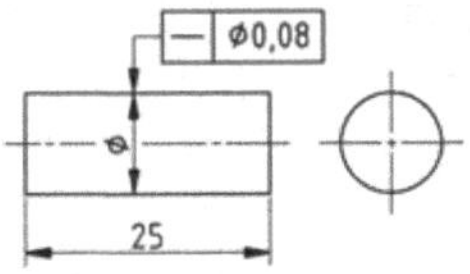 ─ ⌀0.08 25	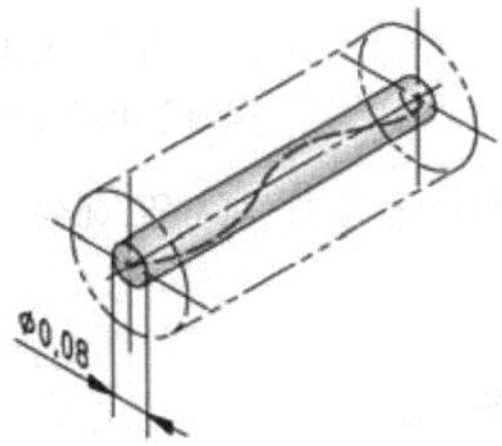 ⌀0.08	■ 길이 25mm의 원기둥에 지름을 나타내는 치수에 지시 틀이 연결되어 있는 경우의 원기둥 축 선 바르기는 지름 0.08mm의 원통 내에 있어야 한다. [보 기] 평행 핀 등

[그림 4-22] 진직도 공차 지시와 해석

(나) 평면도 공차

공차 지시	공차 적용 범위	해석
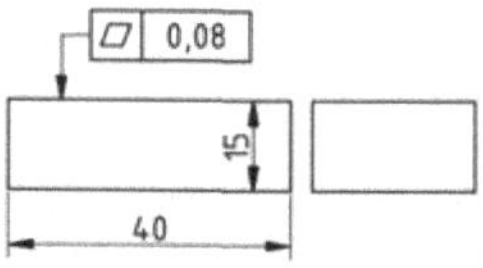	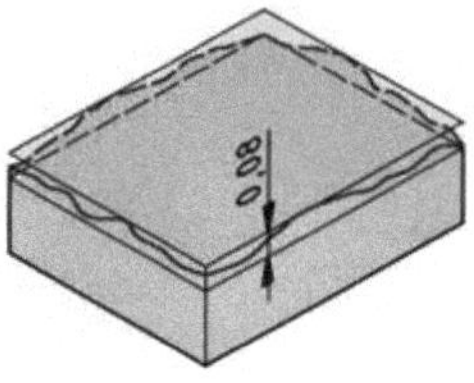	■ 화살표로 지시한 길이 40mm, 두께 15mm의 표면은 0.08mm만큼 떨어진 두 개의 평행한 평면 사이 이내의 평탄 고르기로 있어야 한다. [보 기] 측정용 정반의 표면, 면 접촉의 미끄럼 운동을 하는 부품 등

[그림 4-23] 평면도 공차 지시와 해석

(다) 진원도 공차

공차 지시	공차 적용 범위	해석
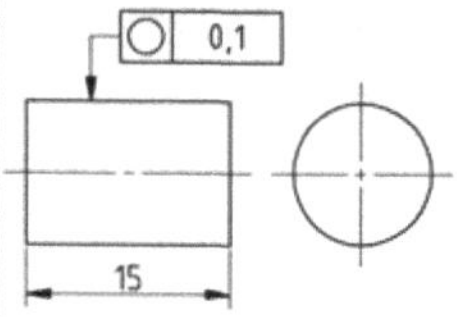	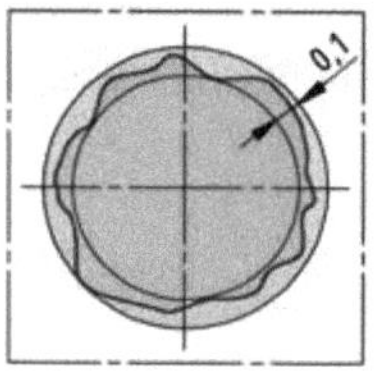	■ 길이 15mm의 축이나 구멍을 임의의 위치에서 축 직각으로 단면을 한 원형 단면 모양의 바깥 둘레 바르기는 0.1mm만큼 떨어진 두 개의 동심원 사이의 찌그러짐 안에 있어야 한다. [보 기] 진원이 필요로 하는 원형 단면의 부품

[그림 4-24] 진원도 공차 지시와 해석

(라) 원통도 공차

공차 지시	공차 적용 범위	해석
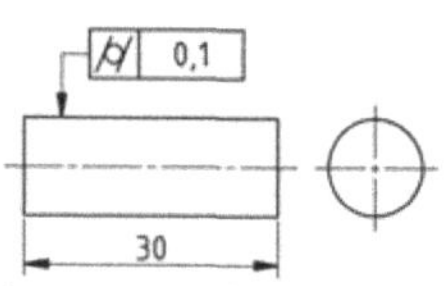	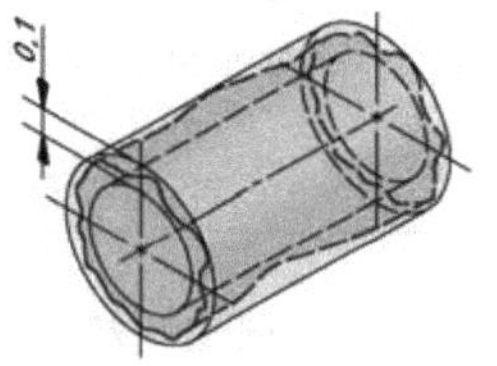	■ 길이 30mm 원기둥의 표면 찌그러짐은 같은 중심에서 0.1mm만큼 떨어진 두 개의 원통면 사이 이내의 찌그러짐이어야 한다. [보 기] 직선, 미끄럼 운동을 하는 부품으로서 미끄럼 베어링과 축 등

[그림 4-25] 원통도 공차 지시와 해석

(마) 선의 윤곽도 공차

공차 지시	공차 적용 범위	해석
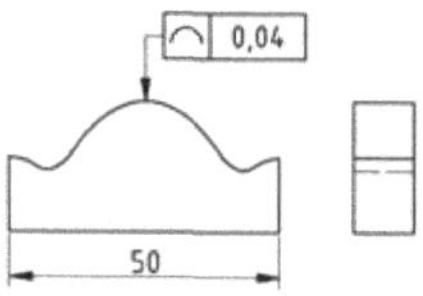	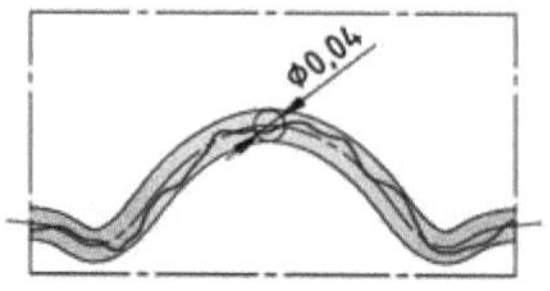	■ 길이 50mm에 생긴 임의의 단면 곡선 윤곽은 이론적으로 정확한 윤곽을 갖는 선 위에 중심을 두는 지름 0.04mm의 원이 만드는 두 개의 포락선 사이의 고르기 이내에 있어야 한다. [보 기] 주로 캠의 곡선 등

[그림 4-26] 선의 윤곽도 공차 지시와 해석

(바) 면의 윤곽도 공차

공차 지시	공차 적용 범위	해석
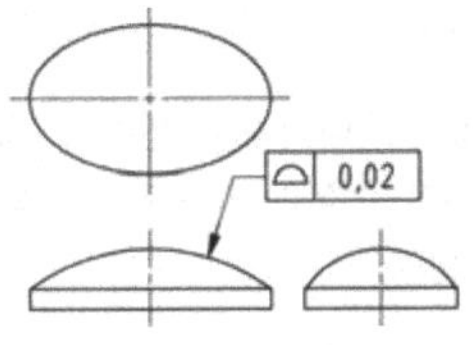	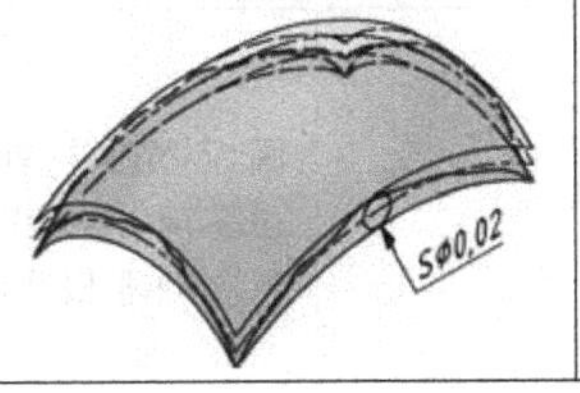	■ 구의 면 고르기는 이론적으로 정확한 윤곽을 갖는 구의 면 위에 중심을 두는 면 사이에서 구가 굴러서 만드는 두 개의 면 사이인 지름 0.02mm의 이내에 있어야 한다. [보 기] 주로 캠의 곡면 등

[그림 4-27] 면의 윤곽도 공차 지시와 해석

(2) 자세 공차기호

(가) 평행도 공차

공차 지시	적용 범위	해석
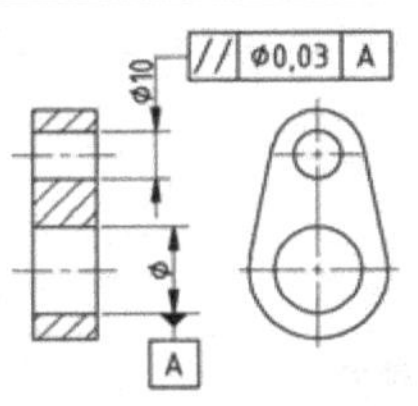	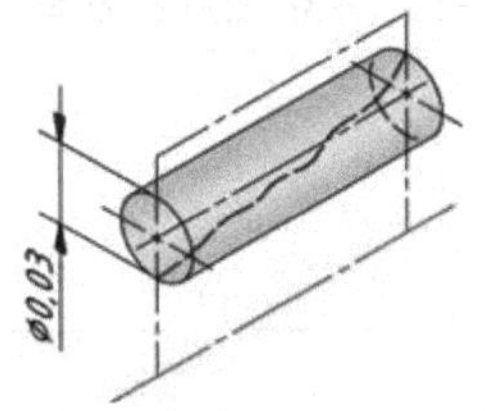	■ 지시선의 화살표로 나타내는 지름 10mm의 축 선은 데이텀 축 직선 A에 평행한 지름 0.03mm의 원통 내에 있어야 한다. [보 기] 구름 베어링이나 미끄럼 베어링이 설치된 하우징 등

[그림 4-28] 평행도 공차 지시와 해석(계속)

공차 지시	적용 범위	해석
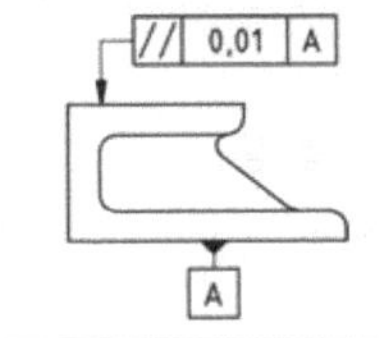	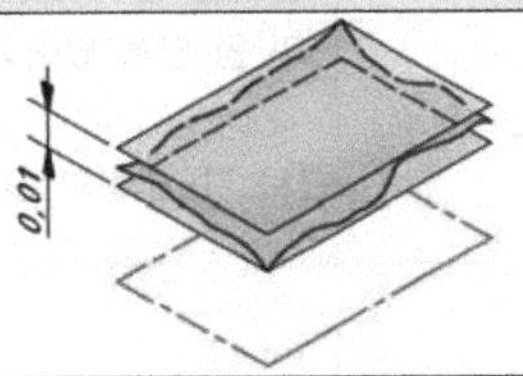	■ 지시선의 화살표로 나타내는 면은 데이텀 평면 A에 평행하고 또한 지시선의 화살표 방향으로 0.01mm 만큼 떨어진 두 개의 평면 사이에 있어야 한다.

[그림 4-28] 평행도 공차 지시와 해석

(나) 경사도 공차

공차 지시	공차 적용 범위	해석
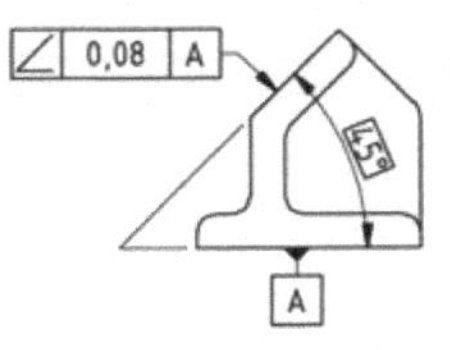	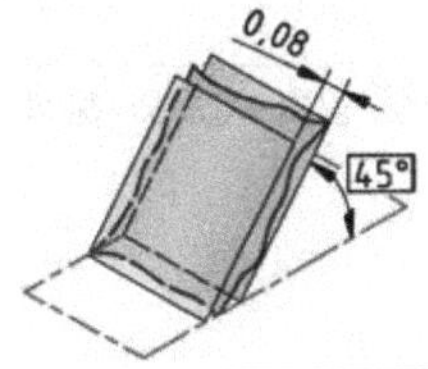	■ 지시선의 화살표로 나타내는 면은 데이텀 평면 A에 대하여 이론적으로 정확하게 45° 기울고, 지시선의 화살표 방향으로 0.08mm만큼 떨어진 두 개의 평행한 평면 사이에 있어야 한다. [보 기] 경사면, 더브테일 홈 등

[그림 4-29] 경사도 공차 지시와 해석

2D 도면작성

(다) 직각도 공차

공차 지시	공차 적용 범위	해석
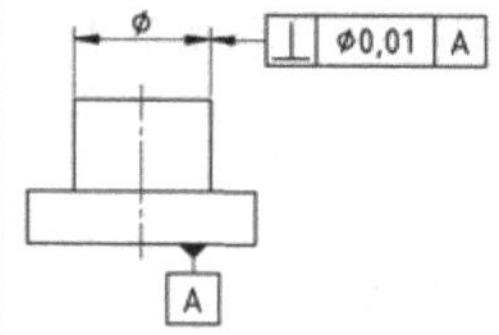	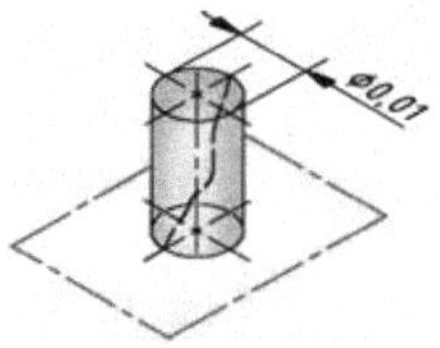	■ 지시선의 화살표로 나타내는 원통의 축선은 데이텀 평면 A에 수직한 지름 0.01mm의 원통 내에 있어야 한다.
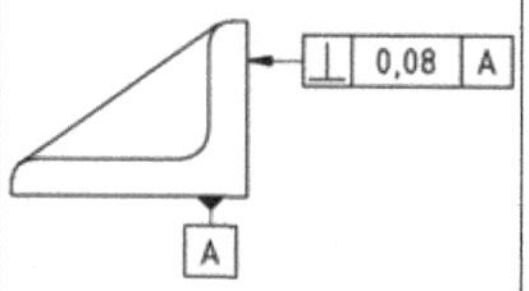	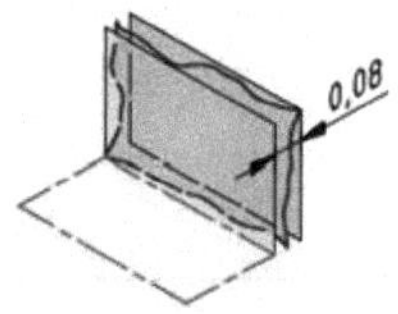	■ 지시선의 화살표로 나타내는 면은 데이텀 평면 A에 수직하고 또한 지시선의 화살표 방향으로 0.08mm만큼 떨어진 두 개의 평행한 평면 사이에 있어야 한다.

[그림 4-30] 직각도 공차 지시와 해석

(3) 위치 공차기호

(가) 위치도 공차

공차 지시	적용 범위	해석
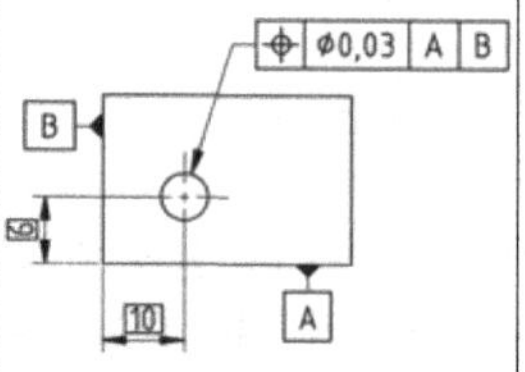	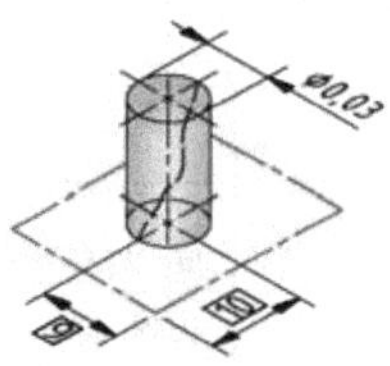	■ 지시선의 화살표로 나타낸 원은 데이텀 직선 A로부터 6mm, 데이텀 직선 B로부터 10mm 떨어진 진위치를 중심으로 하는 지름 0.03mm의 원 안에 있어야 한다. [보 기] 금형과 슬라이더 부품 등
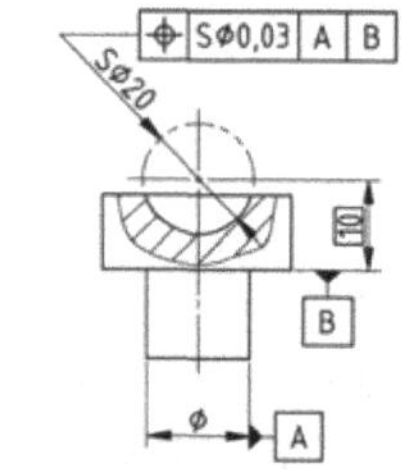	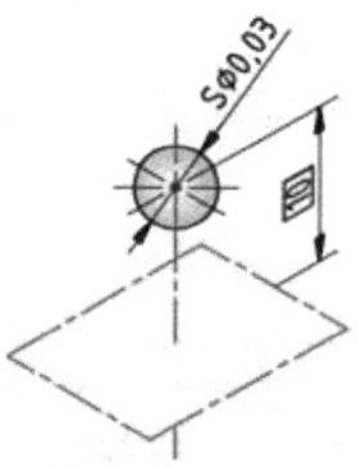	■ 지시선의 화살표로 나타낸 구의 중심은 데이텀 축 직선 A의 선 위에서 데이텀 평면 B로부터 10mm 떨어진 진 위치에 중심을 갖는 지름 0.03mm의 구 안에 있어야 한다. [보 기] 미끄럼 피봇(pivot) 베어링

[그림 4-31] 위치도 공차 지시와 해석

(나) 동축도 공차

공차 지시	공차 적용 범위	해석
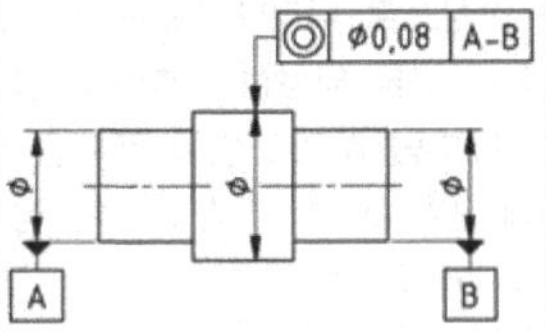	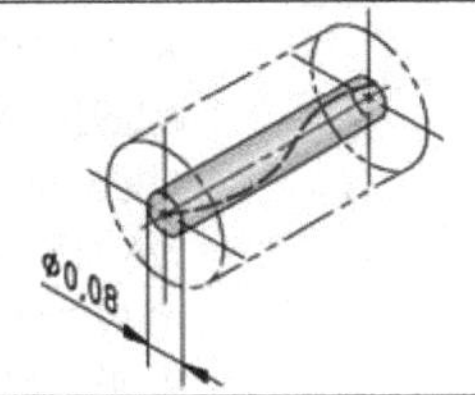	■ 지시선의 화살표로 나타낸 축 선은 데이텀 축 직선 A-B를 축 선으로 하는 지름 0.08mm인 원통 안에 있어야 한다.

[그림 4-32] 동축도 공차 지시와 해석

(다) 동심도 공차

공차 지시	공차 적용 범위	해석
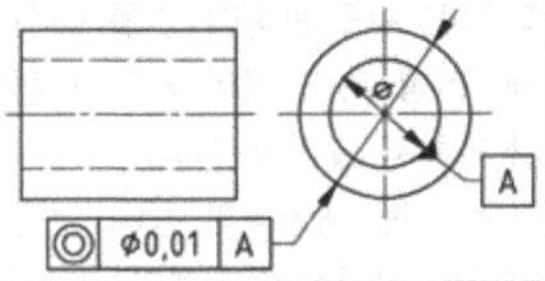	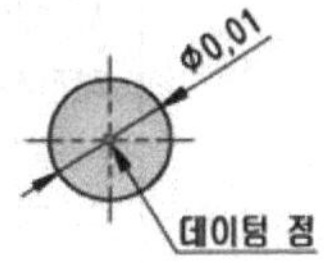	■ 지시선의 화살표로 나타낸 원의 중심은 데이텀 점 A를 중심으로 하는 지름 0.01mm인 원통 안에 있어야 한다.

[그림 4-33] 동심도 공차 지시와 해석

(라) 대칭도 공차

공차 지시	공차 적용 범위	해석
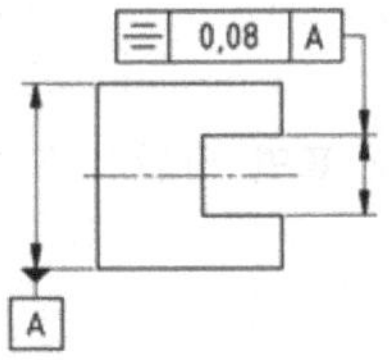	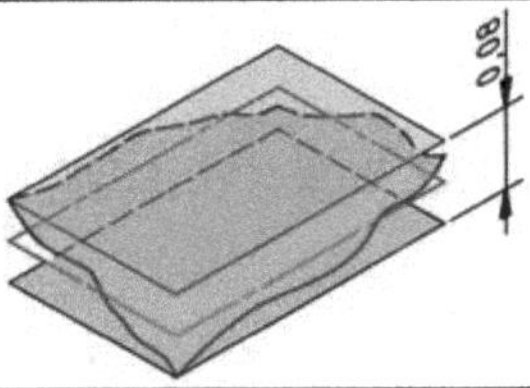	■ 지시선의 화살표는 나타낸 중심 면은 데이텀 중심 평면 A에 대칭으로 0.08mm 의 간격을 갖는 평행한 두 개의 평면 사이에 있어야 한다.

[그림 4-34] 대칭도 공차 지시와 해석

(4) 흔들림 공차

(가) 원주 흔들림 공차

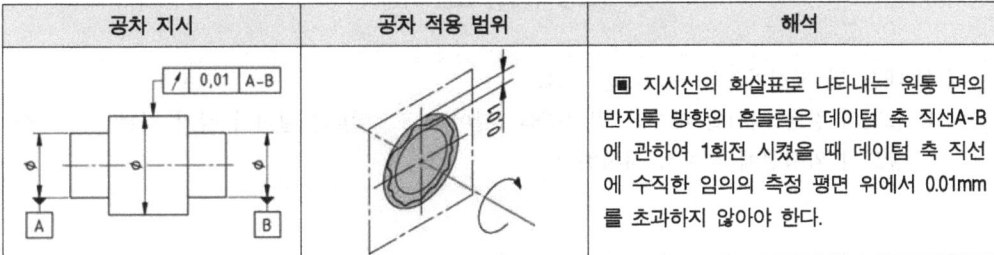

공차 지시	공차 적용 범위	해석
		■ 지시선의 화살표로 나타내는 원통 면의 반지름 방향의 흔들림은 데이텀 축 직선A-B 에 관하여 1회전 시켰을 때 데이텀 축 직선에 수직한 임의의 측정 평면 위에서 0.01mm 를 초과하지 않아야 한다.

[그림 4-35] 원주 흔들림 공차 지시와 해석

(나) 온 흔들림 공차

공차 지시	공차 적용 범위	해석
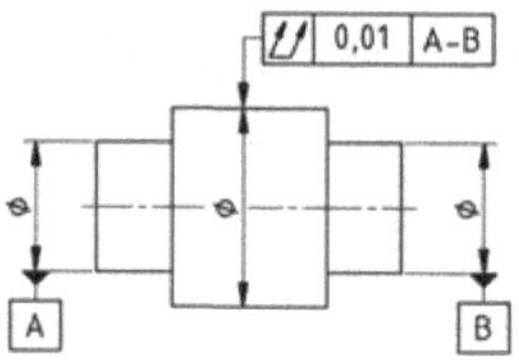 ⌀ 0,01 A-B	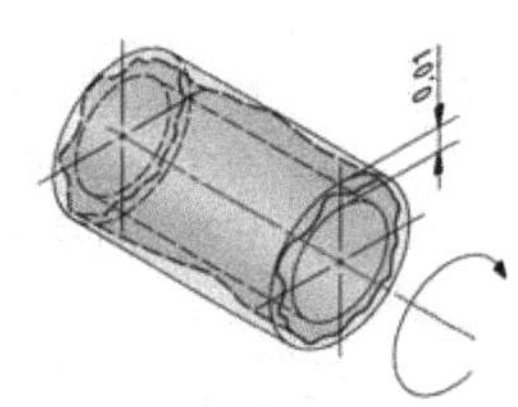	■ 지시선과 화살표로 나타낸 원통 면의 온 흔들림은 측정 기구를 외형선 방향으로 상대 이동시키면서 데이텀 A-B로 원통 부분을 회전시켰을 때에 원통 표면 위의 임의의 점에서 0.01mm 이내에 있어야 한다. 이 때, 측정기구 또는 대상물의 이동은 이론적으로 정확한 윤곽선에 따른다.
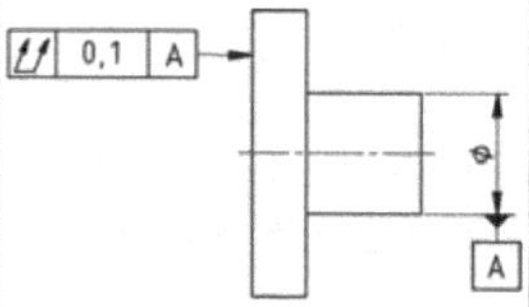 ⌀ 0,1 A	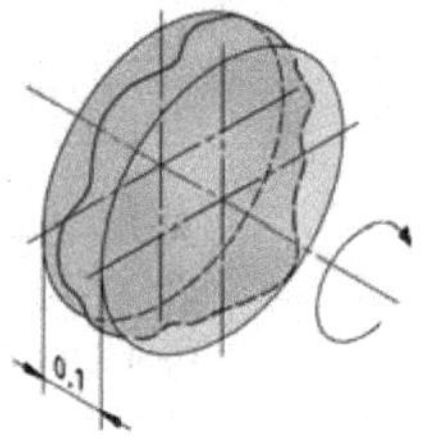	■ 지시선의 화살표로 나타낸 원통 측면의 축 방향의 온 흔들림은 이 측면과 측정 기구 사이에서 반지름 방향으로 상대 이동시키면서 데이텀 축 직선 A에 관하여 원통 측면을 회전시켰을 때, 원통 측면 위의 임의의 점에서 0.1mm를 초과하지 않아야 한다. 이 때, 측정기구 또는 대상물의 상대 이동은 이론적으로 정확한 윤곽선에 따른다.

[그림 4-36] 온 흔들림 공차 지시와 해석

3. 표면 거칠기와 재료 지시하기

(1) 표면 거칠기

(가) 제품의 표면에 가공 흔적이나 무늬 등으로 형성된 요철(⌒, ⌒)을 표면 거칠기라 한다.

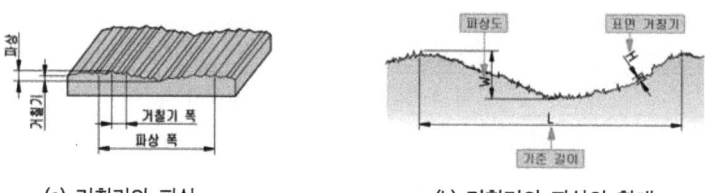

(a) 거칠기와 파상 (b) 거칠기와 파상의 확대

[그림 4-37] 표면 거칠기

(나) 대상 면 지시기호와 제거가공 기호

① 표면의 결을 지시할 때는 그림 4-38과 같이 60도로 벌린 길이가 각각 다른 기호로써 투상도의 외형선에 붙여서 지시한다.

그림 4-38 대상 면 지시기호

② 그림 4-38의 기호는 제거가공 여부를 묻지 않을 때 사용하며 그림 4-41의 (b), 그림 4-42의 (b)기호는 주로 금형으로 생산되는 주조 제품(주물, 주강, 플라스틱 사출, 다이캐스팅)의 제품도의 작성 등에 사용된다.

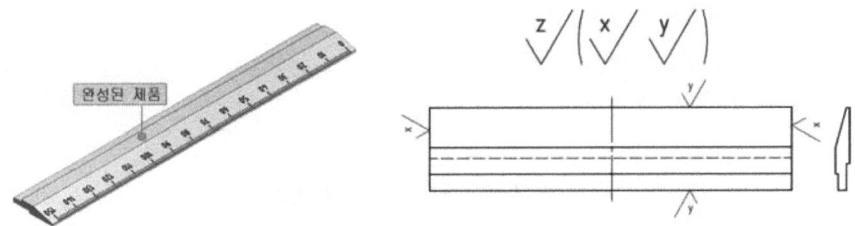

[그림 4-39] 플라스틱 자의 제품도

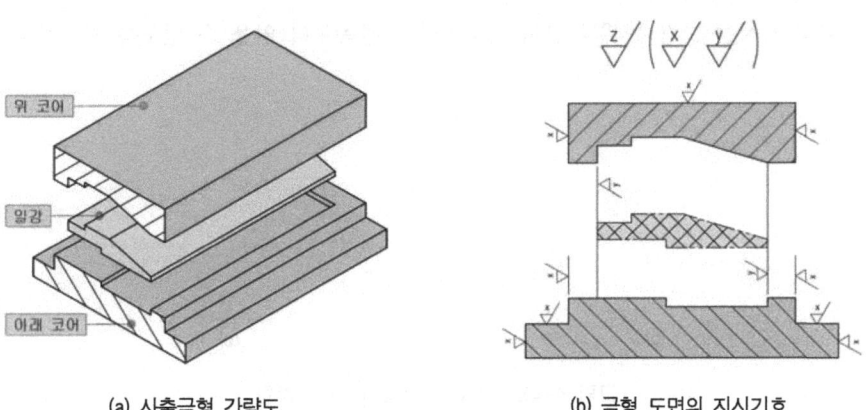

(a) 사출금형 간략도   (b) 금형 도면의 지시기호

[그림 4-40] 플라스틱 제품도에 사용된 지시기호의 보기

(다) 제거 가공을 필요로 하는 지시기호

제거 가공을 필요로 한다는 것을 지시하려면 그림 4-41의 (a)와 같이 대상 면의 지시기호의 짧은 쪽 다리 끝에 가로선을 그어서 지시한다.

(라) 제거 가공을 허용하지 않는 지시기호

제거 가공이나 다른 방법으로 얻어진 가공 전의 상태를 그대로 남겨 두는 것만을 지시하기 위한 기호로서 그림 4-41의 (b)와 같이 대상 면 지시기호에 내접하는 작은 원을 사용한다.

(a) 제거 가공 있음   (b) 제거 가공 없음

[그림 4-41] 제거 가공 지시기호

(마) 제거 가공방법 등을 지시하기 위한 가로선
　그림 4-42와 같이 가공방법 등을 지시할 필요가 있을 때는 지시기호의 긴 쪽 다리에 지시에 필요한 길이의 가로선을 사용한다.

[그림 4-42] 지시기호의 가로선

(2) 표면 거칠기 기호의 지시
(가) 기호의 지시는 그림 4-43과 같이 아래쪽과 오른쪽부터 읽을 수 있도록 지시한다.

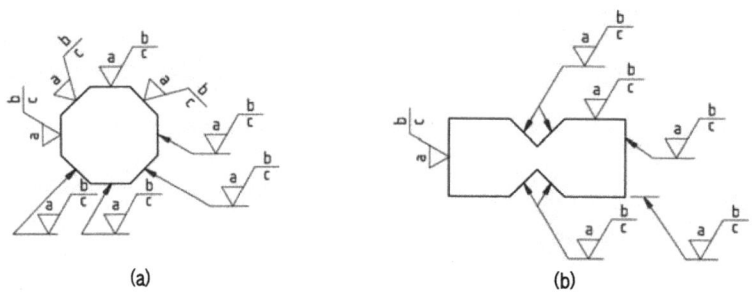

[그림 4-43] 거칠기 기호의 지시 방향

(나) 중심선 평균 거칠기의 값 'a' 만을 지시하는 경우 그림 4-44와 같이 지시하고 아래쪽, 오른쪽 부터 지시하는 방법을 따르지 않아도 좋다.

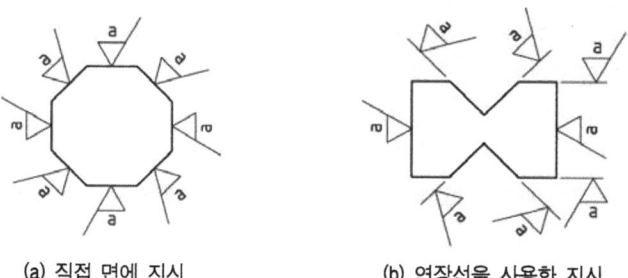

[그림 4-44] 중심선 평균 거칠기(Ra) 값만의 지시방향

(다) 지시기호를 그림 4-45의 (a)와 같이 대상 면의 연장선인 치수 보조선이나 치수선 위에 지시하는 경우 치수 다음에 지시한다.

단원명 4 공차, 거칠기, 재료 지시하기

(라) 앞의 '다'에 따를 수 없어서 그림 4-45의 (b)와 같이 지시선을 사용해야 할 경우에는 치수 다음에 지시한다.

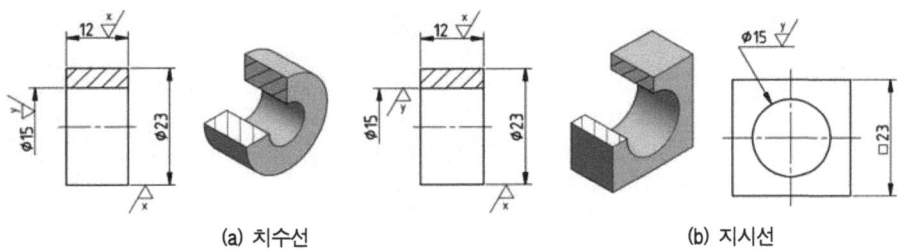

(a) 치수선 (b) 지시선

[그림 4-45] 지시선 위의 기호지시

(마) 둥글기 및 모떼기 부의 지시는 그림 4-46과 같이 둥글기의 반지름, 모떼기를 나타내는 치수선이나 연장선과 지시선을 사용한다.

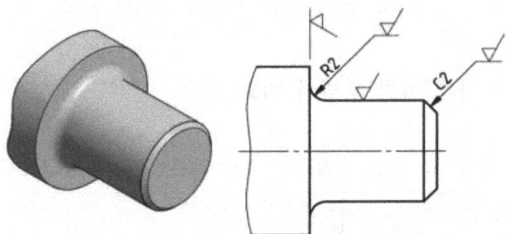

[그림 4-46] 둥글기, 모떼기 부 지시

(3) 거칠기 기호의 간단한 지시

(가) 여러 곳에 반복하여 지시할 경우에는 제거가공 지시기호와 영자의 소문자(w, x, y, z)로 거칠기 값을 생략한 지시기호로 지시하고 그 뜻을 그림 4-47과 같이 표제란의 곁이나 '주서' 란에 지시한다.

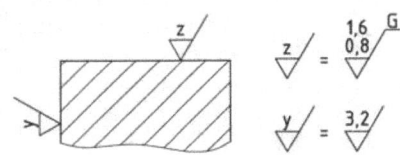

[그림 4-47] 생략한 거칠기 기호

(나) 전체의 면을 동일한 결로 지시할 경우에는 그림 4-48의 (a)와 같이 주 투상도(정면도)의 위, 그림 4-48의 (b)와 같이 부품번호의 옆이나 표제란 부근에 지시한다.

(다) 대부분이 동일한 표면 거칠기이고 일부분만이 다르게 되어 있는 경우에는 그림 4-2-40의 (c)와 같이 투상도에 지시하지 않은 기호나 그림 4-48의 (d)와 같이 지시한 기호는 괄호를 사용할 수 있다.

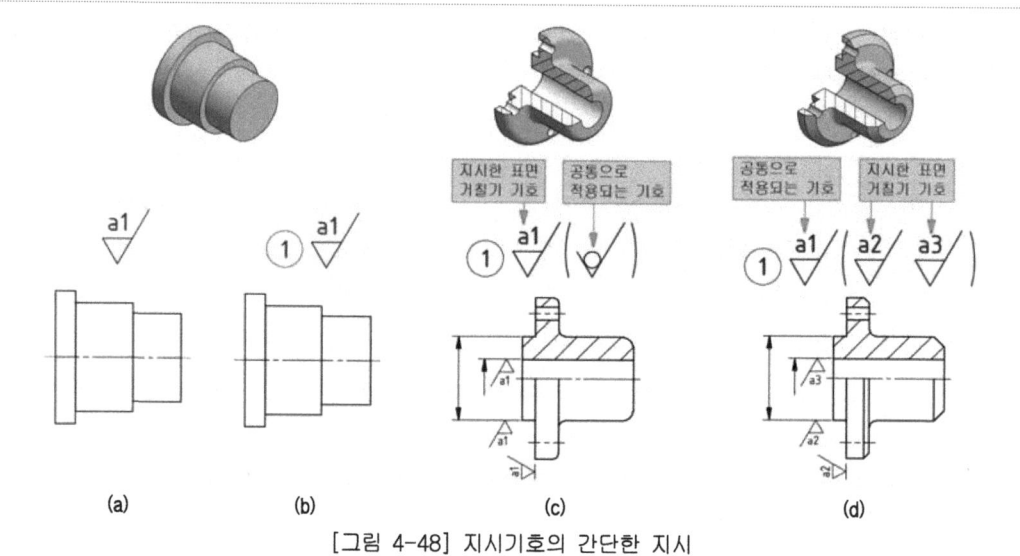

[그림 4-48] 지시기호의 간단한 지시

(4) 표면 거칠기 기호에 따른 가공 방법의 비교

<표 4-6> 표면 거칠기 기호에 따른 가공 방법의 비교

제거 가공 기호	면 지시 기호	다듬질 기호 (구 기호)	최대 높이 (Rz) 값	중심선 평균 거칠기 (Ra) 값	표준 편 게이지 번호	가공 정도	기입하는 부분 예
∀	∽				특별히 규정하지 않는다.	주조, 압연, 단조, 주물 등에 생산된 자연 면의 요철(큰 거스러미)을 그라인더나 줄 및 와이어 부러쉬 등으로 따내는 정도의 면	일반적으로 기계 등으로 가공은 하지 않으며 스패너의 자루, 핸들의 암, 주조 및 단조한 그대로의 면, 플랜지의 측면 등
W̌	W̌	▽	50-S	12.5a	N 10	줄 가공, 플래너, 선반, 밀링, 그라인딩, 샌드페이퍼 등에 의한 가공으로써 가공 흔적이 뚜렷하게 남을 정도의 거친 가공 면	저널 베어링 몸체의 밑면, 펌프 본체의 밑면, 축이나 핀의 양 끝 면, 다른 부품과 닿지 않는 가공 면 등
			100-S	25a	N 11		중요하지 않은 독립 부분의 거친 면이나 간단하게 흑피(표면의 불규칙한 돌기)를 제거하는 정도의 거친 면
X̌	X̌	▽▽	12.5-S	3.2a	N 8	줄 가공, 선반, 밀링, 부로칭 등에 의한 선삭, 그라인딩에 의한 가공으로 가공 흔적이 희미하게 남을 정도의 보통의 가공 면	플랜지나 커플링의 접합면, 키로 고정하는 구멍의 안지름 면과 축의 바깥지름 면, 저널 베어링의 본체와 뚜껑의 접합 면, 리머 볼트가 끼워지는 안지름 면, 기어의 이 끝 면, 키의 외면과 키 홈의 면, 나사산의 면, 회전 및 직선 미끄럼 운동을 하지 않은 접촉면과 접착되는 면, 패킹의 접착 면, 핸들의 사각 구멍 안쪽 면, 부시나 미끄럼 베어링의 양 끝 면, 볼트로 고정하는 접촉면, 기어의 보스 양 측면, 풀리의 보스 양 측면,
			25-S	6.3a	N 9		

			3.2-S	0.8a	N 6	줄 가공, 선반이나 밀링 등에 의한 선삭, 그라인딩, 래핑, 보링 등에 의한 가공으로 가공 흔적이 전혀 남아 있지 않은 극히 깨끗한 정밀 고급 가공면	오링이 끼워지거나 접촉해 고정되는 면, 크랭크 핀의 바깥지름 면, 크랭크축과 운동하는 저널의 안지름 면, 기어의 이 맞물림 면, 부시나 미끄럼 베어링의 안지름 면, 회전 또는 직선 왕복운동을 하는 축의 바깥지름 면과 보스의 안지름 면, 밸브 시트 면이나 콕의 스토퍼 접촉 면, 크랭크 축과 미끄럼 접촉하는 저널의 안지름 면, 내연 기관의 피스톤 로드와 피스톤 핀 및 크로스헤드 핀, 피스톤 링의 바깥지름 면, 중저속 베어링의 구름 면, 캠의 면, 기타 윤이 나거나, 도금을 해야 하는 외면, 정밀 나사의 산 면 등
y	y	▽▽▽	6.3-S	1.6a	N 7		
z	z	▽▽▽▽	0.1-S	0.025a	N 1	래핑, 버핑 등에 의한 가공으로 광택이 나며, 거울 면처럼 극히 깨끗한 초정밀 고급 가공 면	정밀을 요하는 래핑(lapping), 버핑(buffing) 등에 의한 특수 용도의 고급 플랜지 면
			0.2-S	0.05a	N 2		
			0.4-S	0.1a	N 3		내연기관의 피스톤 로드와 피스톤 핀 및 크로스헤드 핀, 피스톤 링의 바깥지름 면, 고속 베어링의 구름 면, 연료 펌프의 플랜지, 공기압 또는 유압 실린더의 안지름 면, 오일 실 및 오링과 회전운동 및 직선 왕복미끄럼 접촉하는 축 바깥지름 면, 볼이나 니들 롤러의 외면 등
			0.8-S	0.2a	N 4		
			1.6-S	0.4a	N 5		

4. 기계재료 기호의 구성과 열처리 지시

 기계재료 기호는 영문자와 숫자로 구성되어 있으며 보통 다음과 같이 세 부분으로 나누어 지시하며 KS D에서 규정하고 있다.

 (가) 처음 부분은 재질을 나타내는 영문자의 머리글자나 원소 기호로 지시한다.
 (나) 중간 부분은 재료 이름, 모양, 용도 등을 나타내며 영자의 머리글자로 지시한다.
 (다) 끝 부분은 재료의 종류 번호, 최저 인장 강도, 제조 방법, 열처리 방법 등을 나타낸다.

 [보 기] 1. SS 400(KS D 3503의 일반 구조용 압연 강재)
     [S → 강(steel), S → 일반 구조용 압연재(general structural purposses), 400 → 최저 인장강도(400 N/㎟)]
   2. SM 45C(KS D 3752의 기계 구조용 탄소강 강재)
     [S → 강(steel), M → 기계 구조용(machine structural use),
     45C → 탄소 함유량(C 0.45%)]

 (라) 그림 4-49와 같이 부품란의 재질란에 재료기호를, 비고란이나 주서란에 열처리 방법과 경도 값을 지시한다.

2D 도면작성

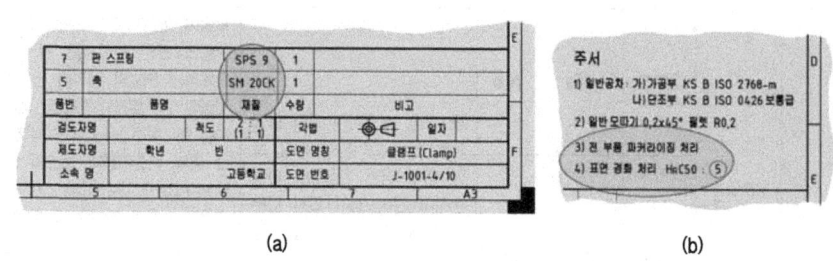

(a)　　　　　　　　　　　　　　　(b)

[그림 4-49] 전체 열처리 경우 표제란에 지시하는 방법

(나) 제품의 일부분을 열처리 할 경우에는 그림 4-50과 같이 열처리 부분의 범위를 아주 굵은 일점쇄선을 그어 치수를 지시와 함께 열처리 방법을 지시한다.

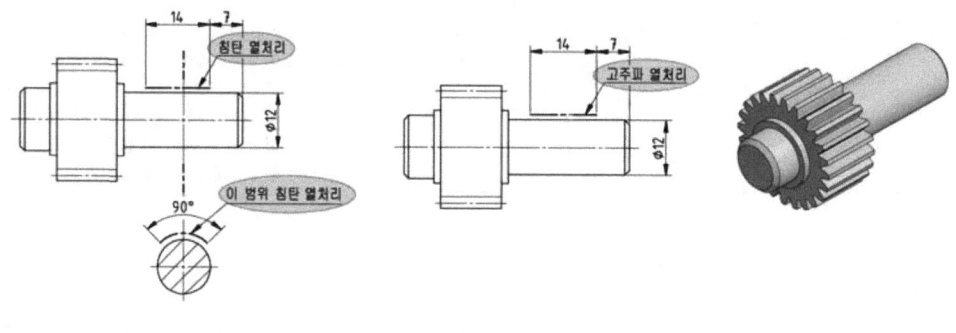

(a) 원둘레 범위 한정　　　　　　(b) 전체 원둘레

[그림 4-50] 부품의 일부분을 열처리 할 경우의 지시방법

단원명 4 공차, 거칠기, 재료 지시하기

실기 과제

아래의 등각도를 보고 제3각법에 의해 2:1의 척도로 반드시 마련할 양식이 그려진 A3용지에 투상도, 치수지시, 치수공차 및 끼워 맞춤 공차, 기하공차, 표면 거칠기, 재료를 지시하시오.

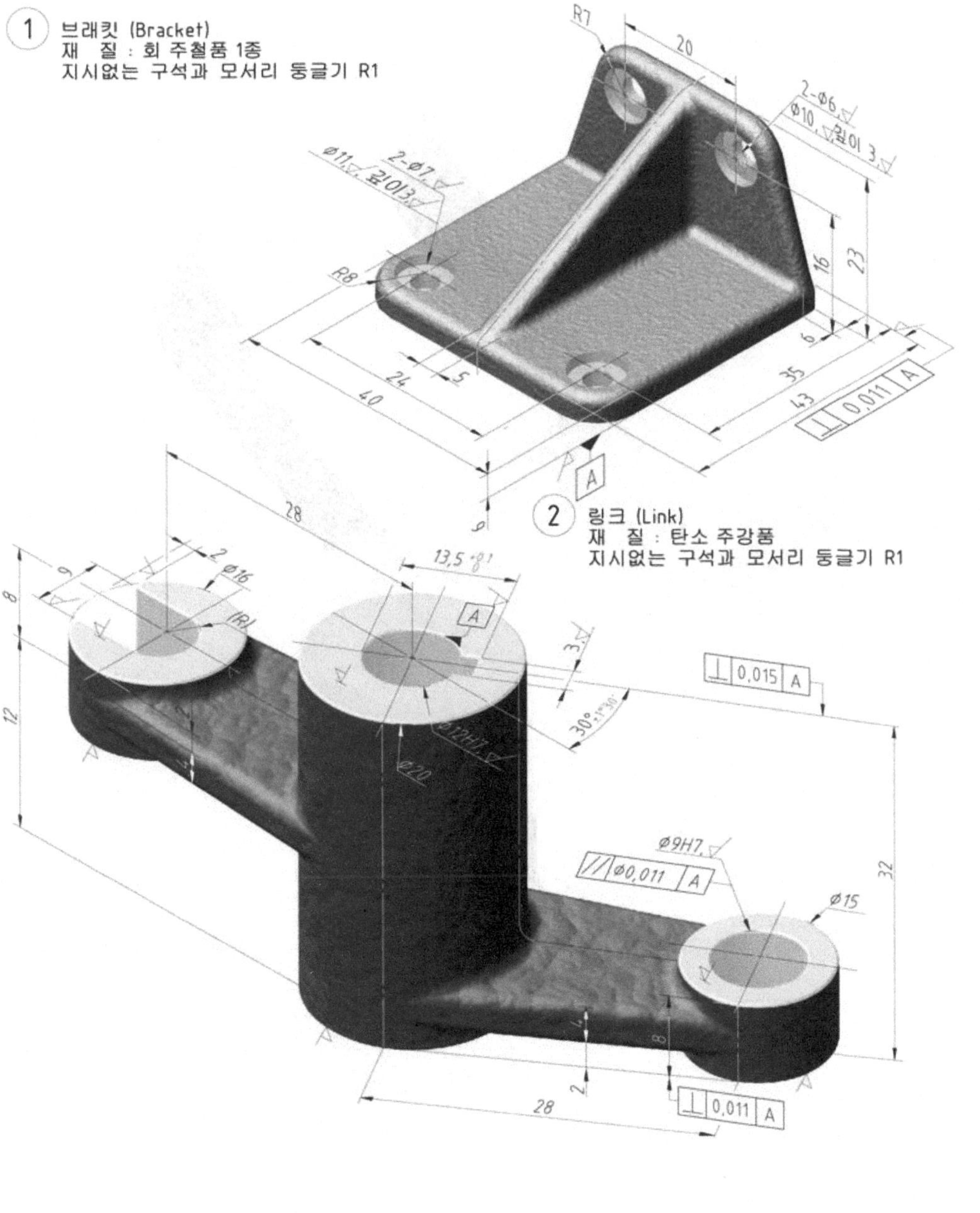

① 브래킷 (Bracket)
 재 질 : 회주철품 1종
 지시없는 구석과 모서리 둥글기 R1

② 링크 (Link)
 재 질 : 탄소 주강품
 지시없는 구석과 모서리 둥글기 R1

③ 축 연결대 (Shaft Link Stick)
재 질 : 탄소 주강품
지시없는 구석과 모서리 둥글기 R1
모떼기 1x45°

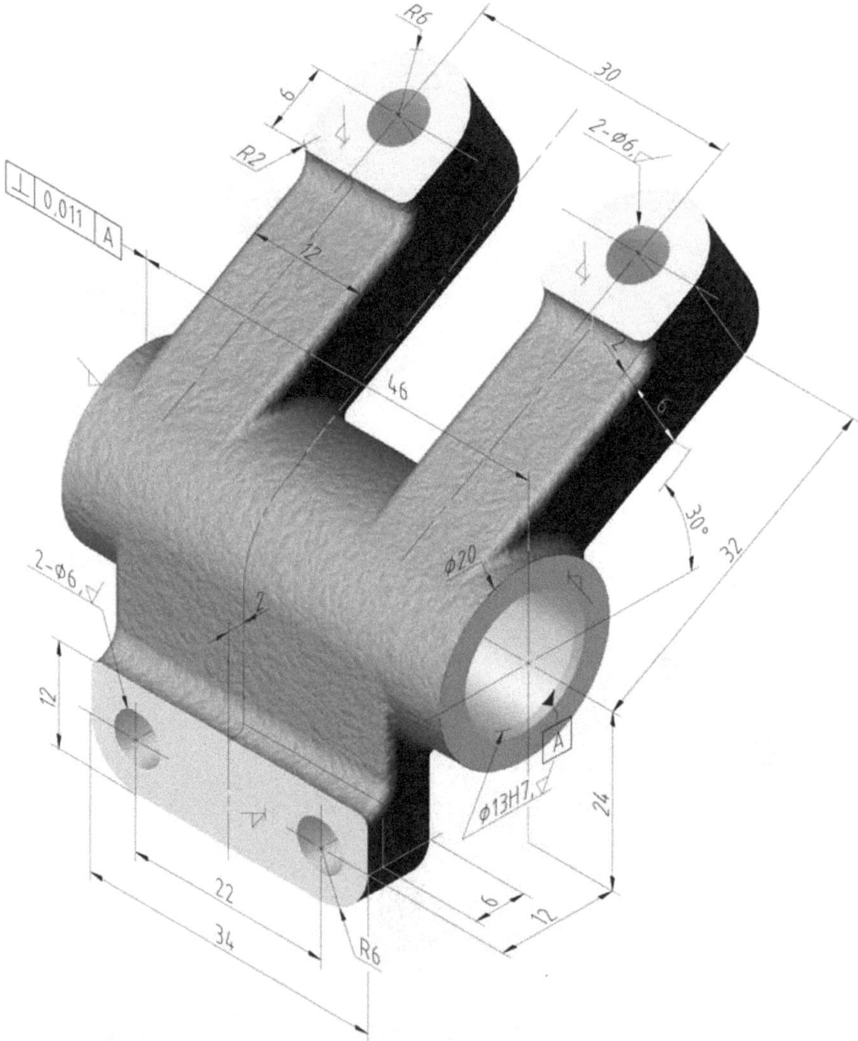

단원명 4 공차, 거칠기, 재료 지시하기

④ 브래킷 (Bracket)
재　질 : 회 주철품 2종
지시없는 구석과 모서리 둥글기 R1

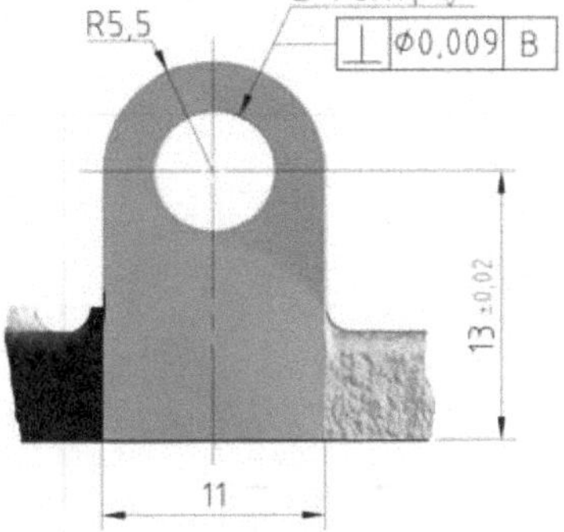

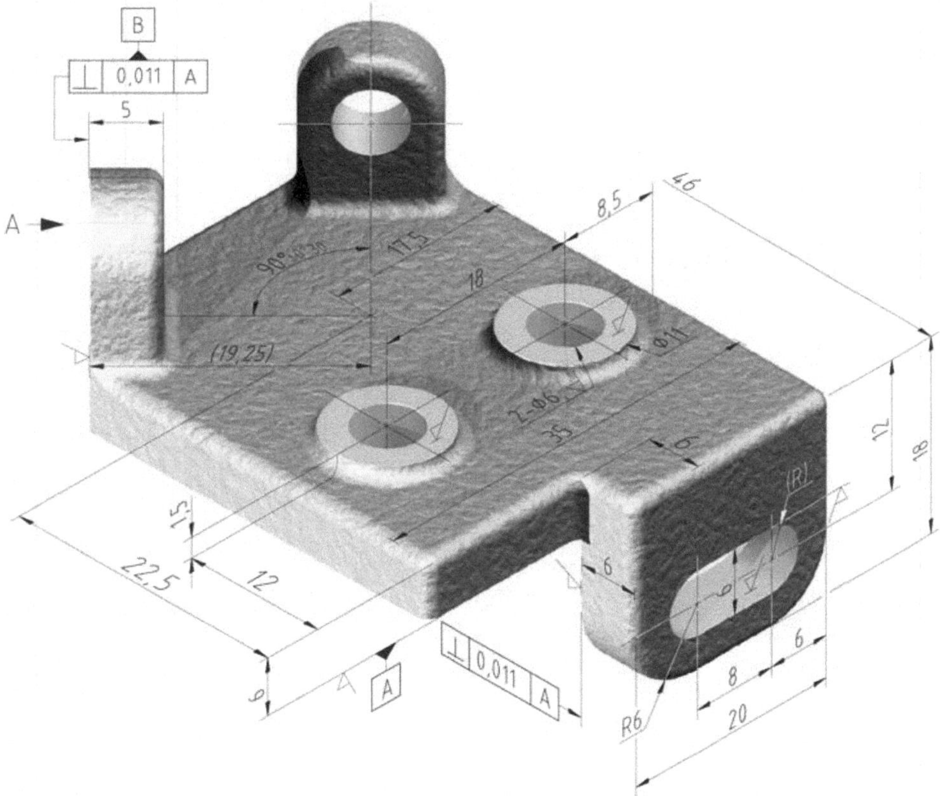

2D 도면작성

실기 과제

모범답안

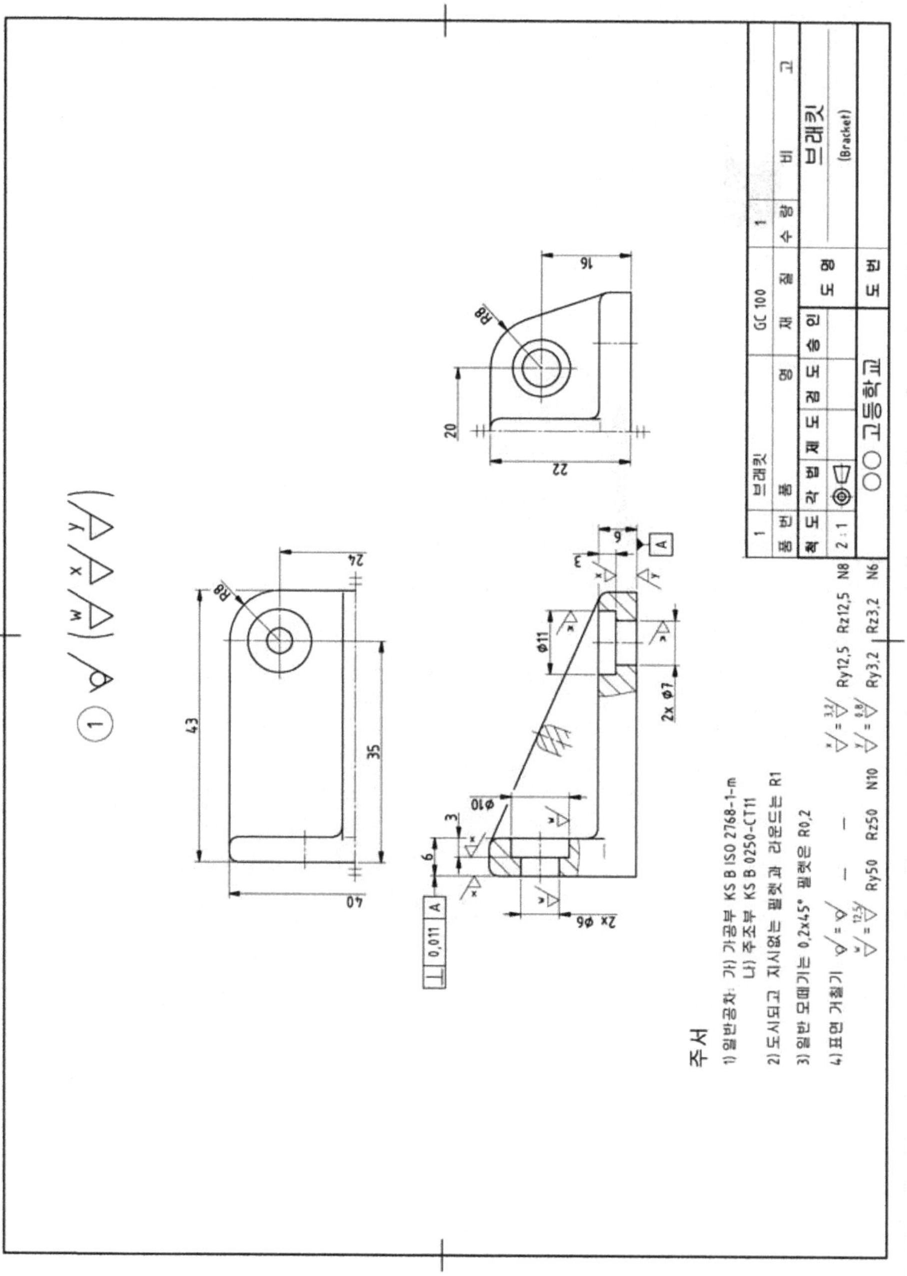

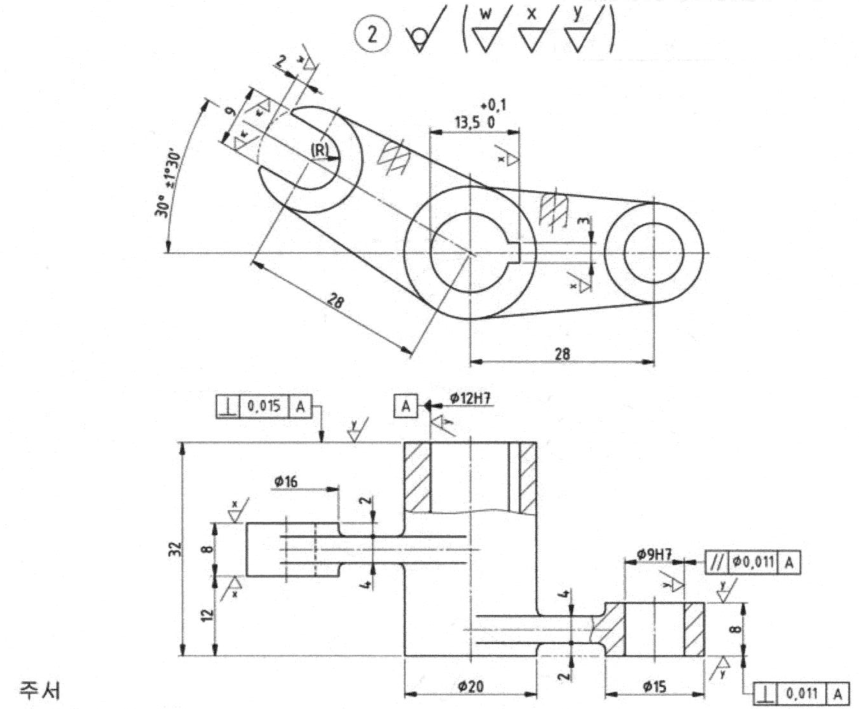

주서

1) 일반공차: 가) 가공부 KS B ISO 2768-1-m
나) 주조부 KS B 0250-CT11

2) 도시되고 지시없는 필렛과 라운드는 R1

3) 일반 모떼기는 0,2x45° 필렛은 R0,2

4) 표면 거칠기 ∀ = ∀ — — x∀ = 3,2∀ Ry12,5 Rz12,5 N8
w∀ = 12,5∀ Ry50 Rz50 N10 y∀ = 0,8∀ Ry3,2 Rz3,2 N6

2	링크	SC 410	1	
품 번	품 명	재 질	수 량	비 고
척 도	각 법	제 도	검 도	승 인
2 : 1	⊕◁			
○○ 고등학교				
도 명	링크 (Link)			
도 번				

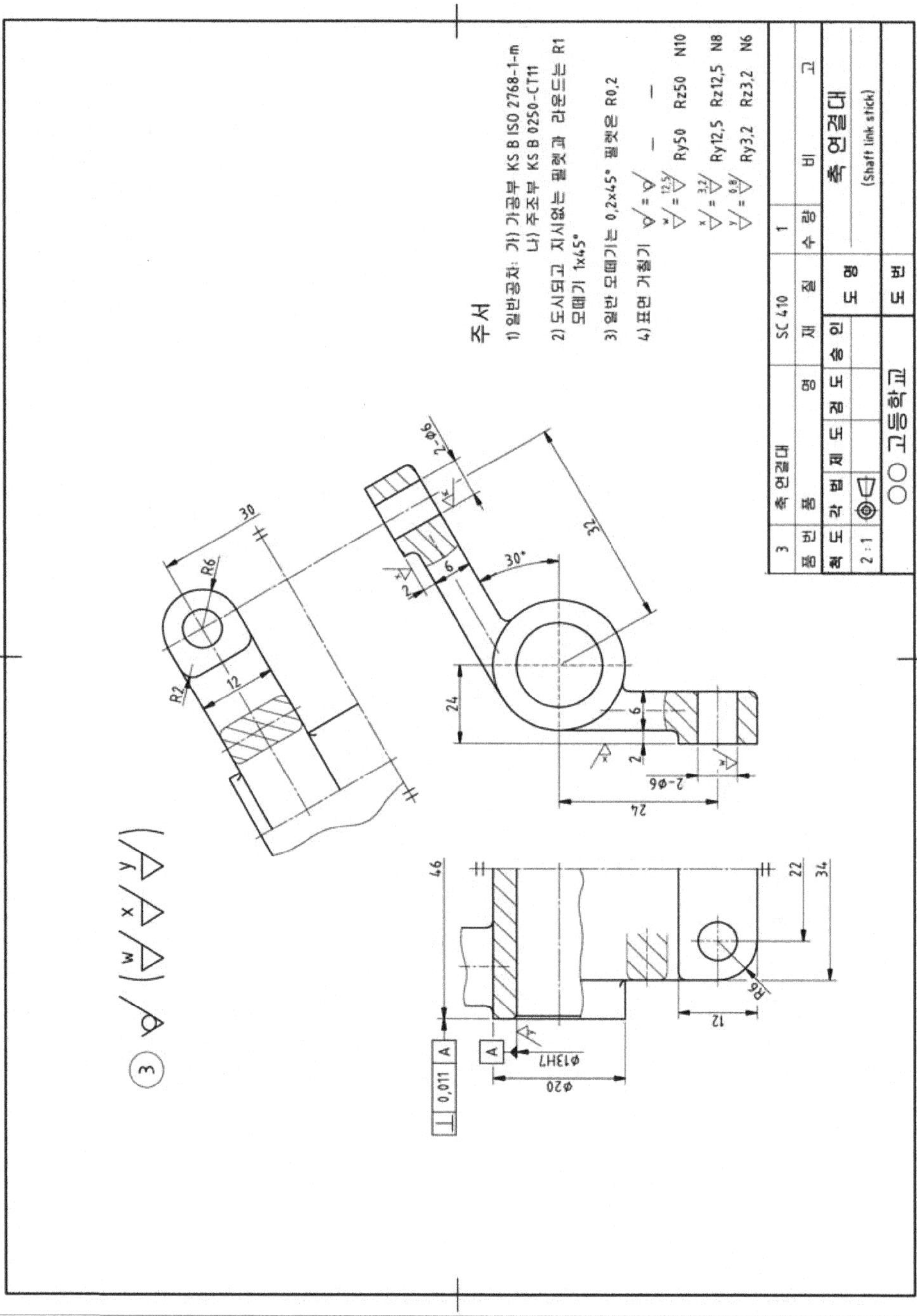

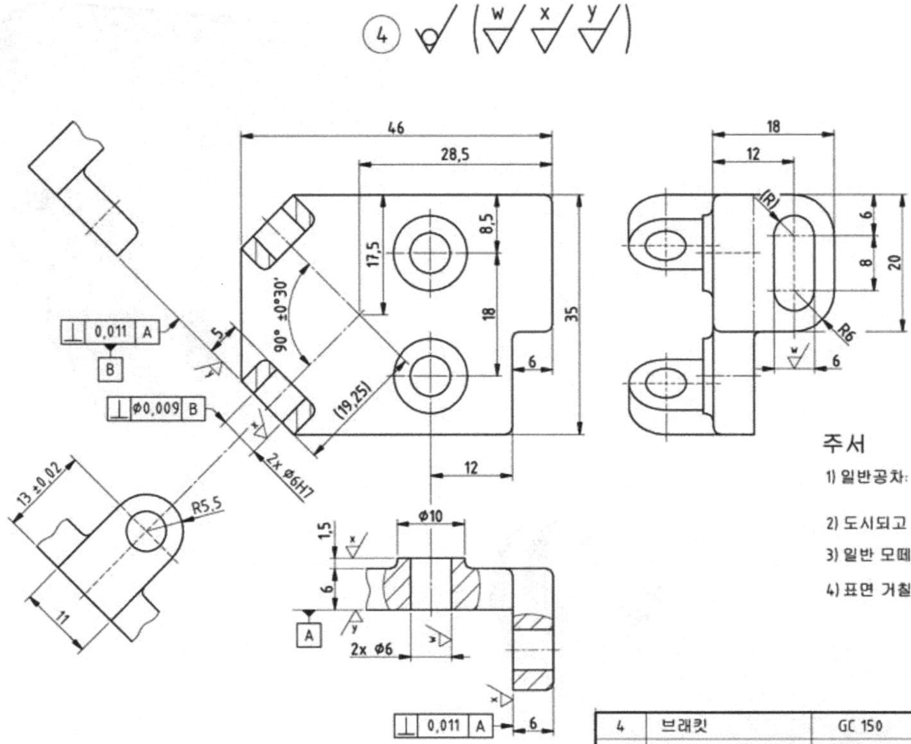

2D 도면작성

실기 과제

아래의 등각도를 보고 제3각법에 의해 1:1의 척도로 반드시 마련할 양식이 그려진 A3용지에 투상도, 치수지시, 치수공차 및 끼워 맞춤 공차, 기하공차, 표면 거칠기, 재료를 지시하시오.

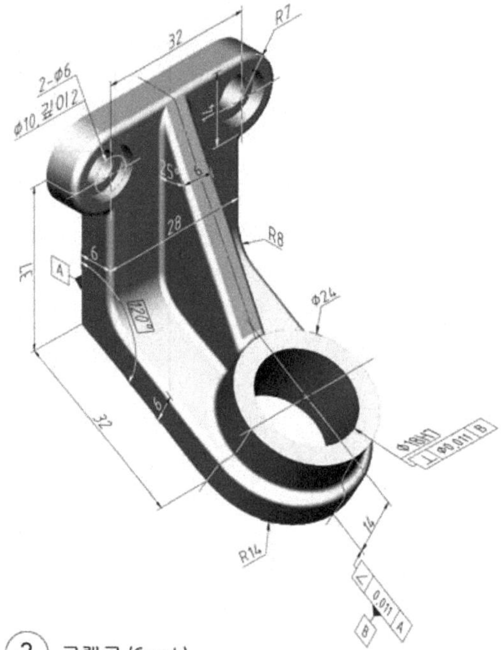

① 샤프트 홀더 (Shaft Holder)
  재 질 : 회 주철품 2종
  지시없는 구석과 모서리 둥글기 R1

② 크랭크 (Crank)
  재 질 : 탄소 주강품
  지시없는 구석과 모서리 둥글기 R2

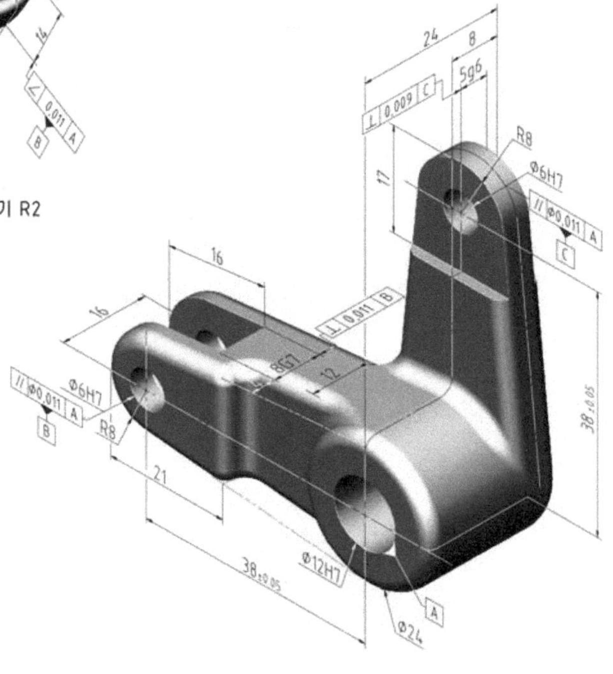

단원명 4 공차, 거칠기, 재료 지시하기

③ 샤프트 베이스 (Shaft Base)
재 질 : 탄소 주강품
지시없는 구석과 모서리 둥글기 R1
모떼기 1x45°

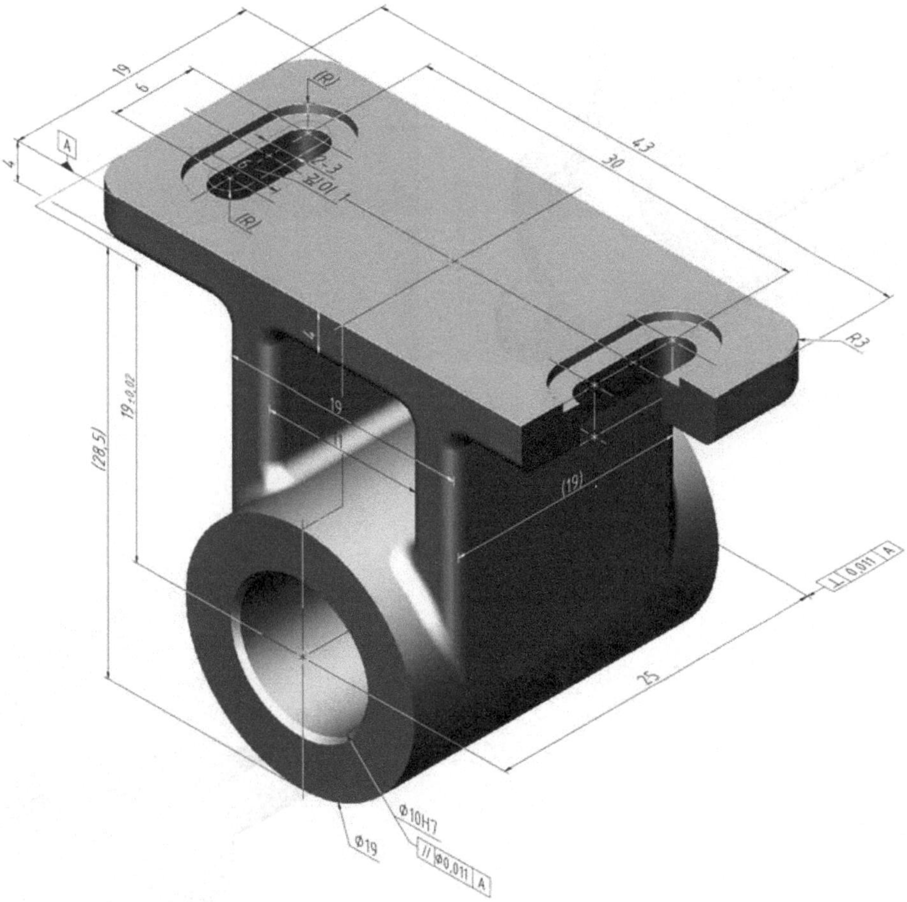

④ 브래킷 (Bracket)
재 질 : 회 주철품 2종
지시없는 구석과 모서리 둥글기 R2

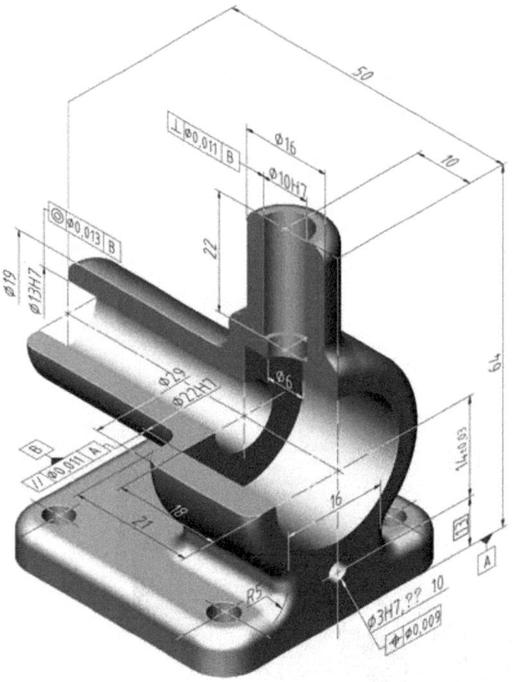

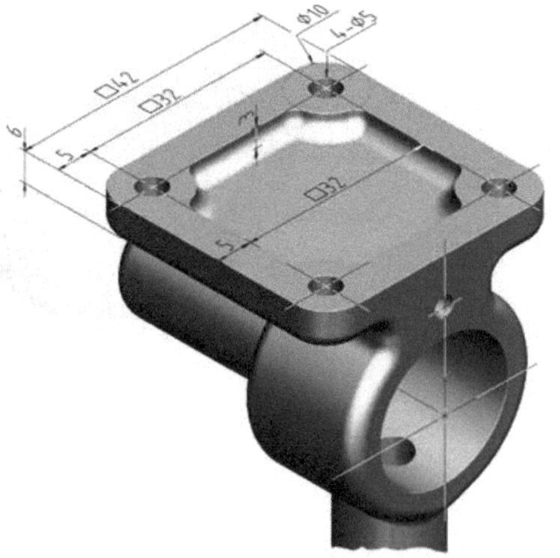

단원명 4 공차, 거칠기, 재료 지시하기

⑤ 아이들러 암 (Idler Arm)
재 질 : 회 주철품 3종
지시없는 구석과 모서리 둥글기 R1

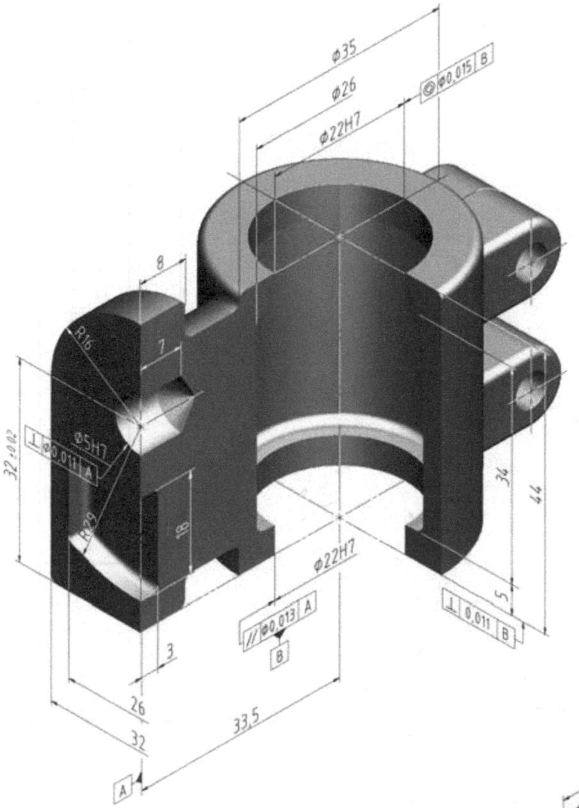

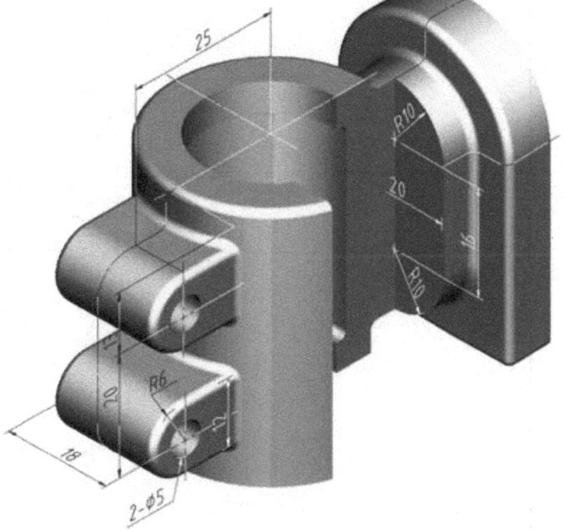

2D 도면작성

실기 과제

모범 답안

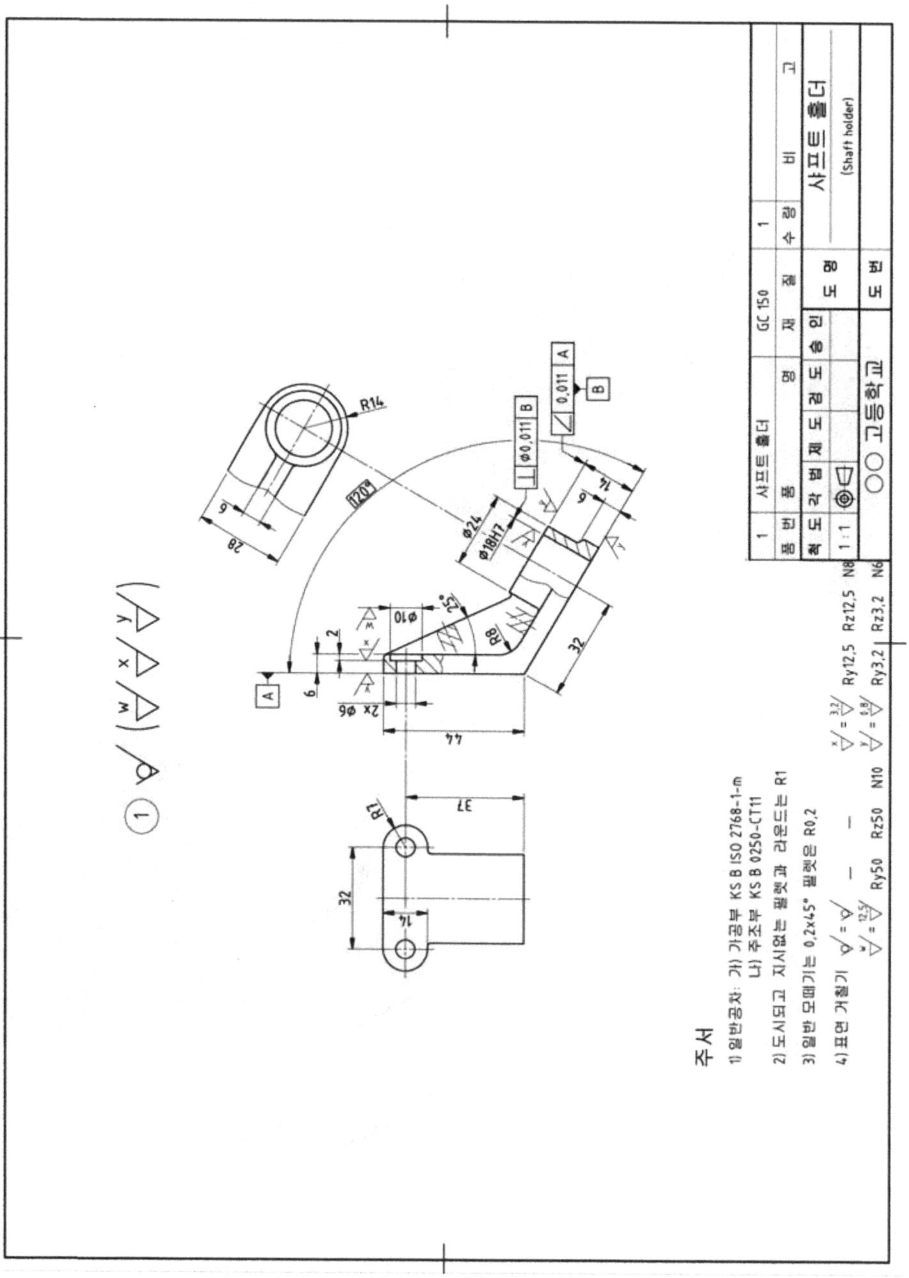

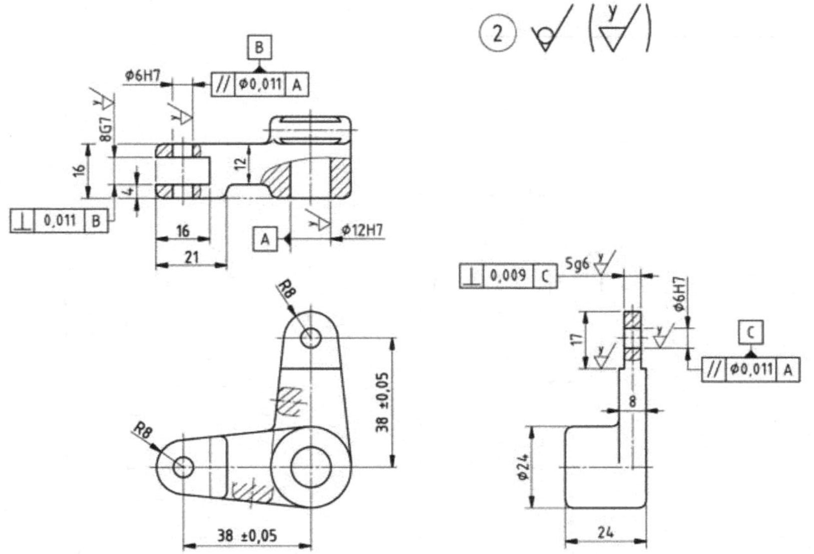

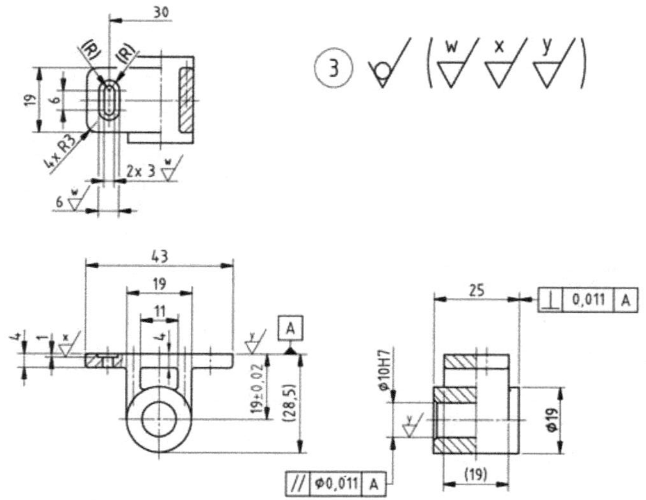

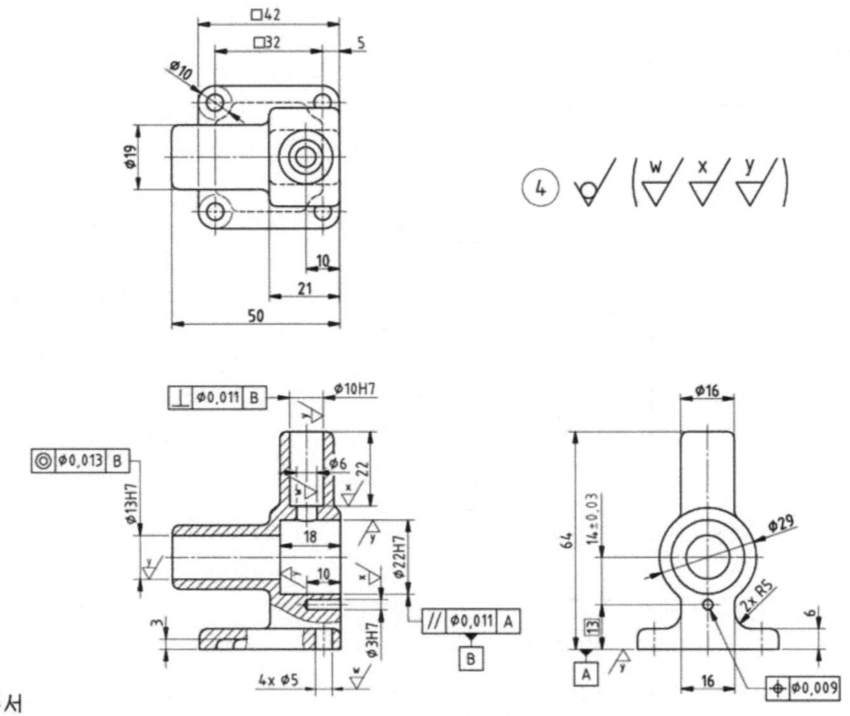

단원명 4 공차, 거칠기, 재료 지시하기

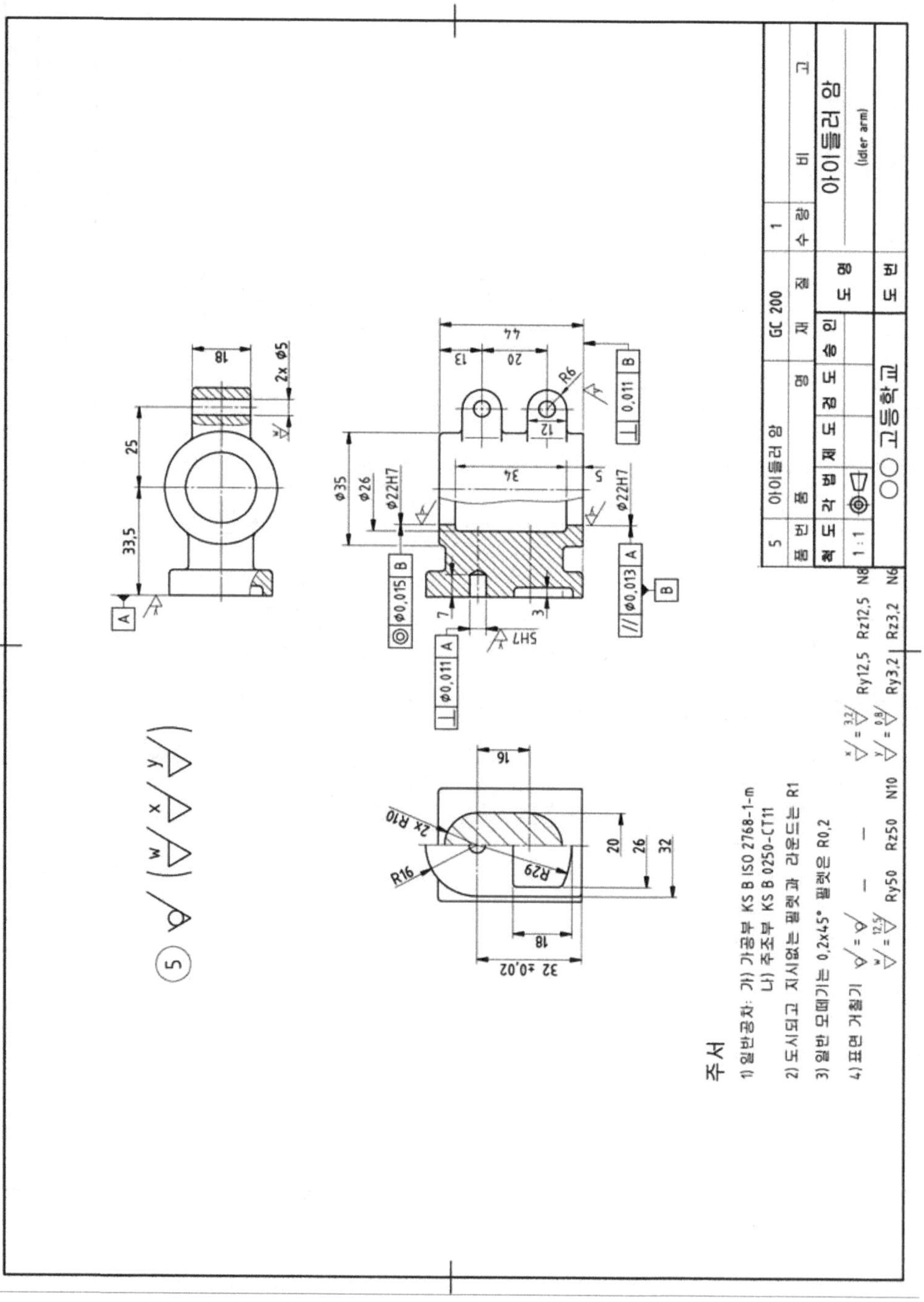

단원명 4 공차, 거칠기, 재료 지시하기

실기 과제

① 아래의 축 지지대 등각도를 보고 제3각법에 의해 1:1의 척도로 반드시 마련할 양식이 그려진 A3용지에 투상도, 치수지시, 치수공차 및 끼워 맞춤 공차, 기하공차, 표면 거칠기, 재료를 지시하시오. 단 지시하지 않은 모서리와 구석은 R2이다.

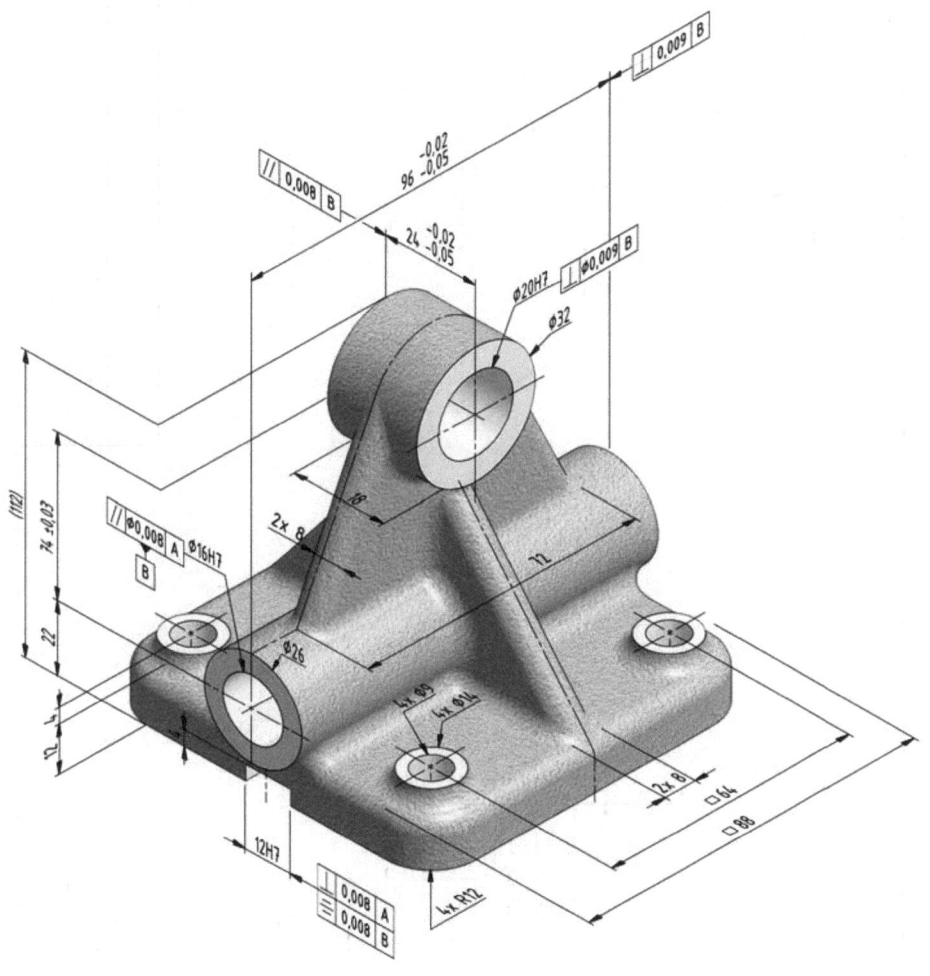

실기 과제

모범답안

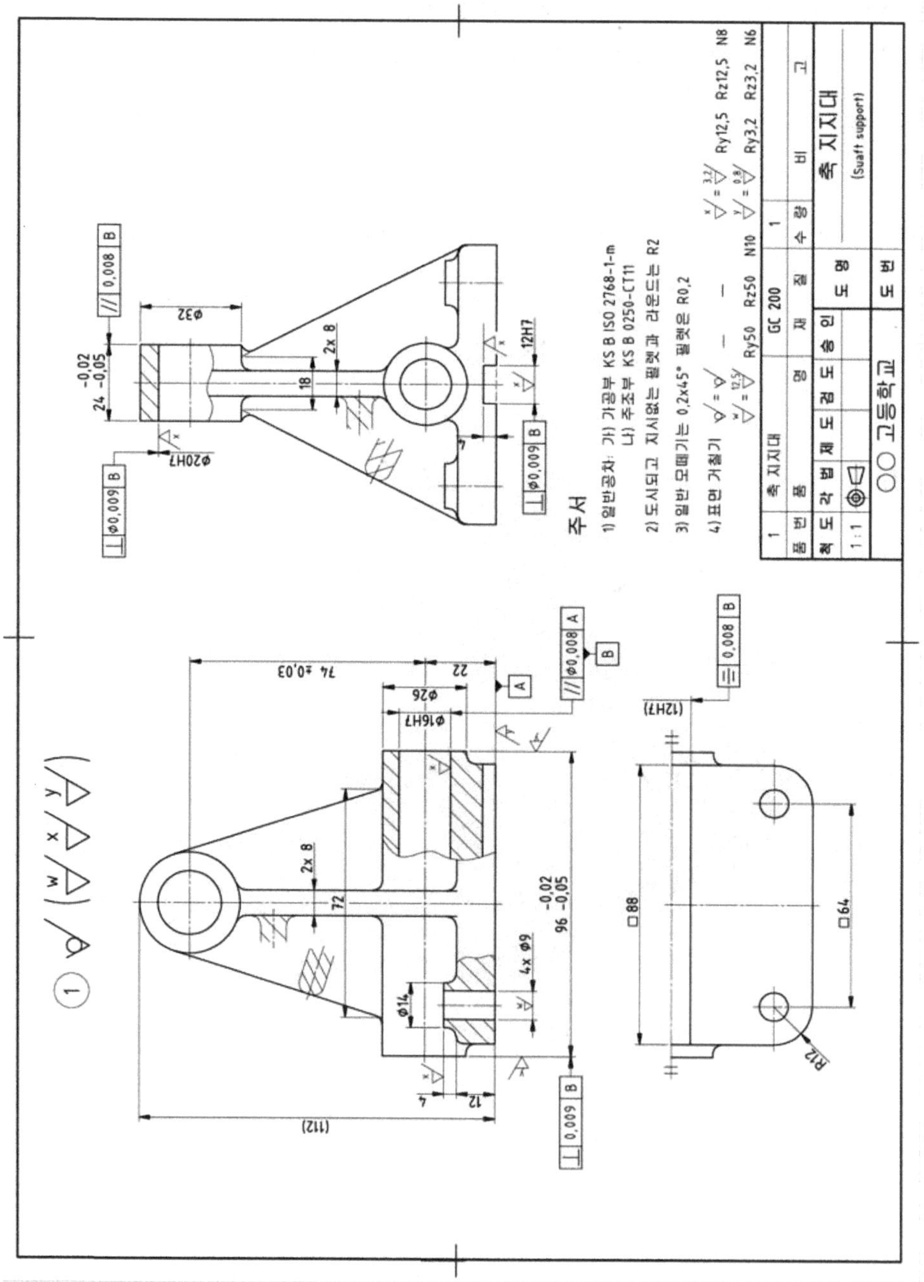

단원명 4 | 교수방법 및 학습활동

교수 방법

- 기본도형 제도에서 CAD 프로그램 사용 매뉴얼에 대해 PPT로 설명 및 시연한 후 학습자가 각각 따라서 실습 보고서를 작성하도록 한다.
- 제거가공 치수, 주조품 치수, IT 기본공차에서 ISO 및 KS규격을 PPT로 설명하고 각각의 예를 들어 학습자에게 시연한다.
- 끼워 맞춤 공차에서 치수 허용차와 허용한계치수의 계산에 대해 PPT로 설명하고 각각의 예를 들어 학습자에게 시연하여 각각 따라서 실습 보고서를 작성하도록 한다.
- 기하공차에서 기하공차 기호의 종류와 해석방법을 PPT로 설명하고 각각의 예를 들어 학습자에게 시연하여 각각 따라서 실습 보고서를 작성하도록 한다.
- 표면 거칠기에서 기호의 지시방법에 대해 PPT로 설명하고 각각의 예를 들어 학습자에게 시연하여 각각 따라서 실습 보고서를 작성하도록 한다.
- 재료선택에서 부품의 형상에 따른 기계 공작방법에 대해 PPT로 설명하고 각각의 예를 들어 학습자에게 시연하여 각각 따라서 실습 보고서를 작성하도록 한다.
- 실습 보고서 작성 학습활동이 끝나면 오류사항에 대한 수정 보고서(도면)를 작성하도록 한다.

학습 활동

- 컴퓨터에 설치된 CAD 프로그램 특성을 파악한 후 설명 및 시연에 따라 각자 학습활동을 한 후 출력 결과물(실습 보고서)을 조별로 검토하여 오류부분을 발표한다.
- 올바른 치수 공차와 끼워 맞춤 공차가 지시되었는지를 출력 결과물(실습 보고서)을 검토하여 학습자 스스로 발표한다.
- 올바른 기하공차 기호가 되었는지를 출력 결과물(실습 보고서)을 조별로 검토하여 오류부분 내용을 발표한다.
- 기계 가공 방법에 따른 올바른 표면 거칠기 기호가 지시되었는지를 출력 결과물(실습 보고서)을 조별로 검토하여 오류부분 내용을 발표한다.
- 부품 형상에 따른 올바른 재료기호가 지시되었는지를 출력 결과물(실습 보고서)을 조별로 검토하여 오류부분 내용을 발표한다.
- 주어진 요구사항에 의해 도면의 양식을 마련하고 특정한 부분의 양식 내용에 대한 출력 결과물(실습 보고서)을 조별로 검토하여 내용을 발표한다.

2D 도면작성

단원명 4 평가

평가 시점

- 캐드 운용하기의 이해도는 교육 중 확인한다.
- 치수공차, 끼워 맞춤 공차, 기하공차, 재료 선택하기는 실습 후 각각 평가한다.

평가 준거

평가자는 피평가자가 수행준거 및 평가내용에 제시되어 있는 내용을 성공적으로 수행할 수 있는지를 평가해야 한다. 평가자는 다음 사항을 평가해야 한다.

평가영역	평가항목	성취수준				
		매우 미흡	미흡	보통	잘함	매우 잘함
치수공차, 끼워 맞춤 공차	저거가공 부의 기준 치수에 대한 정밀도를 파악하여 설명할 수 있다.					
	주조부의 기준 치수에 대한 정밀도를 파악하여 설명할 수 있다.					
	가공부의 기준 치수에 주어진 정밀도를 파악하여 일반 공차를 이해하고 도면에 지시할 수 있다.					
	부품의 기능과 작동상태를 파악하여 도면에 끼워 맞춤 공차를 지시할 수 있다.					
기하공차, 표면 거칠기, 재료선택	기하공차 기호의 종류와 해석 방법을 이해하고 설명할 수 있다.					
	부품의 기능과 작동상태를 파악하여 부품의 해당 부분에 기하공차 기호를 지시할 수 있다.					
	절삭 방법에 따른 표면 거칠기를 이해하여 설명할 수 있다.					
	부품의 기능과 작동을 파악하여 절삭방법에 따른 표면 거칠기 기호를 지시할 수 있다.					
	부품의 기능과 작동 및 수명을 이해하여 알맞은 재료를 선택하고 기호로 지시할 수 있다.					

단원명 4 공차, 거칠기, 재료 지시하기

평가 방법

평가영역	평가항목	평가방법
치수공차, 끼워 맞춤 공차	저거가공 부의 기준 치수에 대한 정밀도를 파악하여 설명할 수 있다.	실습실 평가
	주조부의 기준 치수에 대한 정밀도를 파악하여 설명할 수 있다.	
	가공부의 기준 치수에 주어진 정밀도를 파악하여 일반 공차를 이해하고 도면에 지시할 수 있다.	
	부품의 기능과 작동상태를 파악하여 도면에 끼워 맞춤 공차를 지시할 수 있다.	
기하공차, 표면 거칠기, 재료선택	기하공차 기호의 종류와 해석 방법을 이해하고 설명할 수 있다.	실습실 평가
	부품의 기능과 작동상태를 파악하여 부품의 해당 부분에 기하공차 기호를 지시할 수 있다.	
	절삭 방법에 따른 표면 거칠기를 이해하여 설명할 수 있다.	
	부품의 기능과 작동을 파악하여 절삭방법에 따른 표면 거칠기 기호를 지시할 수 있다.	
	부품의 기능과 작동 및 수명을 이해하여 알맞은 재료를 선택하고 기호로 지시할 수 있다.	

2D 도면작성

단원 평가

다음 과제는 캐스터(Caster)이다. 주어진 과제를 토대로 하여 A2용지에 부품 ①, ②, ③, ④를 1:1의 척도로 제 3각법에 의해 제도하시오. 단, 지시하지 않은 모서리 R3 모떼기 1x45° 이다.

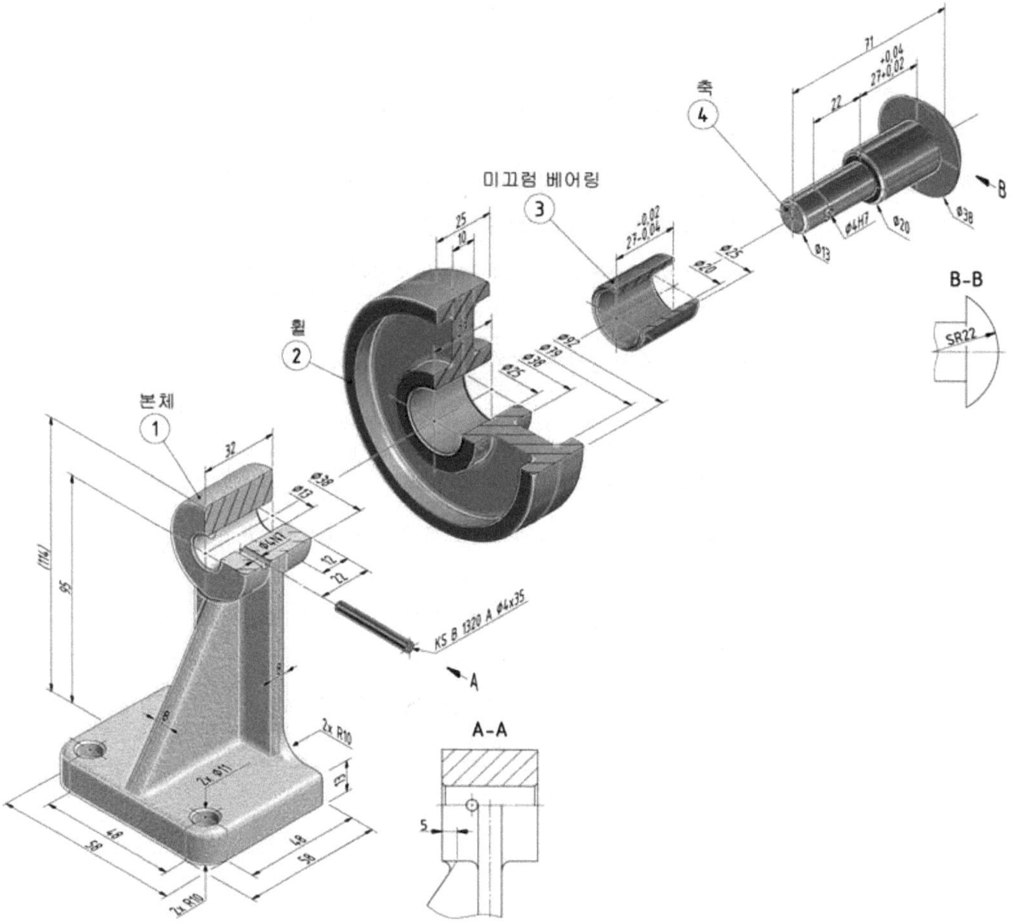

끼워 맞춤	상대부품
H7/h6	①과 ④
H7/p6	②와 ③
H7/g6	③과 ④

다음 과제는 아이들러(Idler)이다. 주어진 과제를 토대로 하여 A2용지에 부품 ①, ②, ③, ④를 1:1의 척도로 제 3각법에 의해 제도하시오 단,지시하지 않은 모서리 R3 모떼기 1x45° 이다.

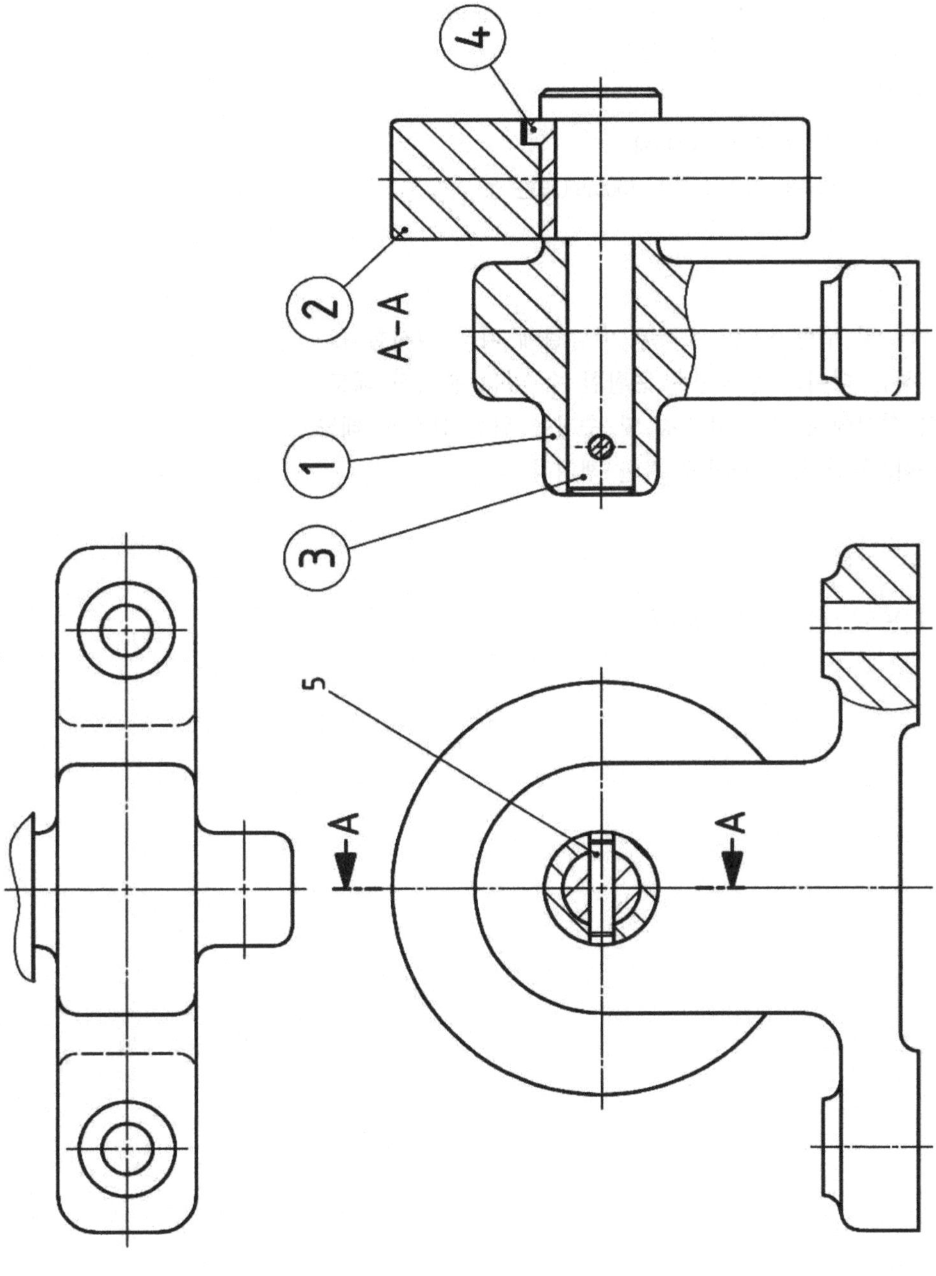

2D 도면작성

장비 및 도구, 소요재료

1. 장비 및 공구

   컴퓨터, CAD 프로그램, 복사기, 프린터 또는 플로터

2. 소요재료
   - 소요 재료명 : A4용지, A3용지
   - 준비물 : 원형판, 삼각스케일 150mm(또는 눈금자)

안전유의사항

- 컴퓨터 및 주변기기의 조작은 매뉴얼에 따라 실시한다.
- 요구하는 데이터 형식으로 변환할 수 있는 분석적 태도
- 도면 형식에 관한 자료요청 및 수집을 위한 분석적 태도
- 단순화, 균일화, 규격화에 관한 책임감

관련 자료

- CAD 프로그램 매뉴얼, KS데이터 북

단원명 4 공차, 거칠기, 재료 지시하기

실기 과제

모범 답안

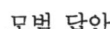

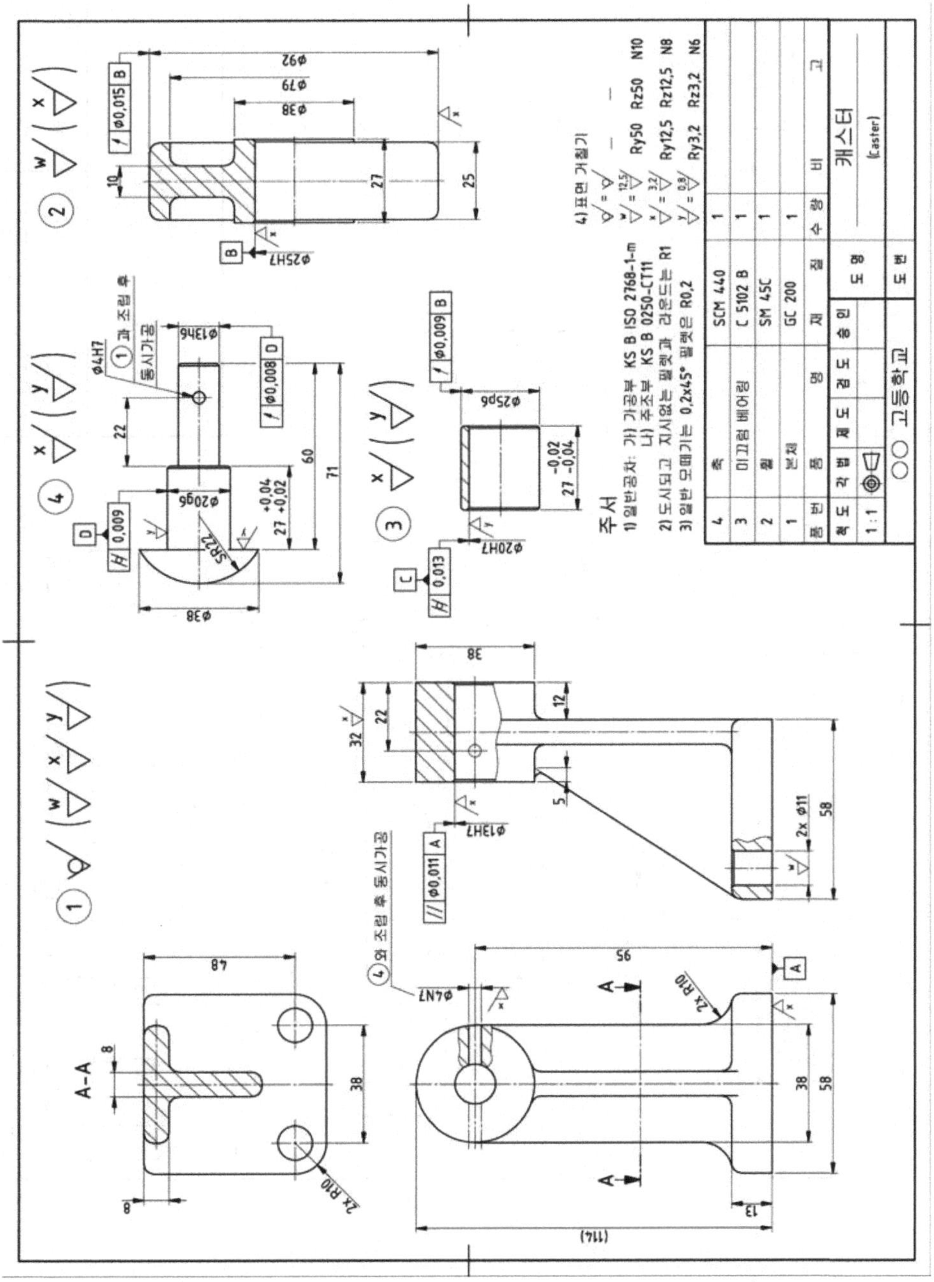

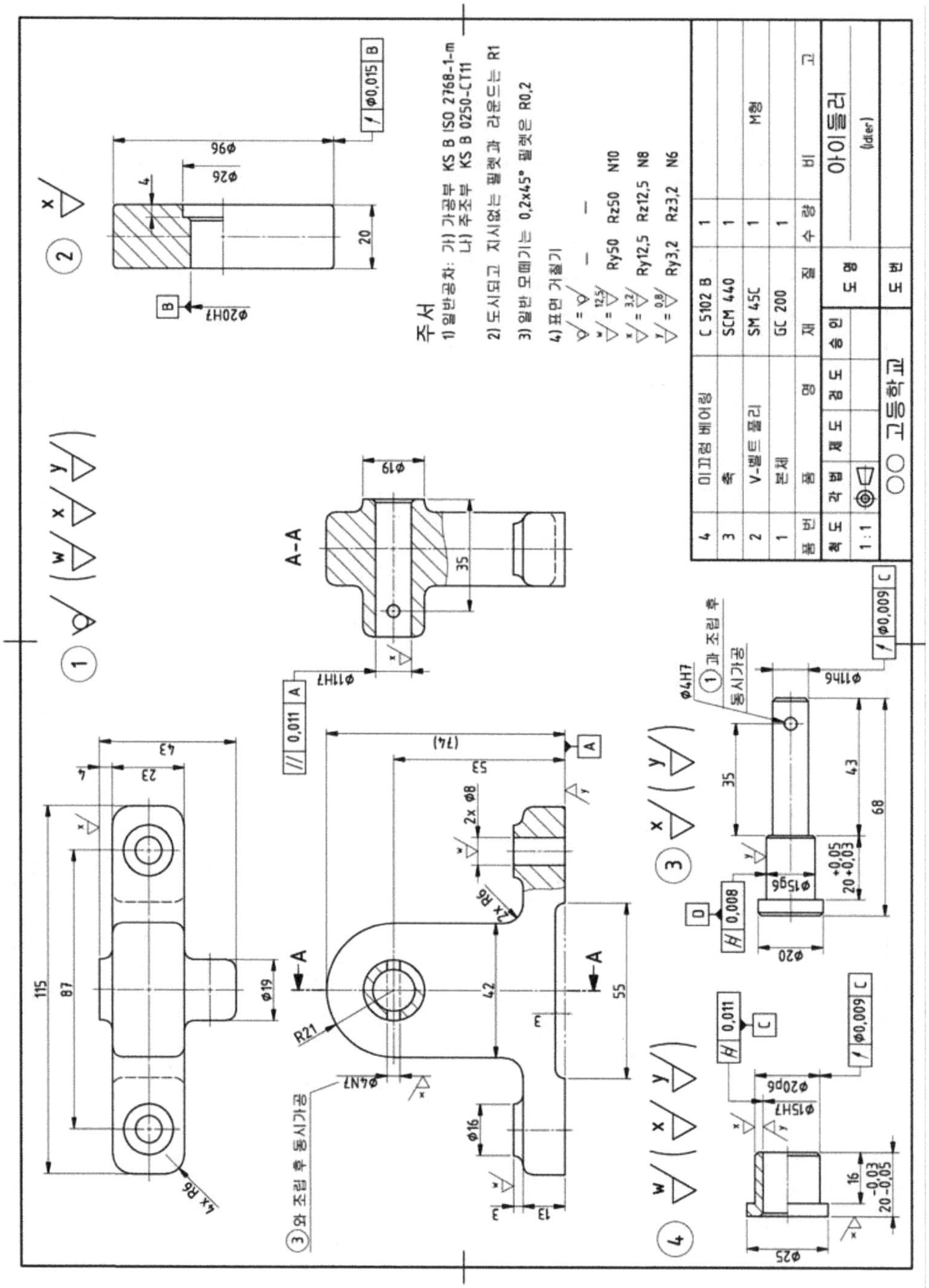

단원명 5 기계요소 제도하기

단원명 5 기계요소 제도하기 1501020101_14v2.5

5-1 볼트, 너트, 나사 제도하기

교육훈련 목표	• 결합용 기계요소의 종류를 이해하고 용도를 설명할 수 있다. • 결합용 기계요소들에 대해 KS 표준을 찾을 수 있다. • 결합용 기계요소들을 KS 표준에 따라 제도할 수 있다.

필요 지식	2D캐드 프로그램 운용능력, 2D 드로잉에 관한 기초지식, ISO 및 KS 표준지식, 제3각법에 관한지식, 단면도에 관한지식, 치수 보조기호에 관한지식, 결합용 기계요소에 관한 지식

1. 나사의 종류

나사는 부품과 부품을 죄거나 힘을 전달하는데 쓰이는 기본적인 기계의 구성요소이다. 나사는 그 쓰임이 매우 다양하여 각종 기계뿐만 아니라 일상 용품에도 널리 사용되고 있으므로 대량생산과 호환성이 필요하기 때문에 표준화하여 KS표준으로 제시하고 있다.

(1) 나사의 종류와 용도

<표 5-1> 나사산의 모양에 따른 종류

종 류			용 도
삼각나사	미터나사		나사의 지름과 피치를 mm로 지시한 미터계 나사이고 나사산의 각이 60°이다. 항공기, 자동차, 정밀기계, 공작기계 등의 조립에 사용된다.
	관용 평행 나사		나사산의 각이 55°인 인치계 나사이다. 관용 평행나사는 주로 관용 부품, 유체 기기 등의 결합에 사용되며 관용 테이퍼 나사는 나사부의 기밀성을 유지하기 위해 사용된다.
사각나사			축 방향의 큰 하중을 받는 곳에 적합하도록 나사산을 사각 모양으로 만든 나사이며 프레스 등의 동력 전달용으로 사용된다.
사다리꼴 나사			나사산의 각이 30°(TM), 29°(TW)인 사다리꼴로 된 나사이고 선반 등과 같은 공작 기계의 이송나사로 널리 사용된다.

(2) 나사의 호칭방법

나사는 산의 감긴 방향, 나사 산 줄의 수, 나사의 호칭 및 나사의 등급 등으로 다음과 같이 지시한다.

[나사산의 감긴 방향]　[나사산의 줄 수]　[나사의 호칭]—[나사의 등급]

(가) 나사산의 잠긴 방향이 왼 나사인 경우에는 '좌' 또는 'L'로 지시하고 오른 나사인 경우에는 지시하지 않는다.
(나) 나사산의 줄 수는 여러 줄 나사의 경우에는 '2줄(2L)', '3줄(3L)' 등과 같이 지시하고 1줄 나사인 경우에는 지시하지 않는다.
(다) 나사의 호칭은 나사의 종류를 지시하는 기호와 나사의 지름을 나타내는 숫자 및 피치 또는 25.4mm(1인치)에 대한 나사산의 수를 사용하여 나타낸다.

<표 5-2> 나사 종류를 지시하는 기호 및 나사의 호칭에 대한 지시방법

(KS B 0200)

구분		나사의 종류		나사의 종류 기호	나사의 호칭에 대한 지시방법	관련 표준
일반용	ISO 표준에 있는 것	미터 보통나사		M	M8	KS B 0201
		미터 가는나사			M8×1	KS B 0204
		미니어처 나사		S	S 0.5	KS B 0228
		유니파이 보통나사		UNC	3/8-16 UNC	KS B 0203
		유니파이 가는나사		UNF	No. 8-36 UNF	KS B 0206
		미터 사다리꼴나사		Tr	Tr 10×2	KS B 0229
		관용테이퍼 나사	테이퍼 수나사	R	R 3/4	KS B 0222
			테이퍼 암나사	Rc	Rc 3/4	
			평행 암나사	Rp	Rp 3/4	
		관용 평행 나사		G	G 1/2	KS B 0221
	ISO 표준에 없는 것	30° 사다리꼴나사		TM	TM 18	KS B 0227
		29° 사다리꼴나사		TW	TW 20	KS B 0226
		관용 테이퍼 나사	테이퍼 나사	PT	PT 7	KS B 0222
			평행 암나사	PS	PS 7	
		관용 평행나사		PF	PF 7	KS B 0221

(3) 나사부의 명칭

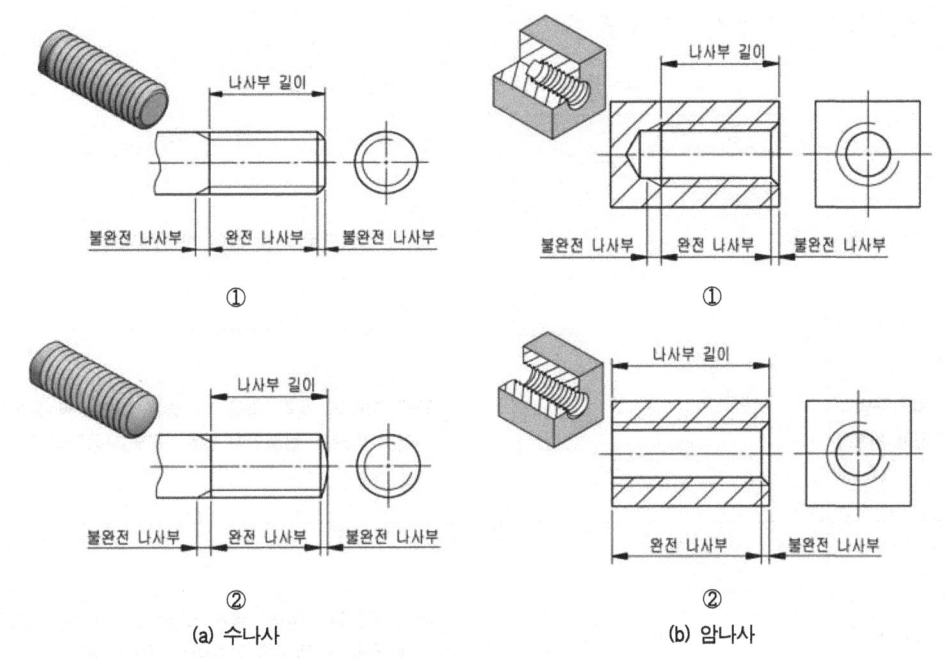

(a) 수나사   (b) 암나사

[그림 5-1] 나사 각 부의 명칭

(4) 나사부의 선과 제도방법

(가) 나사 각 부를 나타내는 선
(나) 암나사 제도방법

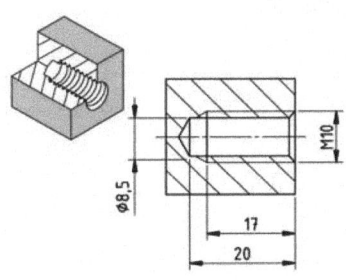   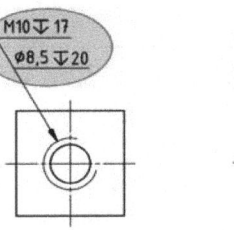

(a) 암나사 유효 나사부의 깊이 지시   (b) 암나사 구멍 지름과 깊이의 지시

[그림 5-2] 암나사의 제도방법

2. 볼트, 너트의 종류와 제도방법

(1) 볼트의 머리 모양에 따른 분류

<표 5-4> 볼트의 머리 모양에 따른 볼트의 종류

종 류		용 도
육각 볼트		일반체결용으로 가장 많이 사용된다.
육각구멍 붙이 볼트		둥근 머리에 육각 홈을 파 놓은 것으로써 볼트의 머리가 밖으로 돌출되지 않는 곳에 사용된다.
나비 볼트		머리 부분을 나비의 날개 모양으로 만들어 손으로 쉽게 돌릴 수 있도록 만들어진 볼트이다.
접시 머리 볼트		볼트의 머리가 밖으로 나오지 않아야 하는 곳에 사용하며 홈 붙이 접시 머리 볼트, 키 붙이 접시머리 볼트 등이 있다.

(2) 볼트를 고정하는 방법에 따른 종류

<표 5-5> 볼트를 고정하는 방법에 따른 종류

종 류		설명·용도
관통볼트		결합하고자 하는 두 물체에 구멍을 뚫고 여기에 볼트를 관통시킨 다음 반대편에서 너트로 죈다.
탭 볼트		물체의 한 쪽에 암나사를 깎은 다음 나사 박음을 하여 죄며 너트는 사용하지 않는다. 결합하려고 하는 부분이 너무 두꺼워 관통 구멍을 뚫을 수 없을 경우에 사용된다.
스터드 볼트		양 끝에 나사를 깎은 머리가 없는 볼트로서 한 쪽 끝은 본체에 박고 다른 끝에는 너트를 끼워 죈다.

(3) 너트의 종류

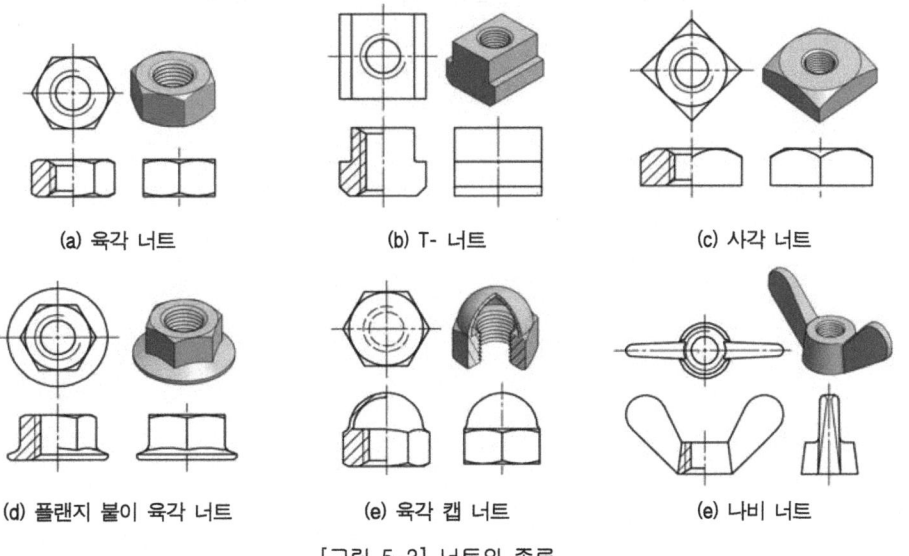

(a) 육각 너트 (b) T- 너트 (c) 사각 너트

(d) 플랜지 붙이 육각 너트 (e) 육각 캡 너트 (e) 나비 너트

[그림 5-3] 너트의 종류

(4) 육각 볼트와 너트의 간략 제도방법

수나사의 외경 d를 호칭으로 하여 육각 볼트와 육각 너트의 제작용 약도를 그리는 방법은 그림 5-4와 같다.

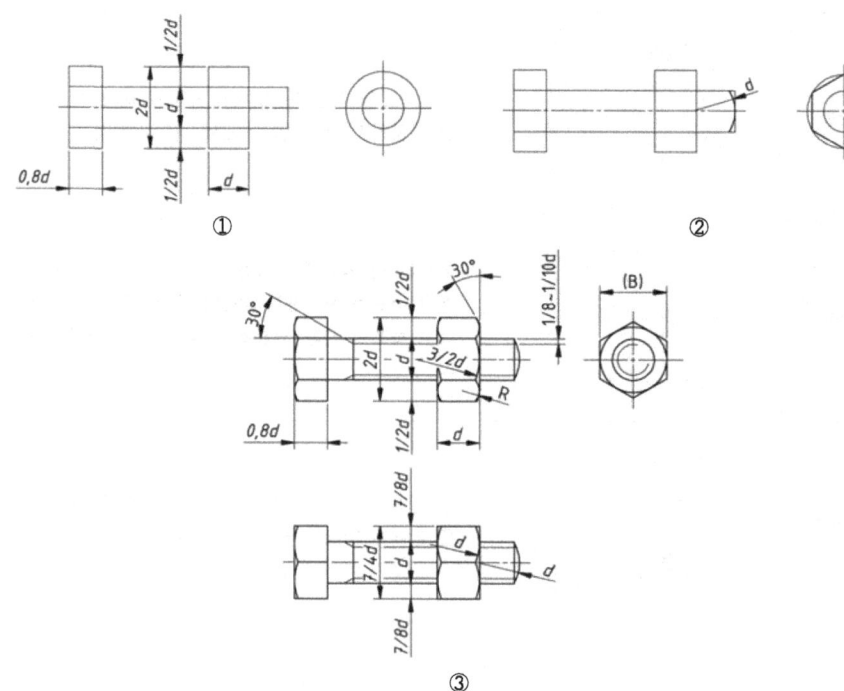

[그림 5-4] 육각 볼트와 육각 너트의 간략 제도방법

단원명 5 기계요소 제도하기

실기 과제

다음에 제시된 과제를 토대로 A3용지에 반드시 마련할 양식에 볼트, 너트 제도하기 도명으로 제도하시오. 다만, ①부터 ⑧의 부품은 부품란의 비고란에 KS 표준에서 규정한 방법으로 지시하시오.

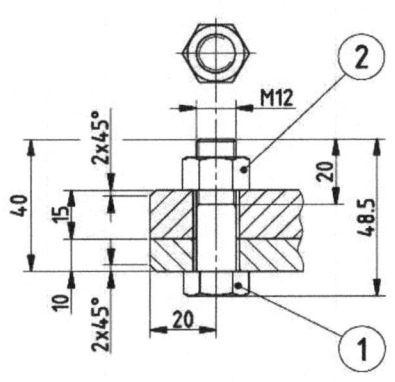

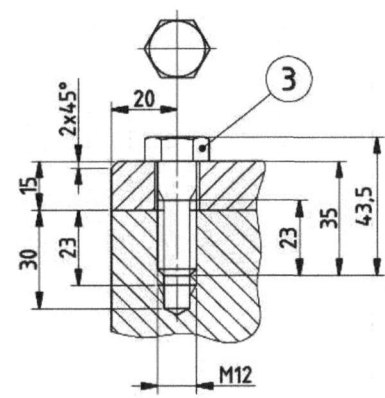

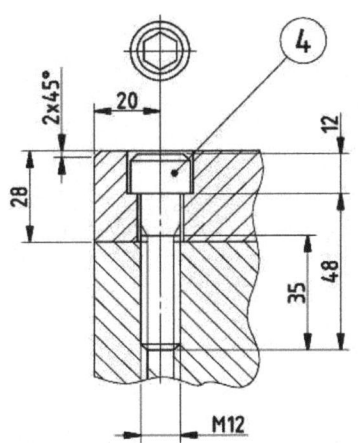

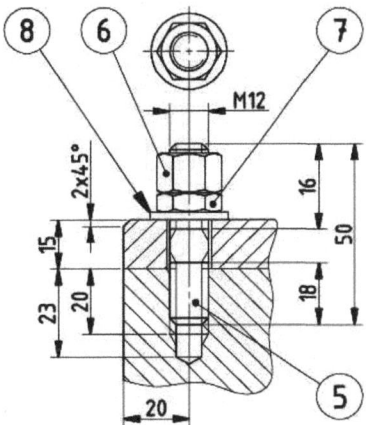

실기 과제

모범답안

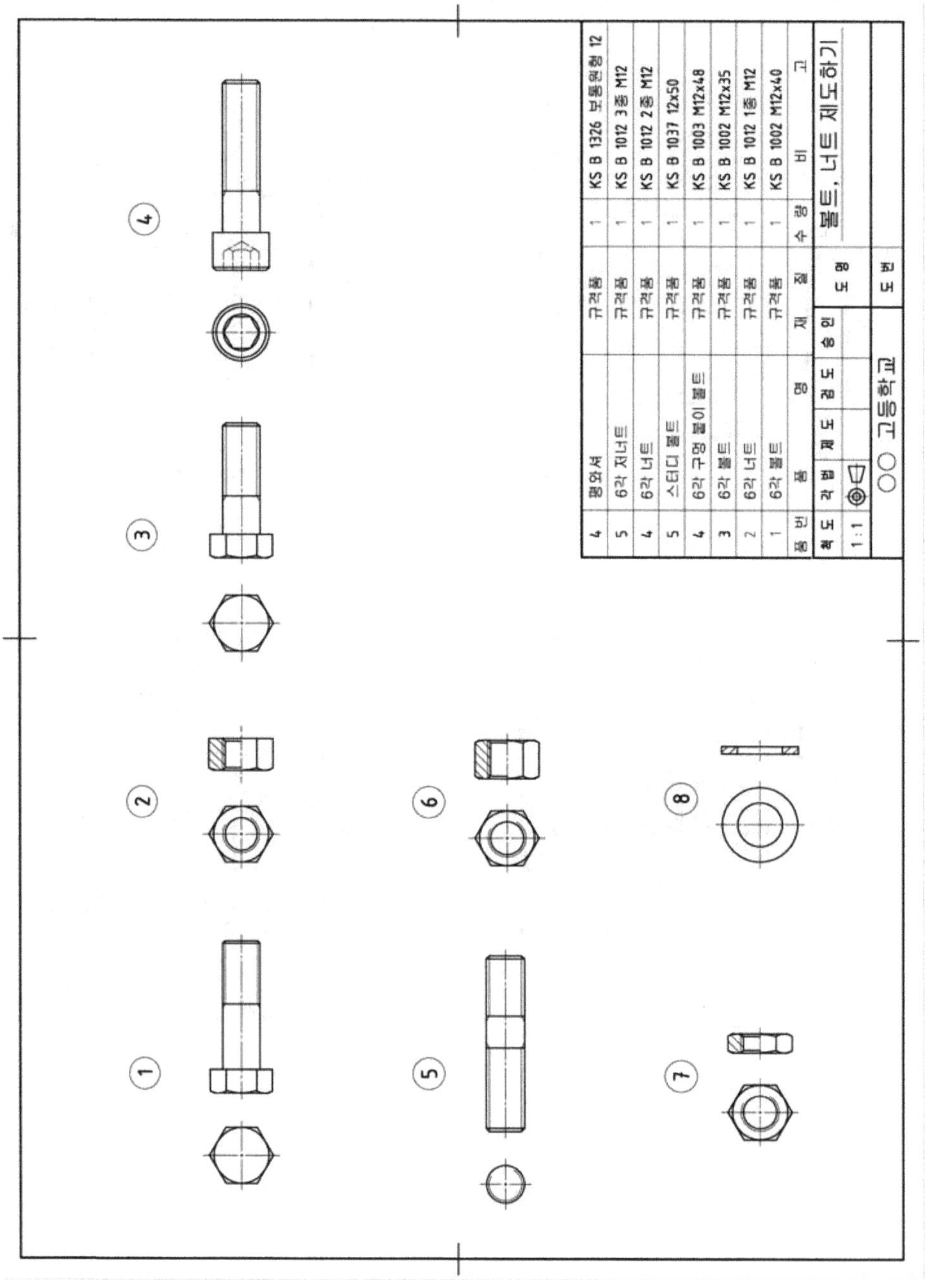

단원명 5 기계요소 제도하기

실기 과제

다음에 제시된 과제와 요구사항을 토대로 하여 A3용지에 반드시 마련할 양식에 제도하시오. 다만, ③과 ④는 KS 데이터 북에서 해당 표준을 찾아 호칭 방법으로 부품란에 지시합니다.

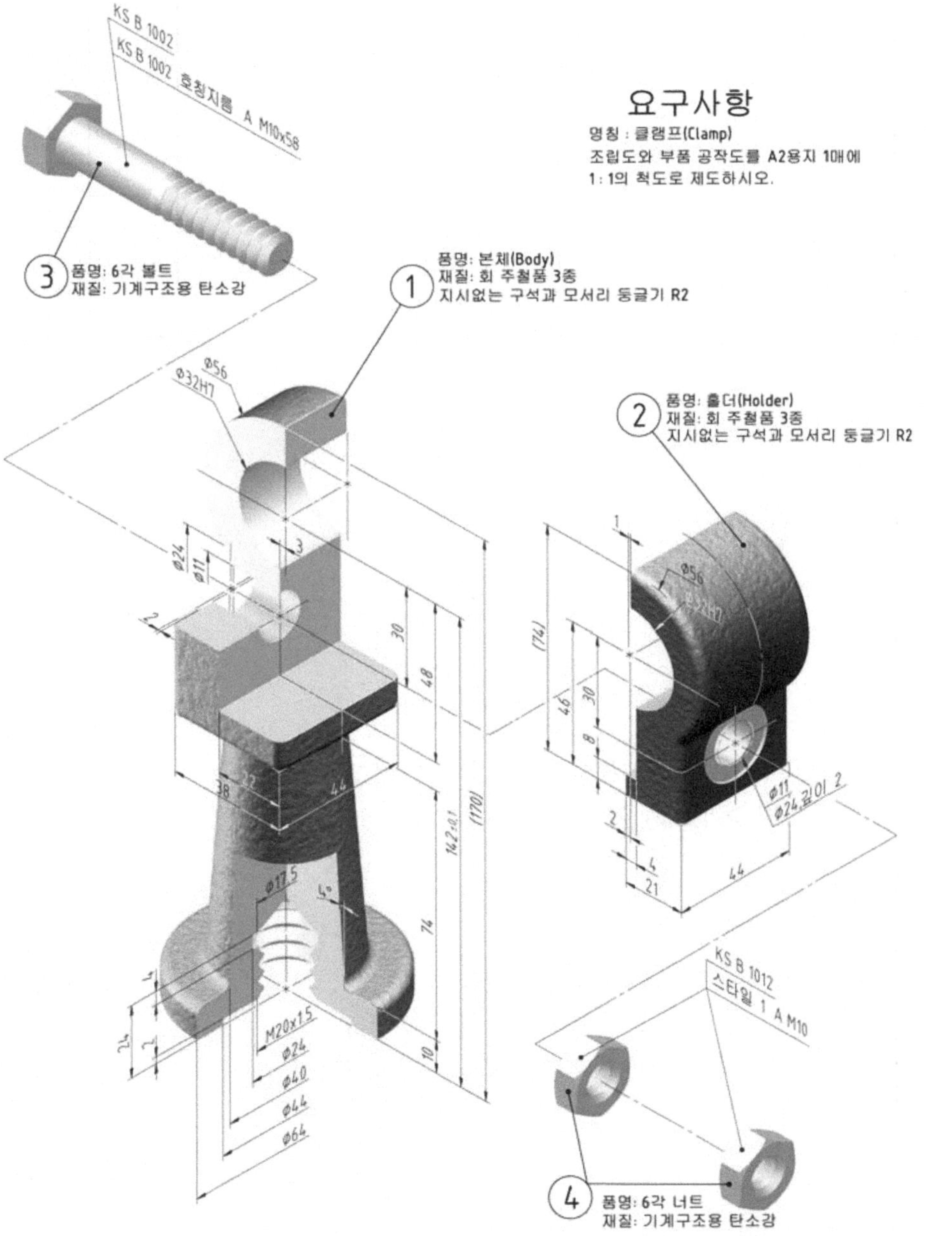

요구사항

명칭 : 클램프(Clamp)
조립도와 부품 공작도를 A2용지 1매에
1:1의 척도로 제도하시오.

① 품명 : 본체(Body)
재질 : 회 주철품 3종
지시없는 구석과 모서리 둥글기 R2

② 품명 : 홀더(Holder)
재질 : 회 주철품 3종
지시없는 구석과 모서리 둥글기 R2

③ KS B 1002 호칭지름 A M10×58
품명 : 6각 볼트
재질 : 기계구조용 탄소강

④ KS B 1012 스타일 1 A M10
품명 : 6각 너트
재질 : 기계구조용 탄소강

2D 도면작성

실기 과제

모범 답안

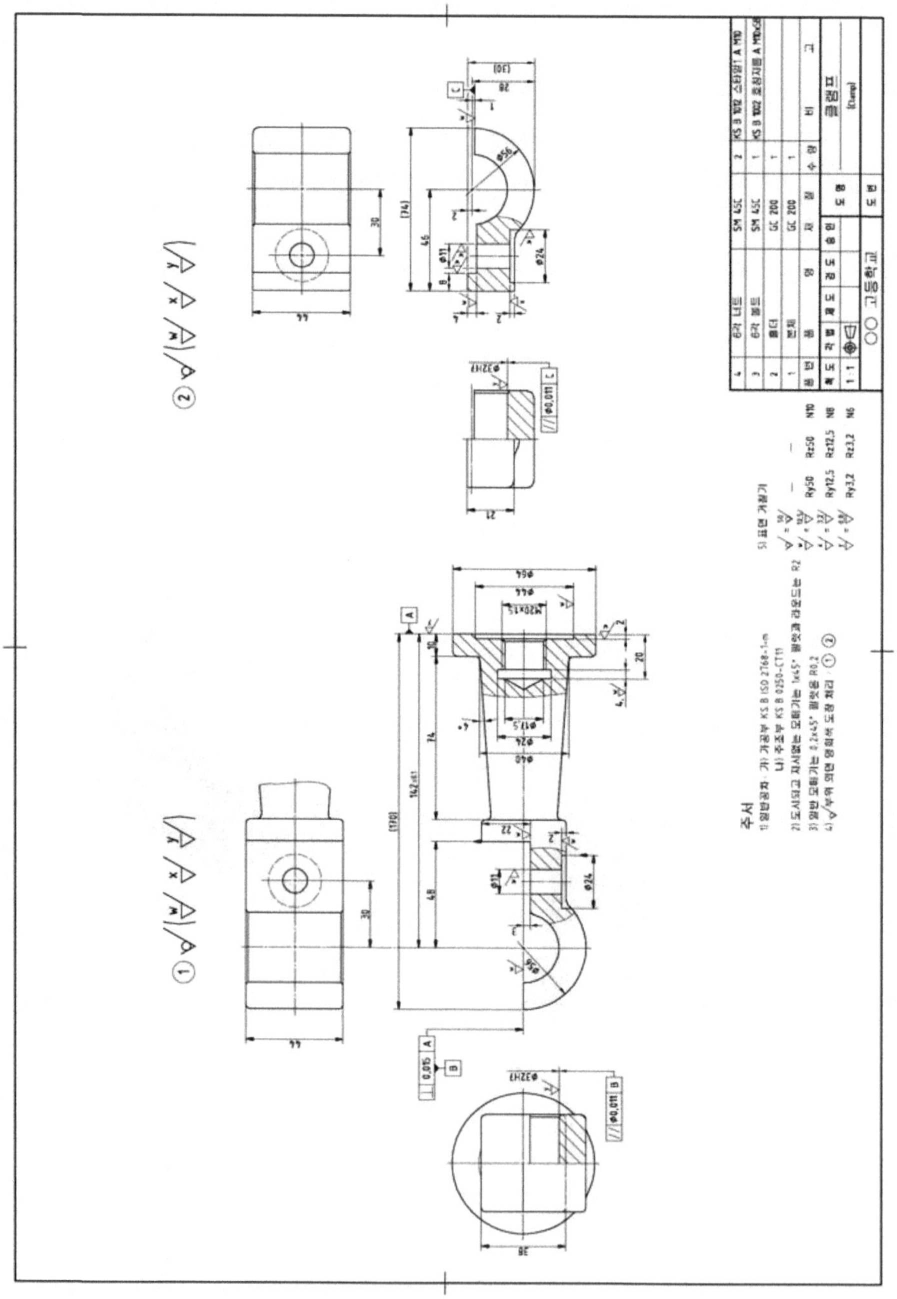

단원명 5 기계요소 제도하기

필요 지식

다음에 제시된 과제와 요구사항을 토대로 하여 A2용지에 반드시 마련할 양식에 제도하시오. 다만, ⑤는 KS 데이터 북에서 해당 표준을 찾아 호칭 방법으로 부품란에 지시합니다.

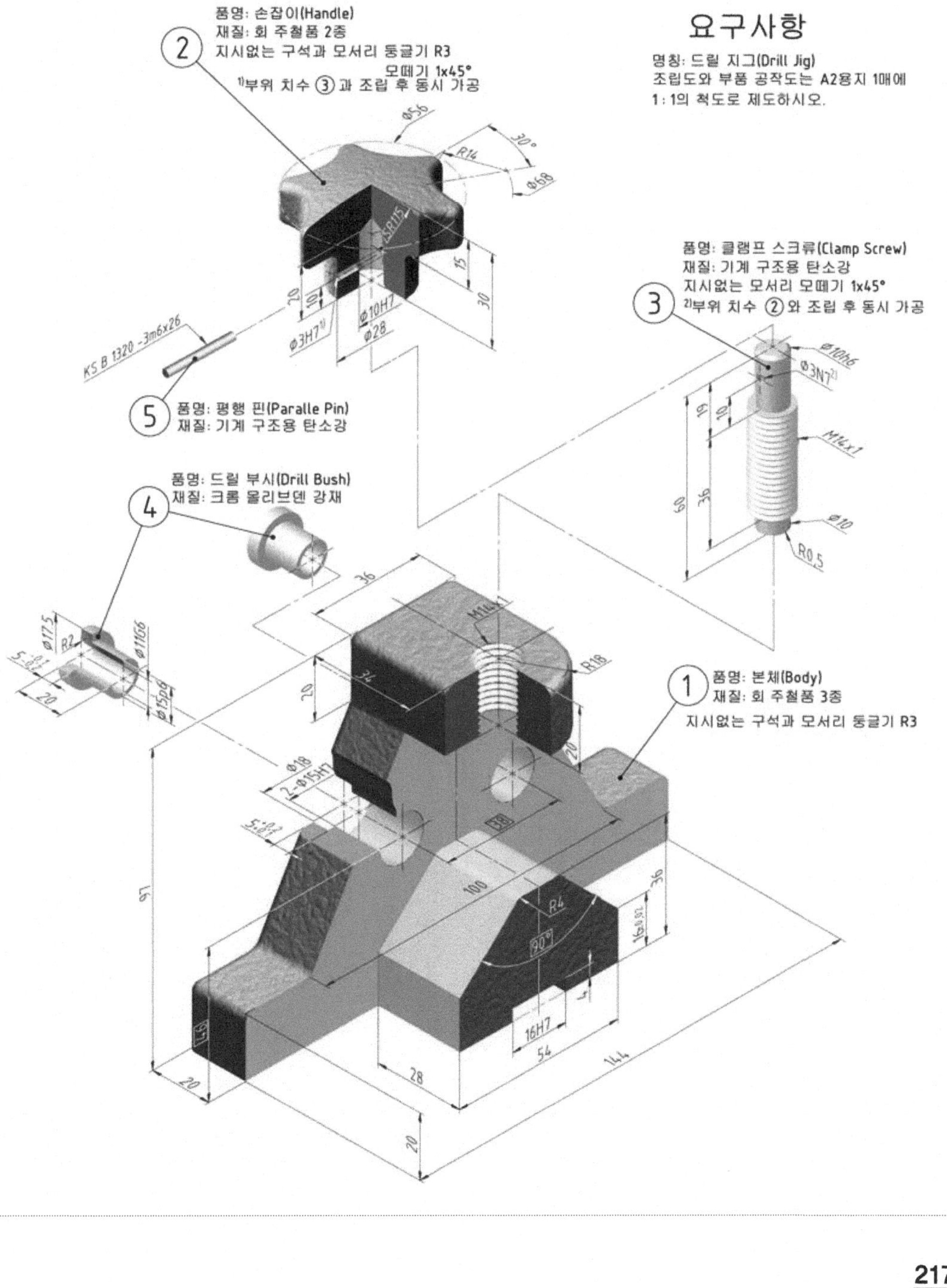

요구사항

명칭: 드릴 지그(Drill Jig)
조립도와 부품 공작도는 A2용지 1매에
1 : 1의 척도로 제도하시오.

② 품명: 손잡이(Handle)
재질: 회 주철품 2종
지시없는 구석과 모서리 둥글기 R3
모떼기 1×45°
¹⁾부위 치수 ③과 조립 후 동시 가공

③ 품명: 클램프 스크류(Clamp Screw)
재질: 기계 구조용 탄소강
지시없는 모서리 모떼기 1×45°
²⁾부위 치수 ②와 조립 후 동시 가공

⑤ 품명: 평행 핀(Paralle Pin)
재질: 기계 구조용 탄소강

④ 품명: 드릴 부시(Drill Bush)
재질: 크롬 몰리브덴 강재

① 품명: 본체(Body)
재질: 회 주철품 3종
지시없는 구석과 모서리 둥글기 R3

2D 도면작성

실기 과제

모범답안

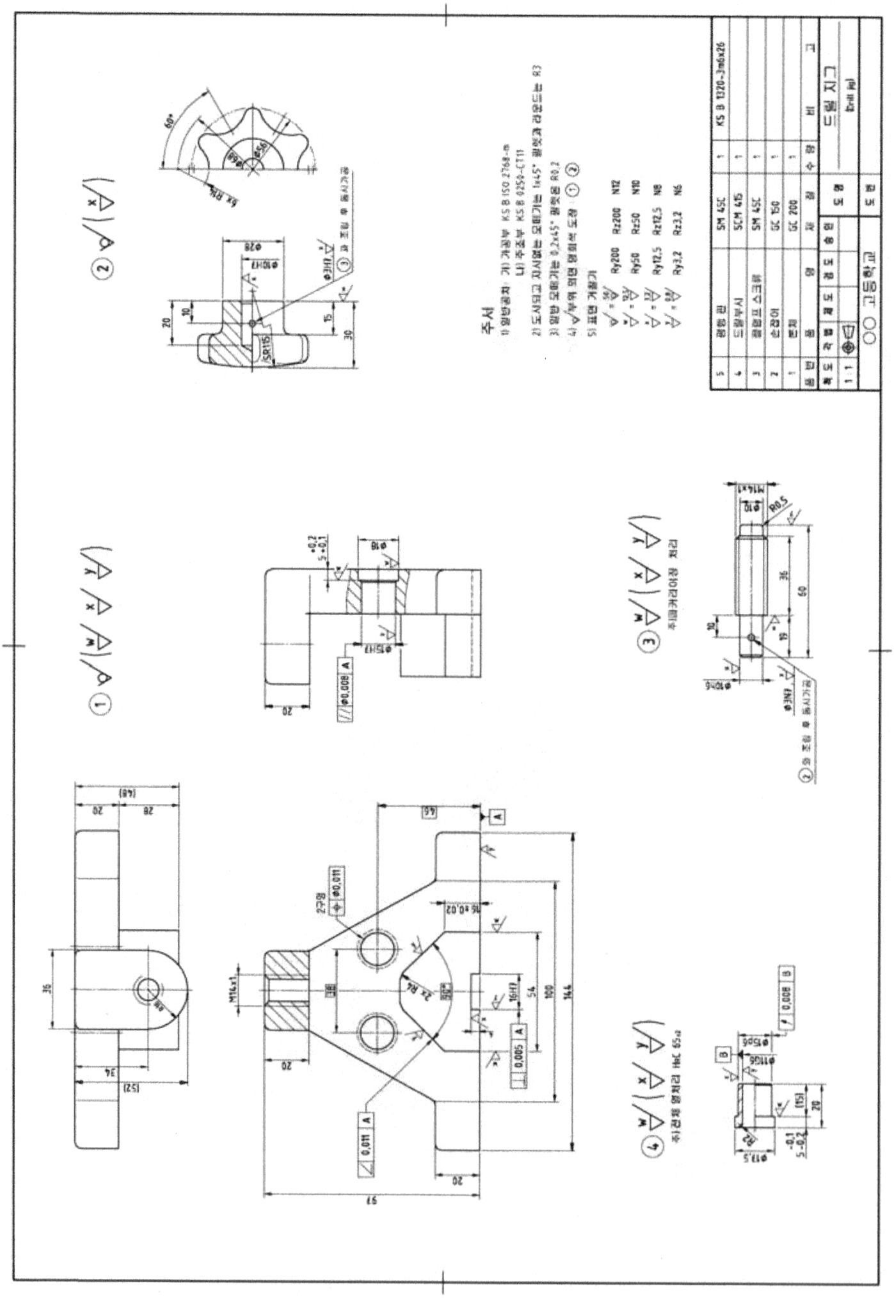

단원명 5 기계요소 제도하기

실기 과제

다음에 제시된 과제와 요구사항을 토대로 하여 A2용지에 반드시 마련할 양식에 제도하시오.

요구사항

명칭: 리프팅 디바이스 (Lifting Device)
조립도와 부품 공작도는 A2용지 1매에
1:2의 척도로 제도하시오.

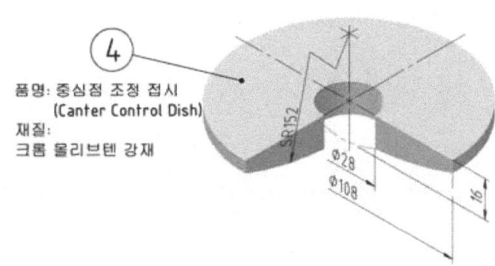
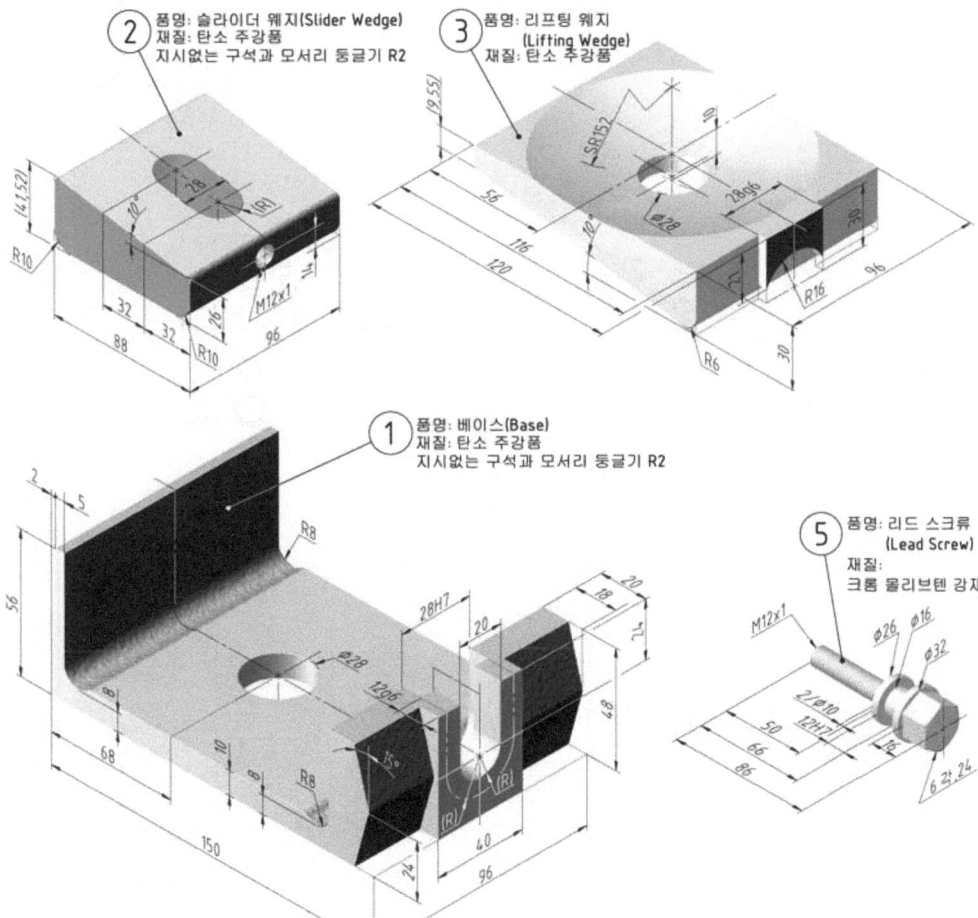

2D 도면작성

실기 과제

모범답안

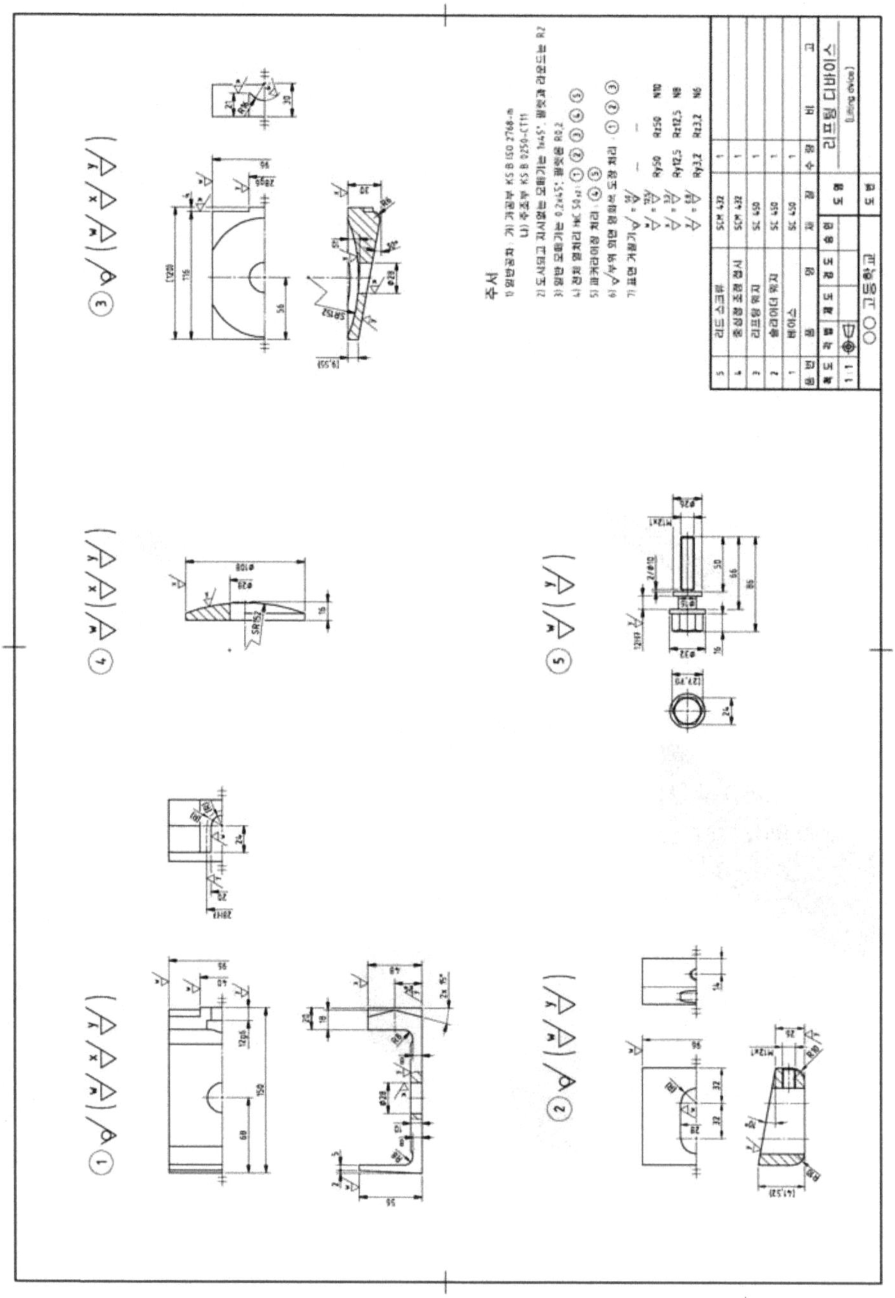

5-2　동력전달 요소 제도하기

교육훈련 목 표	• 축의 형상을 이해하고 그 형상에 알맞은 부품도를 제도할 수 있다. • V벨트 풀리, 기어, 스프로킷 휠 등의 형상을 이해하여 부품도를 제도할 수 있다. • 동력전달 요소의 종류와 작동방법을 이해하여 가공에 적합한 치수지시, 공차, 표면 거칠기, 재료를 지시할 수 있다.

필요 지식	2D캐드 프로그램 운용능력, 2D 드로잉에 관한 기초지식, ISO 및 KS 표준지식, 제3각법에 관한지식, 단면도에 관한지식, 치수 보조기호에 관한지식, 기계요소에 관한 지식

1. 축의 종류와 제도방법

축의 지름을 결정할 때는 구름 베어링의 주요 치수, 원통 축의 끝 지름, 표준 수 등에 따라 규정한 축의 지름을 적용하는 것이 좋다.

<표 5-6> 축의 종류와 제도방법

등각 투상도와 제도 보기	제도방법
	중심선을 수평 방향으로 놓고 축을 옆으로 길게 놓은 상태로 제도한다.
	축을 가공할 때 가공의 편리성을 위해 가공방향을 고려하여 제도한다.
	축은 원칙적으로 길이 방향으로 절단하여 도시하지 않는다. 다만 키 홈의 형상을 표시할 필요가 있을 경우에는 부분 단면도로 나타낸다.
	단면 모양이 같은 긴 축이나 긴 테이퍼 축 등은 중간 부분을 파단을 하여 짧게 표현하고 전체길이를 지시 한다.
	축에 단을 줄 때 부분의 치수를 지시한다. (2/ø6는 단의 폭이 2mm이고 단의 지름이 6mm임을 뜻한다.)
	축 끝에는 모따기를 하고 모따기 치수를 지시한다. 축 끝에 모따기를 하는 이유는 조립을 쉽고 정확하게 하기 위해서이다.

2. 축 이음

원동기에서 발생한 동력을 다른 회전축(종동축)으로 연결하는 기계요소를 축 이음이라고 하며 운전 중에 두 축의 연결 상태를 풀 수 없도록 한 표 5-7과 같은 커플링(coupling)과 운전 중에 두 축을 연결하거나 끊는 것을 반복적으로 할 수 있는 그림 5-5와 같은 클러치가 있다.

<표 5-7> 플랜지 커플링의 치수와 제도방법

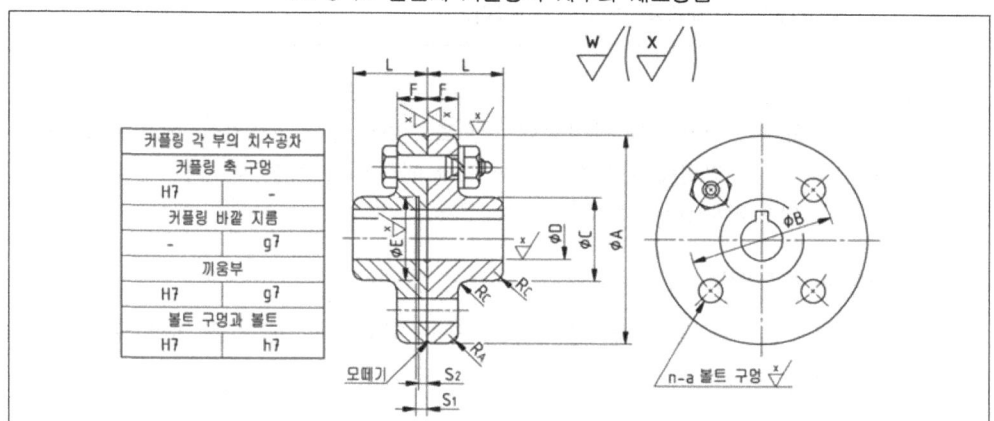

(단위:mm)

A	D		L	C	B	F	n (개)	a	참 고						볼트 뽑기 여유
	최대 축 구멍지름	(참고) 최소 축 구멍지름							끼움 부			Rc	Ra	C	
									E	S1	S2				
112	28	16	40	50	75	16	4	10	40	2	3	2	1	1	70
125	32	18	45		85				45						
140	38	20	50		100	18	6	14	56						81
160	45	25	56	71	115				71						
180	50	28	63	80	132		8		80			3			
200	56	32	71	90	145	22.4		16	90	3	4		2		103

[그림 5-5] 클러치

4. 기어의 각 부 명칭 및 제도방법

서로 맞물려 돌아가는 한 쌍의 마찰차 접촉면에 이(tooth)를 만들어 미끄러지지 않고 연속적으로 동력을 전달하는 기계요소를 기어(gear)라 한다. 기어는 축과 축 사이의 거리가 짧을 때 큰 동력을 일정한 속도 비로 정확히 전달할 수 있기 때문에 널리 사용되고 있다.

(1) 기어의 각 부 명칭

기어의 각 부 명칭은 KS B 0102에 규정되어 있으며 그 중에서 기본적으로 알아두어야 할 사항을 그림 5-6에 제시하였다.

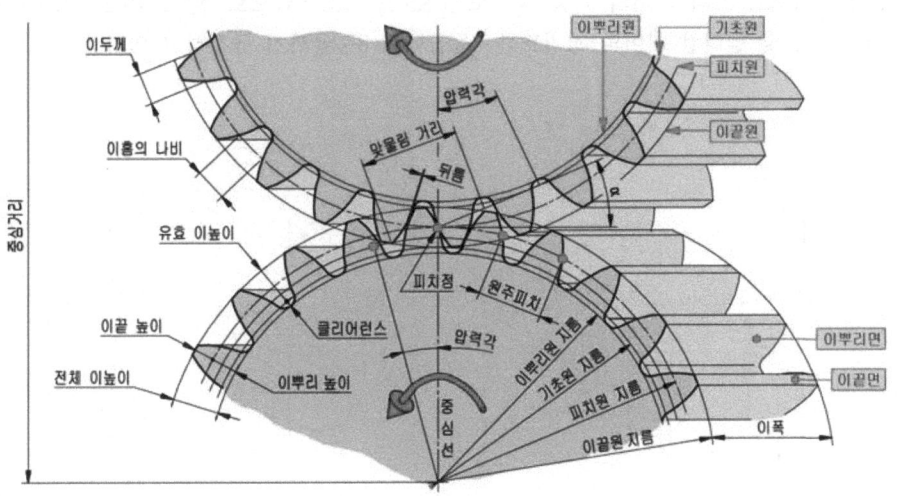

[그림 5-6] 기어의 각부 명칭

(2) 기어 이의 크기

이의 크기를 나타내는 방법으로는 모듈, 원주 피치, 지름 피치 등과 같이 세 가지 방법이 있으며 KS 규격에서는 모듈만 제시하고 있다. 모듈은 아래 식과 같이 피치원의 지름(d)을 잇수(z)로 나눈 값으로 'm'이라는 기호로 표시한다. KS 규격에서는 모듈을 0.1~25mm까지 제시하고 있으며 모듈의 값이 클수록 이의 크기가 크게 된다.

$$M = \frac{D}{Z} = \frac{피치원지름}{잇수}$$

(3) 스퍼기어의 제도방법

기어의 제도방법은 이(치)형을 생략하고 약도 방법을 사용하여 그림 5-2-3과 같이 나타내며 요목표를 사용한다.

(가) 이끝원은 굵은 실선으로 그린다.
(나) 피치원은 가는 1점 쇄선으로 그린다.

(다) 이뿌리원은 가는 실선으로 그린다. 다만, 축에 직각 방향으로 단면 투상을 할 경우에는 굵은 실선으로 그린다.
(다) '기어 치형' 란에는 표준 기어는 '표준', 전위 기어는 '전위' 라고 지시한다.
(라) 기준 래크는 인벌류트 기어를 절삭 공구로 깎을 때 쓰이는 래크이며, 압력각은 기어 이의 경사 각도를 뜻하며 스퍼 기어에서는 압력각이 20°로 정해져 있다.
(마) 전체 이 높이는 기어 각부의 명칭에서 이뿌리 높이와 이 끝 높이의 합으로 결정된다.
(바) 기어의 다듬질 방법은 호브 절삭, 연삭 다듬질, 피니언 커터 절삭, 래핑 다듬질 등이 있으며 일반적으로 호브 절삭이 많이 쓰인다.
(사) 일반적으로 스퍼 기어의 가공 정밀도는 KS B 1405 5급으로 한다. KS B 1405에서는 스퍼 기어 및 헬리컬 기어의 정밀도를 0등급에서 8등급까지 규정하고 있다.

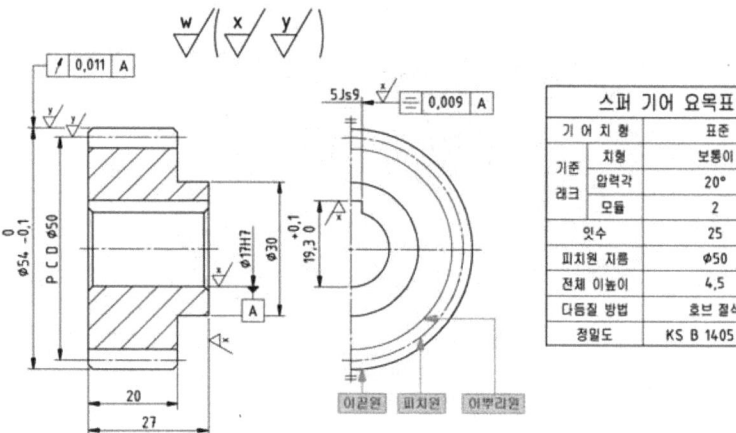

[그림 5-7] 스퍼 기어 제도

(4) 스퍼 기어의 치수의 계산식

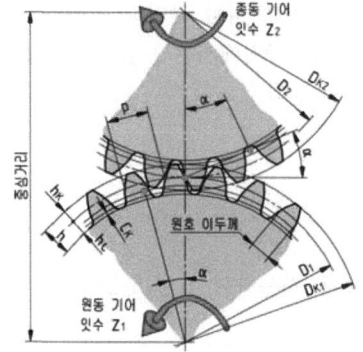

피치원 지름	$D_1 = z_1 m$, $D_2 = z_2 m$
중심 거리	$C = D_1 + D_2 / 2 = (z_1 + z_2) 2m$
이끝 높이	$hk = m$
이뿌리 높이	$h_1 = hk + Ck = 1.25m$
클리어런스	$Ck \geq 0.25m$
전체 이 높이	$h \geq 2.25m$
이끝원 지름 (바깥지름)	$Dk_1 = Dk + 2hk = (z_1 + 2)m$ $Dk_2 = (z_2 + 2)m$
원주 피치	$P = \pi m$
원호 이 두께	$P/2 = \pi m / 2$
압력각	$\alpha = 20°$

[그림 5-8] 스퍼 기어의 치수의 계산식

5. 벨트 풀리의 종류와 제도방법

(1) 벨트 풀리의 종류
(가) 벨트 풀리는 평 벨트 풀리와 이 붙이 벨트 풀리 및 V벨트 풀리 등이 있으며 여기에서는 V벨트 풀리만을 다루기로 한다.
(나) V벨트는 사다리꼴의 단면을 갖는 고리 모양의 벨트이며 V벨트 풀리는 V형의 홈을 만들어 쐐기작용에 의하여 마찰력을 증대시킨 벨트 풀리다.
(다) V벨트 풀리에는 V벨트의 형별에 따라 M형, A형, B형, C형, D형, E형 등과 같은 6종류가 있다.

(2) 벨트 풀리의 제도방법
(가) 벨트 풀리는 축 직각 방향의 투상을 주 투상도로 한다.
(나) 모양이 대칭형인 벨트 풀리는 그 일부분만을 투상을 한다.
(다) 방사형의 암(arm)은 수직이나 수평 중심선까지 회전투상을 한다.
(라) 암은 길이 방향으로 절단하여 투상하지 않는다.
(마) 암의 단면은 도형의 안이나 밖에 회전 단면을 투상을 하며 도형의 안에는 가는 실선으로 긋고 도형의 밖에는 굵은 실선으로 그린다.
(바) 풀리의 보스(Boss) 부분과 림(Rim)을 연결하는 암의 테이퍼 부분 치수의 치수 보조선은 30°나 60°의 경사선으로 긋는다.
(사) 홈 부분 치수는 해당하는 형별, 호칭지름에 따라 결정된다.

6. 체인과 체인 스프로킷 휠

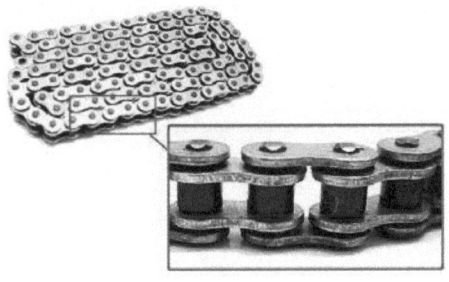
(a) 체인

(b) 체인 스프로킷 휠

[그림 5-9] 체인 스프로킷 휠

(가) 체인을 스프로킷 휠에 걸어서 체인과 휠의 이가 서로 물리게 하는 동력 전달장치를 체인 전동장치라 하며 축간 거리가 4m이하일 때 적용된다.
(나) 스프로킷 휠은 체인을 감아 물고 돌아가는 바퀴이며 KS B 1408에서는 롤러 체인용 스프로킷에 대하여 규정하고 있다.

(다) 스프로킷은 S치형과 U치형의 2종류 중 S치형이 많이 쓰이며 스프로킷에 감기는 전동용 롤러체인(KS B 1407)의 호칭번호이다.

(라) 스프로킷 휠은 다음과 같은 방법에 따라 그림 5-10과 같이 제도한다.
① 바깥지름은 굵은 실선, 피치원은 가는 1점 쇄선, 이뿌리원은 가는 실선이나 굵은 파선으로 긋고 이뿌리원은 지시를 생략해도 좋다.
② 축에 직각인 방향에서 본 그림을 단면으로 투상을 할 때는 톱니를 단면으로 하지 않고 이 뿌리 선은 굵은 실선으로 그린다.
③ 그림에는 스프로킷 소재를 제작하는데 필요한 치수를 지시한다.
④ 표에는 원칙적으로 이의 특성을 나타내는 사항과 이의 절삭에 필요한 치수를 지시한다.

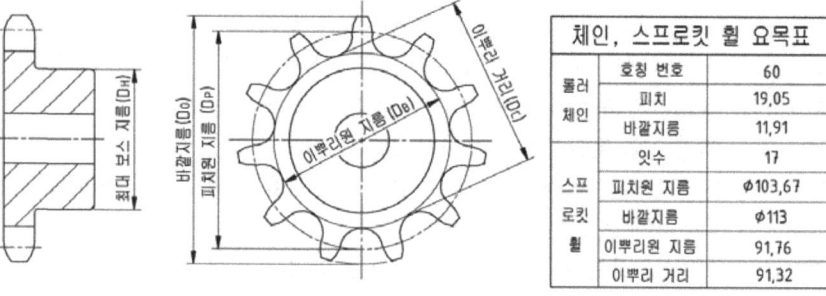

[그림 5-10] 스프로킷 휠의 기준 치수

체인, 스프로킷 휠 요목표		
롤러 체인	호칭 번호	60
	피치	19.05
	바깥지름	11.91
스프 로킷 휠	잇수	17
	피치원 지름	⌀103.67
	바깥지름	⌀113
	이뿌리원 지름	91.76
	이뿌리 거리	91.32

실기 과제

아래에 주어진 과제는 동력전달장치이다. 품번 ③을 제3각법에 의해 1:1의 척도로 A3용지에 투상을 하고 치수를 지시하시오. 도시되고 지시가 없는 모떼기는 1x45°이다.

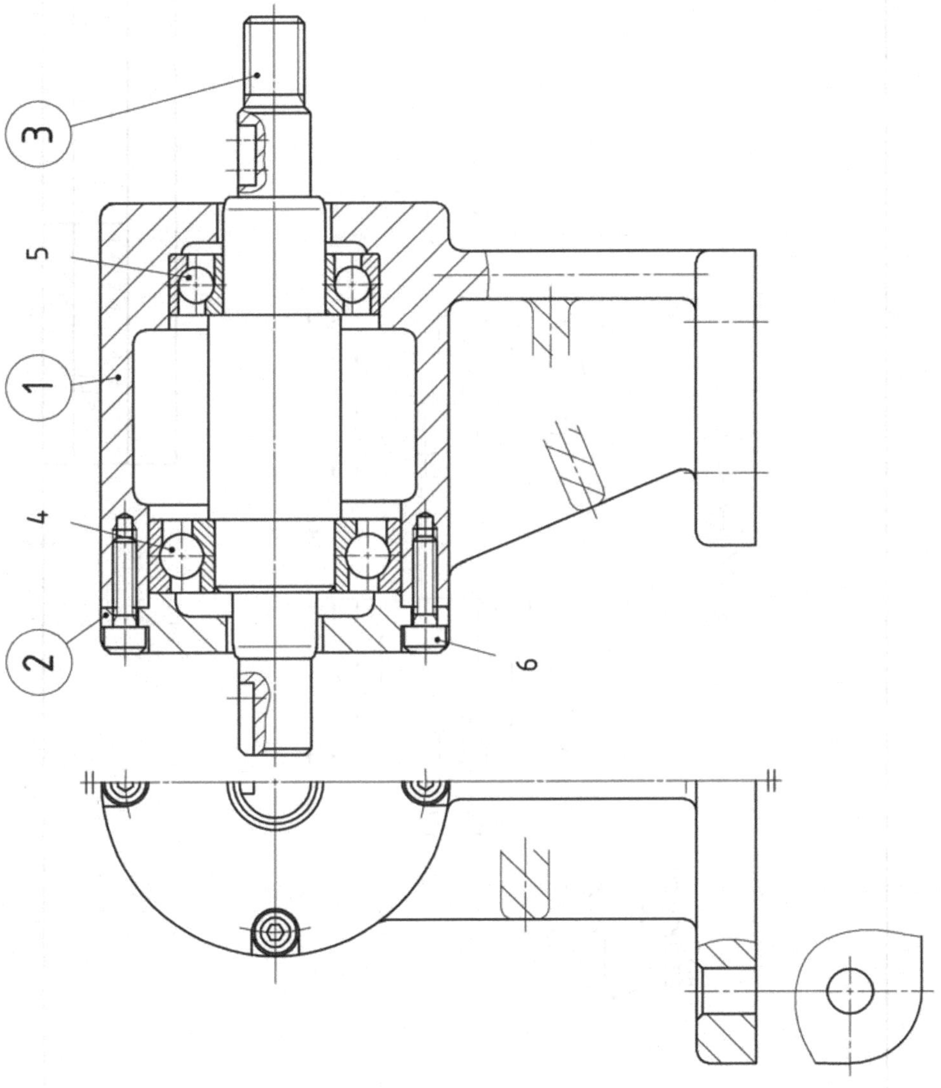

2D 도면작성

실기 과제

모범답안

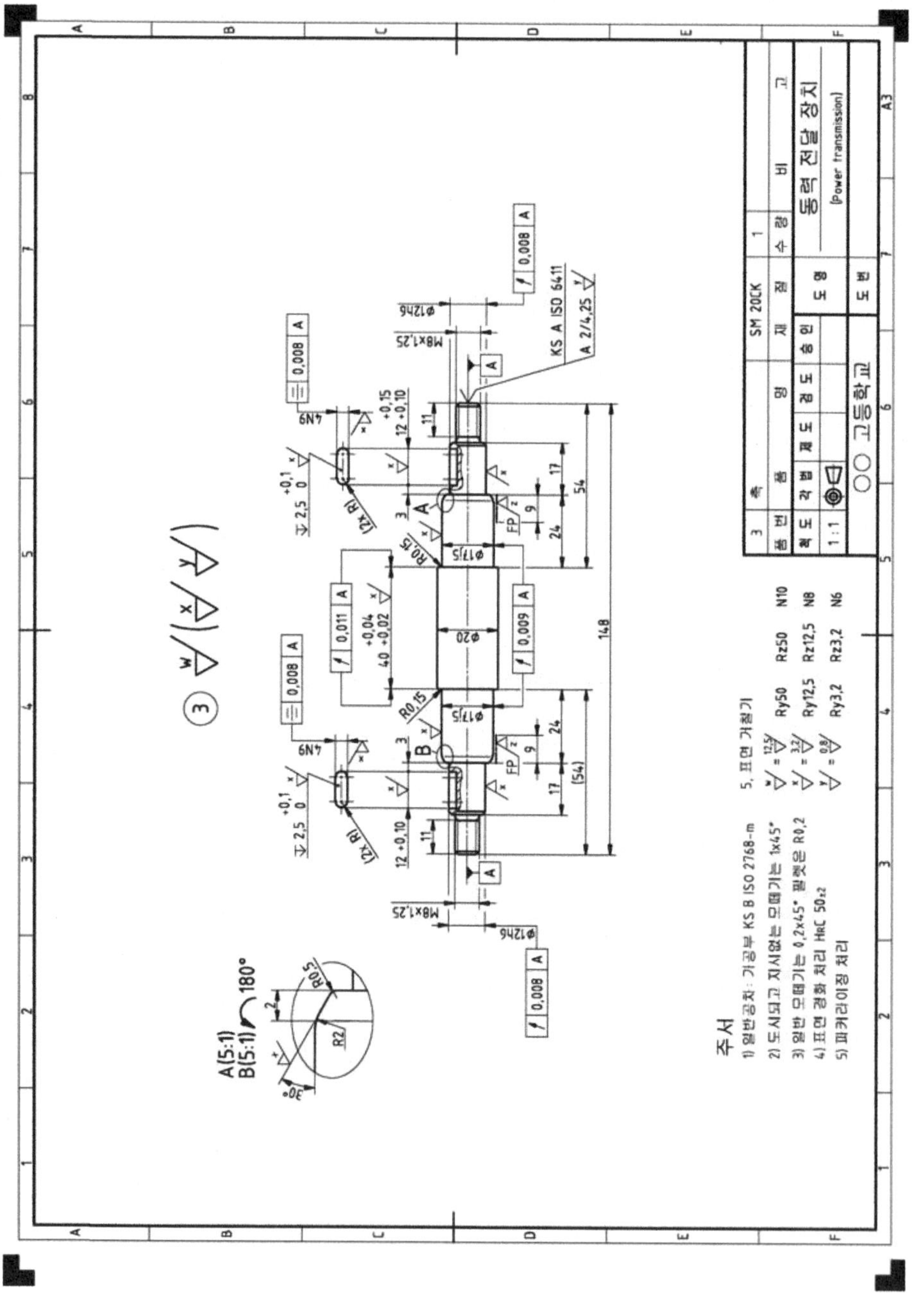

단원명 5 기계요소 제도하기

실기 과제

아래에 주어진 과제는 동력전달장치이다. ①부터 ⑤의 부품을 제3각법에 의해 1:1의 척도로 A2용지에 제도하시오. 도시되고 지시가 없는 필렛 및 라운드는 R3, 모떼기는 1x45°이다.

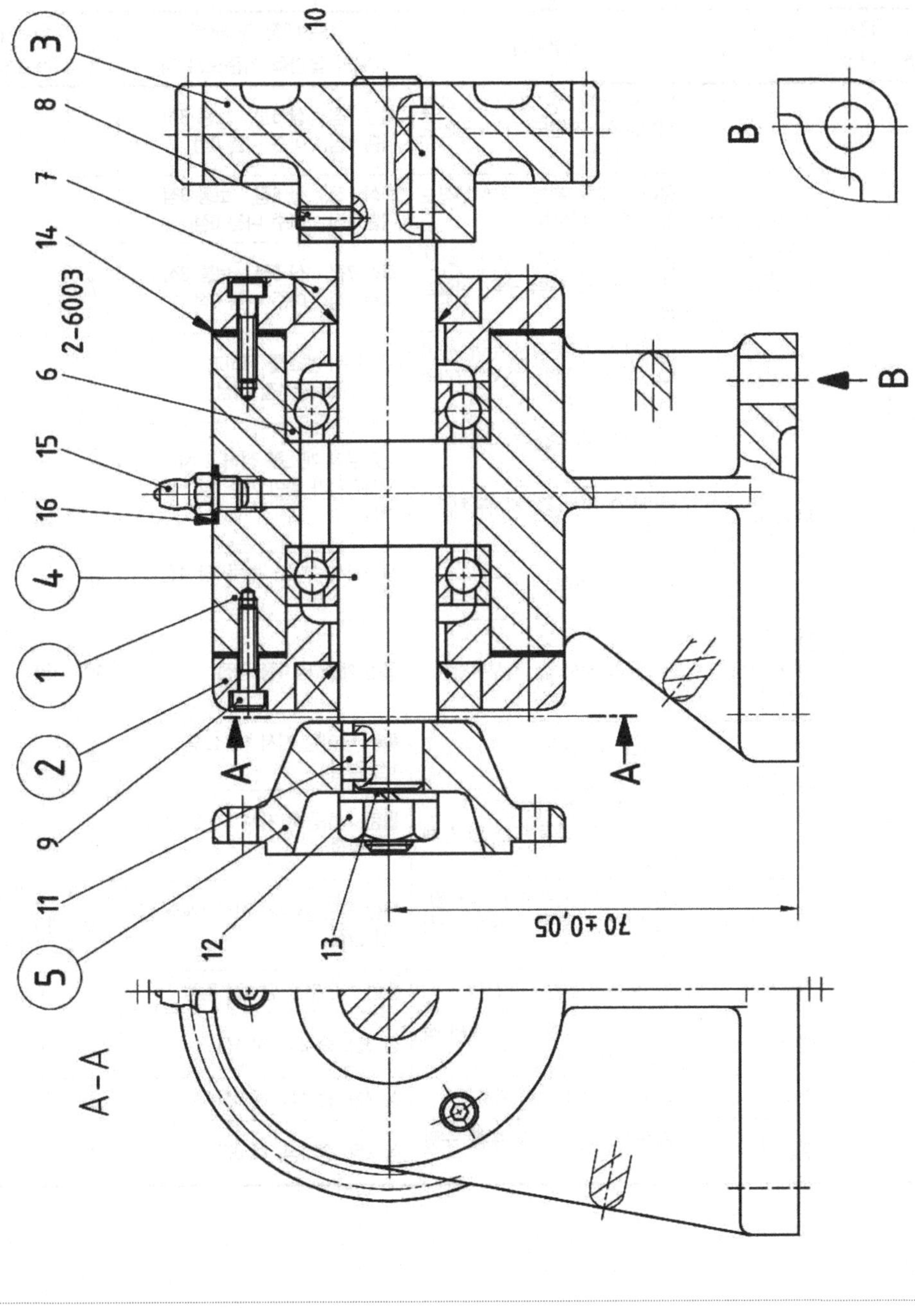

2D 도면작성

실기 과제

채점 기준표

항목 번호	문제 번호	주요항목	세부채점	세부배점 및 구분 (모범 답안을 기준으로 함.)	배점	종합	구분 합계
1	1 과제	투상도 선택 수와 배열 및 단면도	투상도 선택 수 적절성과 배열 위치(특히, 저면도 또는 평면도와 상세도)	최상 7점, 상 5점, 보통 3점, 나쁨 1점, 아주 나쁨 0점	7	30	100
			올바른 대칭, 부분, 국부 투상도 선택 수와 적절성	최상 7점, 상 5점, 보통 3점, 나쁨 1점, 아주 나쁨 0점	7		
			올바른 온, 한쪽, 부분, 회전, 계단 단면도 선택 수와 적절성 등	최상 7점, 상 5점, 보통 3점, 나쁨 1점, 아주 나쁨 0점	7		
			모떼기 누락, 투상선 누락, 단면도, 상세도 관련 주서 크기와 위치, 척도 값	채점부위 개소를 정하고 틀린 개소 당 1점 감점	9		
2		치수지시	중요치수 지시 값, 지시위치, 기준	채점부위 개소를 정하고 치수 값, 지시위치가 틀린 개소 당 1점 감점	5	20	
			일반치수 지시 값, 지시위치, 기준		5		
			치수 지시 누락	치수지시 1개소 누락 당 1점 감점	10		
3		치수공차, 끼워 맞춤 공차기호	치수공차 지시 값, 지시위치	틀린 개소 당 1점 감점	10	10	
4		기하공차 기호	데이텀 지시위치	틀린 데이텀 지시 1개소 당 1점 감점	4	10	
			기하공차 기호 지시 ('ⓟ' 기호 있음 또는 없음 채점 필수)	틀린 기하공차 지시 1개소 당 1점 감점	6		
5		표면 거칠기	표면 거칠기 기호지시 위치, 값 (대표기호와 부품도 지시 일치 필수)	틀린 표면 거칠기 지시 1개소 당 1점 감점	10	10	
6		재료지시	주요부품 적절한 재료선택	틀린 1개 부품 당 1점 감점	3	3	
7		배치	도면 전체에 대한 각 부품의 적절한 배치	상 3점, 중 2점, 하 1점	3	3	
8		주서	주서의 적절한 내용 지시	상 2점, 중 1점, 하 0점	2	2	
9		부품란	부품명의 적절성 및 부품 수량 등	상 2점, 중 1점, 하 0점	2	2	

단원명 5 기계요소 제도하기

실기 과제

모범답안

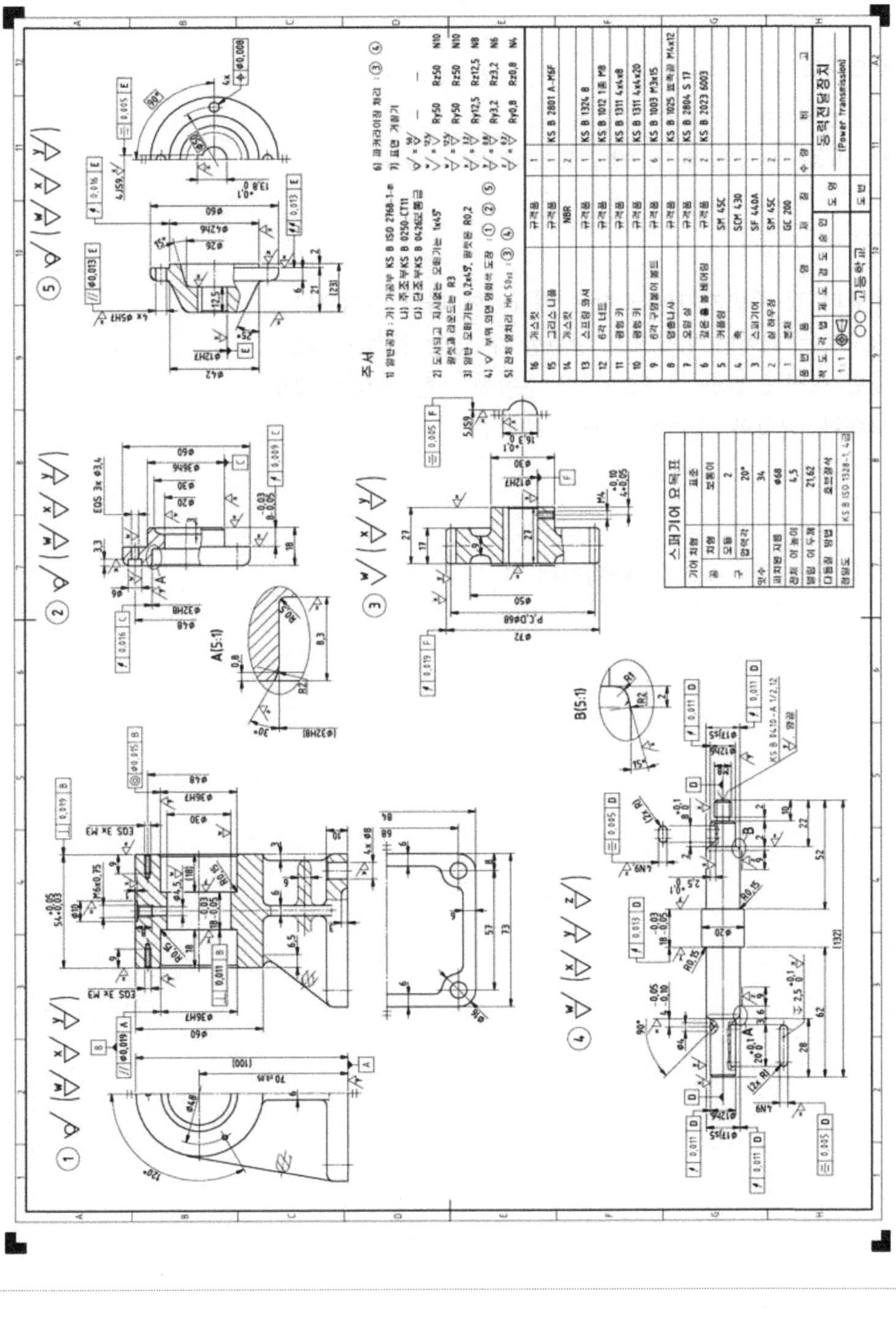

2D 도면작성

장비 및 도구, 소요재료

1. 장비 및 공구

   컴퓨터, CAD 프로그램, 복사기, 프린터 또는 플로터

2. 소요재료
   - 소요 재료명 : A4용지, A3용지
   - 준비물 : 원형판, 삼각스케일 150mm(또는 눈금자)

안전유의사항

- 컴퓨터 및 주변기기의 조작은 매뉴얼에 따라 실시한다.
- 요구하는 데이터 형식으로 변환할 수 있는 분석적 태도
- 도면 형식에 관한 자료요청 및 수집을 위한 분석적 태도
- 단순화, 균일화, 규격화에 관한 책임감

관련 자료

- CAD 프로그램 매뉴얼, KS데이터 북

단원명 5 기계요소 제도하기

단원명 5 | 교수방법 및 학습활동

교수 방법

- 볼트, 너트, 나사제도에서 나사의 종류와 제도방법에 PPT로 설명 및 시연한 후 학습자가 각각 따라서 실습 보고서(도면)를 작성하도록 한다.
- 체결요소는 ISO 및 KS규격을 PPT로 설명 및 시연한 후 학습자 각각 따라서 실습 보고서(도면)를 작성하도록 한다.
- 동력전달 요소에서 기어, V벨트 풀리, 체인 스프로킷 휠 등에 대해 PPT로 설명 및 시연한 후 학습자가 각각 따라서 실습 보고서(도면)를 작성하도록 한다.
- 실습 보고서(도면) 작성 학습활동이 끝나면 오류사항에 대한 수정 보고서(도면)를 작성하도록 한다.

학습 활동

- 컴퓨터에 설치된 CAD 프로그램 특성을 파악한 후 설명 및 시연에 따라 각자 학습활동을 한 후 출력 결과물(도면)을 조별로 검토하여 오류부분을 발표한다.
- 나사 및 볼트, 너트 제도에서 제도방법 및 간략 제도방법이 올바르게 되었는지를 출력 결과물(도면)을 검토하여 학습자 스스로 발표한다.
- 동력전달 요소에서 기어, V벨트 풀리, 체인 스프로킷 휠 등에 대해 설명 및 시연에 따라 실습 보고서(도면)를 작성하여 발표한다.
- 올바른 절단면 설치가 되었는지 출력 결과물(도면)을 조별로 검토하여 조별로 검토된 오류부분 내용을 발표한다.
- 주어진 요구사항에 의해 도면의 양식을 마련하고 특정한 부분의 양식 내용에 대한 출력 결과물(도면)을 조별로 검토하여 내용을 발표한다.

2D 도면작성

| 단원명 5 | 평가 |

평가 시점

- 캐드 매뉴얼 사용에 대한 이해도는 교육 중 확인한다.
- 볼트, 너트, 나사 제도하기, 동력전달요소 제도하기는 실습 후 각각 평가한다.

평가 준거

평가자는 피평가자가 수행준거 및 평가내용에 제시되어 있는 내용을 성공적으로 수행할 수 있는지를 평가해야 한다. 평가자는 다음 사항을 평가해야 한다.

평가영역	평가항목	성취수준				
		매우 미흡	미흡	보통	잘함	매우 잘함
볼트, 너트, 나사 제도하기	나사의 종류와 용도를 이해하고 설명할 수 있다.					
	나사부의 명칭을 이해하고 설명할 수 있다.					
	나사 각 부를 나타내는 선을 이해하고 암나사와 수나사를 제도할 수 있다.					
	육각 볼트와 너트의 간략 제도방법을 이해하고 제도할 수 있다.					
동력전달요소 제도하기	축의 종류와 제도 방법을 이해하여 제도할 수 있다.					
	기어 각 부 명칭을 이해하여 설명하고 제도할 수 있다.					
	V벨트 풀리의 제도방법을 이해하여 설명하고 제도할 수 있다.					
	체인 스프로킷 휠의 제도방법을 이해하여 설명하고 제도할 수 있다.					

단원명 5 기계요소 제도하기

평가 방법

평가영역	평가항목	평가방법
볼트, 너트, 나사 제도하기	나사의 종류와 용도를 이해하고 설명할 수 있다.	실습실 평가
	나사부의 명칭을 이해하고 설명할 수 있다.	
	나사 각 부를 나타내는 선을 이해하고 암나사와 수나사를 제도할 수 있다.	
	육각 볼트와 너트의 간략 제도방법을 이해하고 제도할 수 있다.	
동력전달요소 제도하기	축의 종류와 제도 방법을 이해하여 제도할 수 있다.	실습실 평가
	기어 각 부 명칭을 이해하여 설명하고 제도할 수 있다.	
	V벨트 풀리의 제도방법을 이해하여 설명하고 제도할 수 있다.	
	체인 스프로킷 휠의 제도방법을 이해하여 설명하고 제도할 수 있다.	

단원 평가

아래에 주어진 동력전달장치를 토대로, ①부터 ⑥을 제3각법에 의해 1:1의 척도로 A2용지에 제도하시오. 도시되고 지시 없는 필렛 및 라운드는 R3, 모떼기는 1x45° 이다.

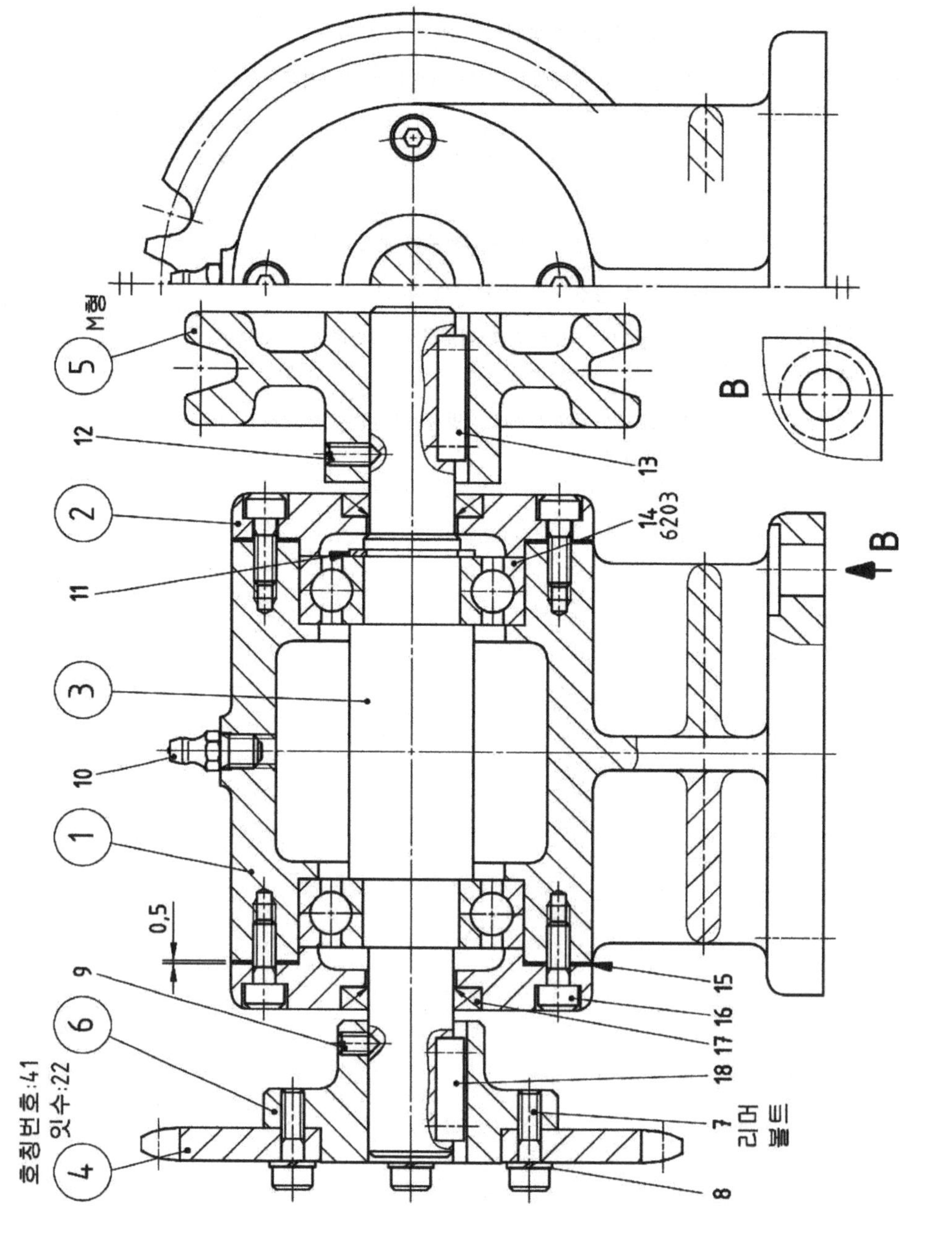

장비 및 도구, 소요재료

1. 장비 및 공구

    컴퓨터, CAD 프로그램, 복사기, 프린터 또는 플로터

2. 소요재료

    - 소요 재료명 : A4용지, A3용지
    - 준비물 : 원형판, 삼각스케일 150mm(또는 눈금자)

안전유의사항

- 컴퓨터 및 주변기기의 조작은 매뉴얼에 따라 실시한다.
- 요구하는 데이터 형식으로 변환할 수 있는 분석적 태도
- 도면 형식에 관한 자료요청 및 수집을 위한 분석적 태도
- 단순화, 균일화, 규격화에 관한 책임감

관련 자료

- CAD 프로그램 매뉴얼, KS데이터 북

2D 도면작성

실기 과제

채점 기준표

항목 번호	문제 번호	주요항목	세부채점	세부배점 및 구분 (모범 답안을 기준으로 함.)	배점	종합	구분 합계
1	1 과제	투상도 선택 수와 배열 및 단면도	투상도 선택 수 적절성과 배열 위치(특히, 저면도 또는 평면도 와 상세도)	최상 7점, 상 5점, 보통 3점, 나쁨 1점, 아주 나쁨 0점	7	30	100
			올바른 대칭, 부분, 국부 투상도 선택 수와 적절성	최상 7점, 상 5점, 보통 3점, 나쁨 1점, 아주 나쁨 0점	7		
			올바른 온, 한쪽, 부분, 회전, 계단 단면도 선택 수와 적절성 등	최상 7점, 상 5점, 보통 3점, 나쁨 1점, 아주 나쁨 0점	7		
			모떼기 누락, 투상선 누락, 단면도, 상세도 관련 주서 크기와 위치, 척도 값	채점부위 개소를 정하고 틀린 개소 당 1점 감점	9		
2		치수지시	중요치수 지시 값, 지시위치, 기준	채점부위 개소를 정하고 치수 값, 지시위치가 틀린 개소 당 1점 감점	5	20	
			일반치수 지시 값, 지시위치, 기준		5		
			치수 지시 누락	치수지시 1개소 누락 당 1점 감점	10		
3		치수공차, 끼워 맞춤 공차기호	치수공차 지시 값, 지시위치	틀린 개소 당 1점 감점	10	10	
4		기하공차 기호	데이텀 지시위치	틀린 데이텀 지시 1개소 당 1점 감점	4	10	
			기하공차 기호 지시 ('φ' 기호 있음 또는 없음 채점 필수)	틀린 기하공차 지시 1개소 당 1점 감점	6		
5		표면 거칠기	표면 거칠기 기호지시 위치, 값 (대표기호와 부품도 지시 일치 필수)	틀린 표면 거칠기 지시 1개소 당 1점 감점	10	10	
6		재료지시	주요부품 적절한 재료선택	틀린 1개 부품 당 1점 감점	3	3	
7		배치	도면 전체에 대한 각 부품의 적절한 배치	상 3점, 중 2점, 하 1점	3	3	
8		주서	주서의 적절한 내용 지시	상 2점, 중 1점, 하 0점	2	2	
9		부품란	부품명의 적절성 및 부품 수량 등	상 2점, 중 1점, 하 0점	2	2	

단원 평가

모범답안

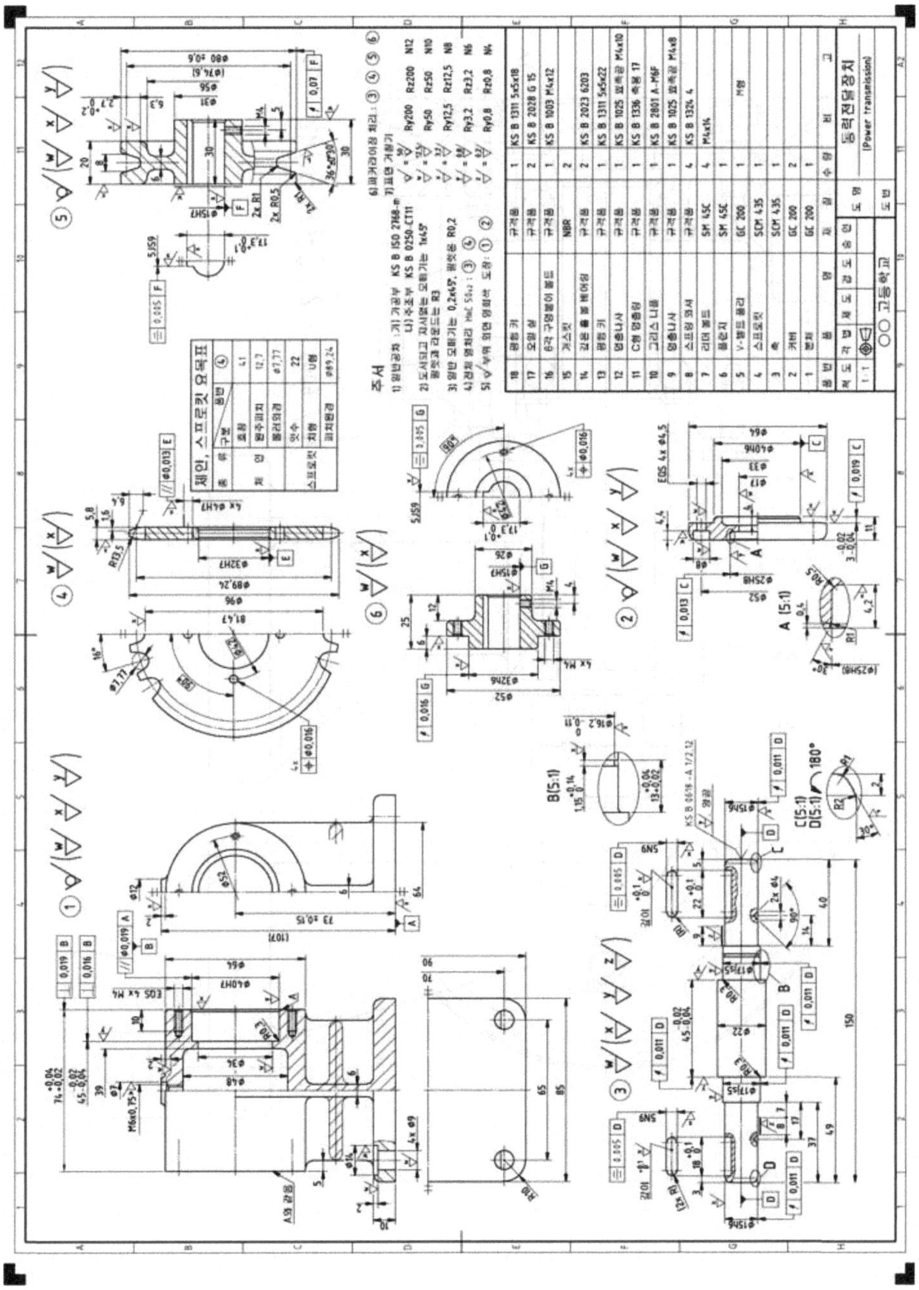

종합 평가

아래에 주어진 과제는 동력전달장치이다. ①부터 ⑥의 부품을 제3각법에 의해 1:1의 척도로 A2용지에 제도하시오. 도시되고 지시가 없는 필렛 및 라운드는 R3, 모떼기는 1x45° 이다.

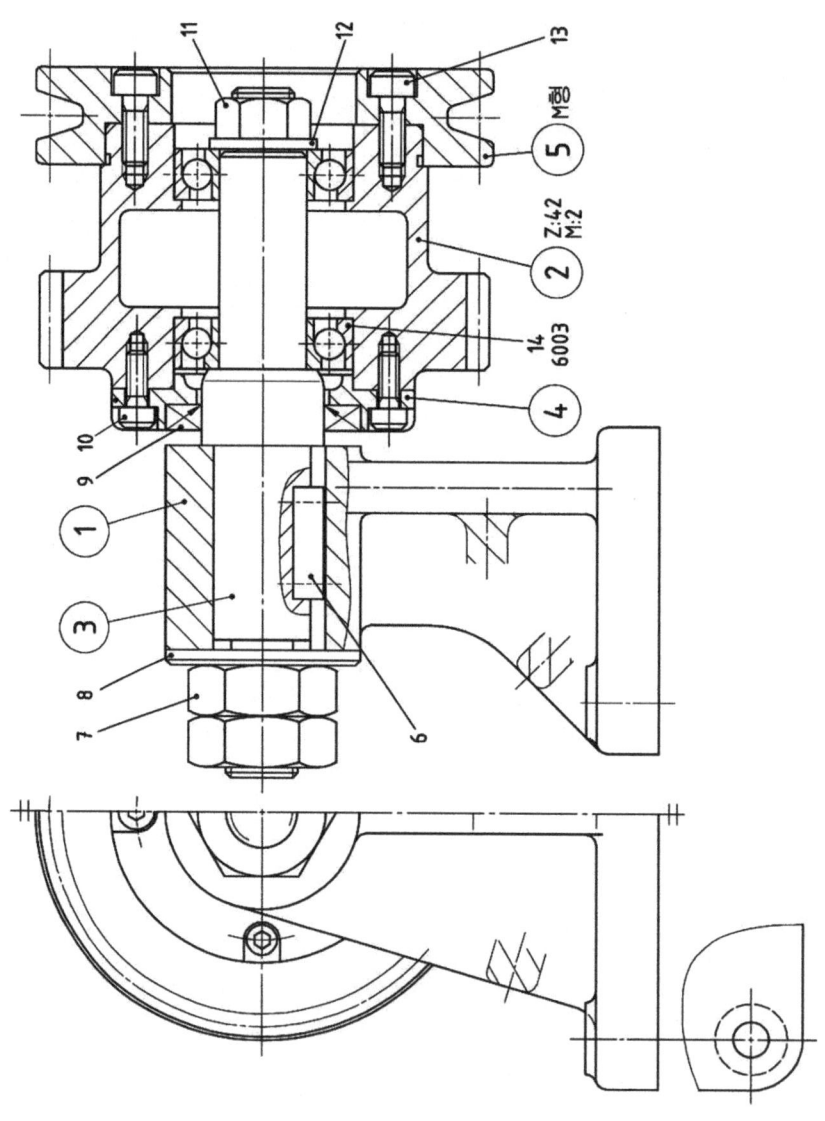

단원명 5 기계요소 제도하기

장비 및 도구, 소요재료

1. 장비 및 공구

    컴퓨터, CAD 프로그램, 복사기, 프린터 또는 플로터

2. 소요재료
    - 소요 재료명 : A4용지, A3용지
    - 준비물 : 원형판, 삼각스케일 150mm(또는 눈금자)

안전유의사항

- 컴퓨터 및 주변기기의 조작은 매뉴얼에 따라 실시한다.
- 요구하는 데이터 형식으로 변환할 수 있는 분석적 태도
- 도면 형식에 관한 자료요청 및 수집을 위한 분석적 태도
- 단순화, 균일화, 규격화에 관한 책임감

관련 자료

- CAD 프로그램 매뉴얼, KS데이터 북

2D 도면작성

실기 과제

채점 기준표

항목 번호	문제 번호	주요항목	세부채점	세부배점 및 구분 (모법 답안을 기준으로 함.)	배점	종합	구분 합계
1	1 과제	투상도 선택 수와 배열 및 단면도	투상도 선택 수 적절성과 배열 위치(특히, 저면도 또는 평면도 와 상세도)	최상 7점, 상 5점, 보통 3점, 나쁨 1점, 아주 나쁨 0점	7	30	100
			올바른 대칭, 부분, 국부 투상도 선택 수와 적절성	최상 7점, 상 5점, 보통 3점, 나쁨 1점, 아주 나쁨 0점	7		
			올바른 온, 한쪽, 부분, 회전, 계단 단면도 선택 수와 적절성 등	최상 7점, 상 5점, 보통 3점, 나쁨 1점, 아주 나쁨 0점	7		
			모떼기 누락, 투상선 누락, 단면도, 상세도 관련 주서 크기와 위치, 척도 값	채점부위 개소를 정하고 틀린 개소 당 1점 감점	9		
2		치수지시	중요치수 지시 값, 지시위치, 기준	채점부위 개소를 정하고 치수 값 지시위치가 틀린 개소 당 1점 감점	5	20	
			일반치수 지시 값, 지시위치, 기준		5		
			치수 지시 누락	치수지시 1개소 누락 당 1점 감점	10		
3		치수공차, 끼워 맞춤 공차기호	치수공차 지시 값, 지시위치	틀린 개소 당 1점 감점	10	10	
4		기하공차 기호	데이텀 지시위치	틀린 데이텀 지시 1개소 당 1점 감점	4	10	
			기하공차 기호 지시 ('ⓟ' 기호 있음 또는 없음 채점 필수)	틀린 기하공차 지시 1개소 당 1점 감점	6		
5		표면 거칠기	표면 거칠기 기호지시 위치, 값 (대표기호와 부품도 지시 일치 필수)	틀린 표면 거칠기 지시 1개소 당 1점 감점	10	10	
6		재료지시	주요부품 적절한 재료선택	틀린 1개 부품 당 1점 감점	3	3	
7		배치	도면 전체에 대한 각 부품의 적절한 배치	상 3점, 중 2점, 하 1점	3	3	
8		주서	주서의 적절한 내용 지시	상 2점, 중 1점, 하 0점	2	2	
9		부품란	부품명의 적절성 및 부품 수량 등	상 2점, 중 1점, 하 0점	2	2	

종합 평가

모범답안

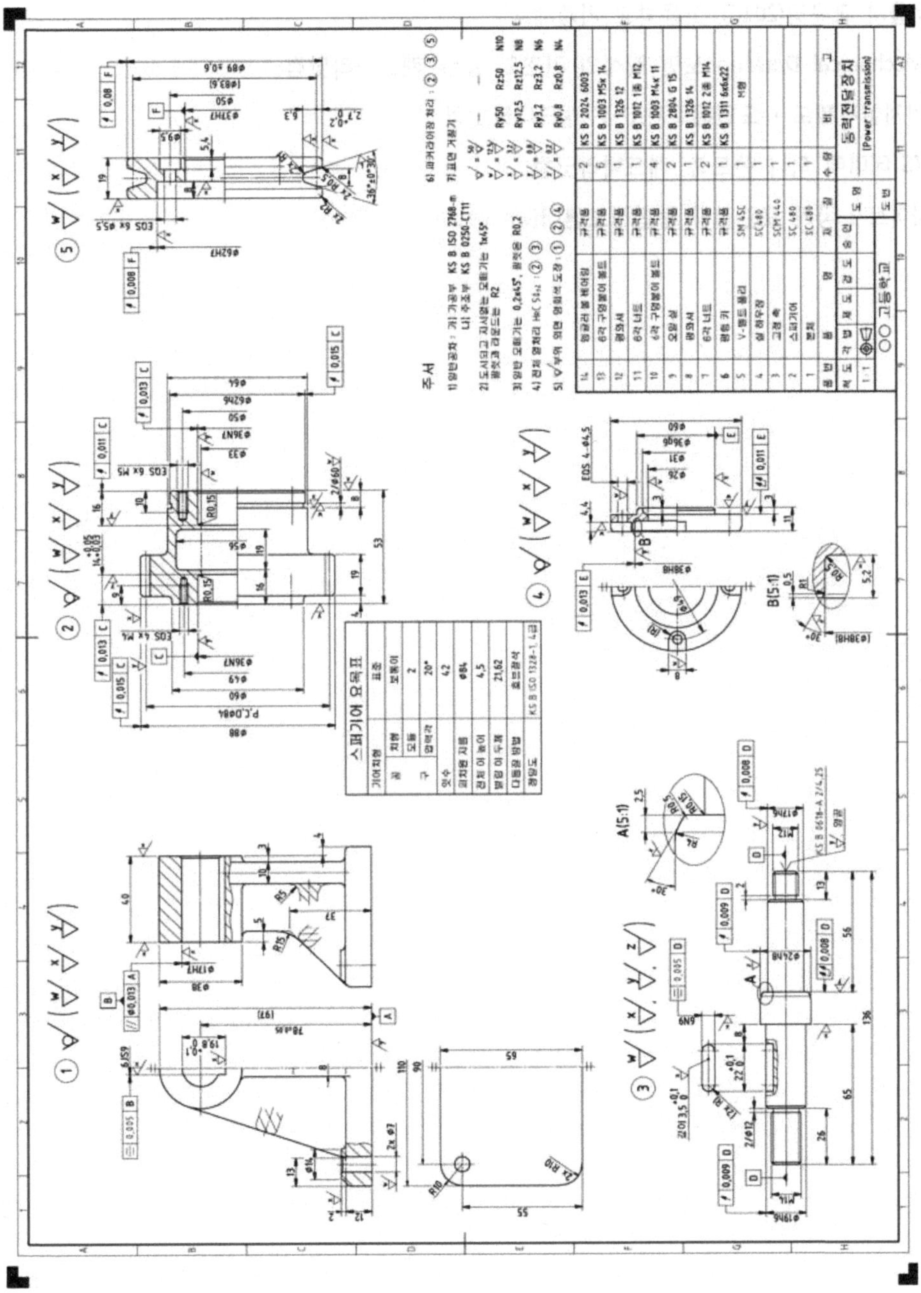

2D 도면작성

참고자료 및 사이트

1. 서울시 교육청(2014) '고등학교 기계제도'
2. 'Mechanical Drawing 도면 작성의 기초와 실무' 캐드나라닷컴
3. '기계설계제도・도면해독기초-1' 캐드나라닷컴
4. 'KS 데이터 미니 핸드북' 캐드나라닷컴
5. 사이트 : 국가 표준인증 종합정보센터(www.standard.go.kr)

■ 집필위원
　김영상

■ 검토위원
　정의대
　이광식

기계요소설계
2D 도면작성

초판 인쇄 2016년 05월 02일
초판 발행 2016년 05월 10일
저자 고용노동부 · 한국산업인력공단
발행인 김갑용
발행처 진한엠앤비
주소 서울시 서대문구 독립문로 14길 66 205호
　　　(냉천동 260, 동부센트레빌아파트상가동)
전화 02) 364 - 8491(대) / 팩스 02) 319 - 3537
홈페이지주소 http://www.jinhanbook.co.kr
등록번호 제25100-2016-000019호 (등록일자 : 1993년 05월 25일)
ⓒ2016 jinhan M&B INC, Printed in Korea

ISBN 979-11-7009-459-3 (93550)　　[정 가 : 25,000원]

☞ 이 책에 담긴 내용의 무단 전재 및 복제 행위를 금합니다.
☞ 잘못 만들어진 책자는 구입처에서 교환해드립니다.
☞ 본 도서는 [공공데이터 제공 및 이용 활성화에 관한 법률]을 근거로
　 출판되었습니다.